# 中国短期气候预测的物理基础及其方法研究

## Physical Basis of Short-term Climate Prediction in China and Short-term Climate Prediction Methods

魏凤英　韩　雪　王永光　陈官军 等 著

U0353778

气象出版社
China Meteorological Press

## 内 容 简 介

　　本书介绍了作者及其团队近十几年来有关我国短期气候预测研究的成果,内容主要包括中国大范围及华北、长江中下游、淮河流域及华南等地区夏季降水异常分布特征及其影响因子研究;中国冬季气温的变化特征及其影响因子研究;基于统计学方法的中国夏季降水趋势分布预测研究;统计降尺度因子在中国东部夏季降水预测中的应用;动力与统计相结合的中国东部夏季降水预测方法及中国南方夏季持续性强降水的延伸期预报方法研究等。本书可供从事气候领域科研、业务及教学人员参考。

**图书在版编目(CIP)数据**

中国短期气候预测的物理基础及其方法研究 / 魏凤英等著.
—北京:气象出版社,2015.8
　　ISBN 978-7-5029-6170-1

　　Ⅰ.①中… Ⅱ.①魏… Ⅲ.①短期天气预报－研究－中国
Ⅳ.①P456.1

中国版本图书馆 CIP 数据核字(2015)第 177485 号

Zhongguo Duanqi Qihou Yuce de Wuli Jichu Jiqi Fangfa Yanjiu
**中国短期气候预测的物理基础及其方法研究**
魏凤英　韩　雪　王永光　陈官军　等 著

| | |
|---|---|
| **出版发行**:气象出版社 | |
| **地　　址**:北京市海淀区中关村南大街 46 号 | **邮政编码**:100081 |
| **总 编 室**:010-68407112 | **发 行 部**:010-68409198 |
| **网　　址**:http://www.qxcbs.com | **E-mail**:qxcbs@cma.gov.cn |
| **责任编辑**:李太宇 | **终　　审**:章澄昌 |
| **封面设计**:易普锐创意 | **责任技编**:赵相宁 |
| **印　　刷**:北京中新伟业印刷有限公司 | |
| **开　　本**:787 mm×1092 mm　1/16 | **印　　张**:17.5 |
| **字　　数**:450 千字 | |
| **版　　次**:2015 年 8 月第 1 版 | **印　　次**:2015 年 8 月第 1 次印刷 |
| **定　　价**:85.00 元 | |

# 前　言

　　短期气候预测主要是指月和季尺度的预测，其中季节预测是重点。目前无论是在国内还是全球范围，季节的短期气候预测仍处于较低的水平。短期气候预测的研究主要包括两方面内容：一是短期气候预测的物理基础，即涉及短期气候预测的可预报性和预测的物理依据；二是短期气候预测的方法。理论研究结果表明，短期气候预测中考虑下垫面的外强迫作用是一个关键因素，主要涉及 ENSO 信号、海冰、积雪、土壤等强迫作用，它们的变化缓慢并具有持续性，这为短期气候预测提供了重要信号。另外，大气内部动力不稳定性及非线性相互作用也为短期气候预测提供了物理基础。近年来，短期气候预测方法的研究有了较大进展，除了利用统计学方法和 CGCM 气候模式预测大尺度环流信号，还开发研制了适合我国范围或区域的降尺度预测方法，动力与统计相结合的预测方法在短期气候预测业务中发挥着越来越重要的作用。本书正是我们围绕上述两方面内容进行研究取得的科学成果。

　　本书内容主要包括：中国大范围及华北、长江中下游、淮河流域、华南等地区夏季降水异常分布特征及其影响因子研究；中国冬季气温的变化特征及其影响因子研究；基于统计学方法的中国夏季降水趋势分布预测研究；统计降尺度因子在中国东部夏季降水预测中的应用；动力与统计相结合的中国东部夏季降水预测方法及中国南方夏季持续性强降水的延伸期预报方法研究等，全书分为 12 章。

　　本书主要作者为魏凤英、韩雪、王永光、陈官军。参与本书研究的还有黄嘉佑、张婷、宋巧云、冯蕾、谢宇、胡蕾、李茜、袁杰、刘元涛、许冰洁、范晓瑜等。魏凤英对全书进行了统稿。

感谢国家科技支撑计划项目（项目编号：2009BAC51B04）对本书出版给予的支持和资助。

魏凤英

2015 年 4 月 20 日

# 目　　录

# 第 1 章　中国短期气候预测的物理基础概论

短期气候预测主要是指月、季、年时间尺度的气候预测。短期气候预测是依据大气科学的原理,运用气候动力学、统计学等手段,在研究气候异常成因的基础上对未来气候趋势进行预测。1958 年我国正式发布短期气候预测业务产品,随着短期气候预测理论和方法研究的不断深入,对于影响我国气候异常的物理因素和物理过程的认识也在不断丰富,预测方法亦有很大的拓展。但是,短期气候预测是一个复杂的科学难题,目前从理论、方法和实践上都还很不成熟,特别是由于我国气候变化受到青藏高原、东亚季风、海洋等诸多因素的共同作用,气候异常的成因极其复杂,因此目前我国短期气候预测的水平还不高,还不能满足国家经济发展和防灾减灾的迫切需求。

短期气候预测不是逐日天气预报的延伸,预测的对象是气候不是天气。因此,虽然逐日天气预报存在时效为两周左右的上限,但并不意味着月、季、年时间尺度的气候是不可预测的。研究证实,影响短期气候变化的主要因素有两方面:一是外强迫的作用,如海温、海冰、积雪、土壤等异常下垫面的强迫作用,它们的变化是缓慢的,并具有持续性特征,这就为预测短期气候提供了物理背景;二是大气内部动力不稳定性及非线性相互作用。值得注意的是,短期气候预测的对象是大气运动的大尺度超长波,表现为各类大尺度的大气涛动、大气遥相关型和多时间尺度振荡等特征,这些均为短期气候预测提供了物理基础。

近年来,我国开展了一系列有关短期气候预测理论的研究和试验,随着对影响我国气候异常观测事实的逐渐积累,气象学家对影响我国气候异常物理机制的认识不断提高,关于我国短期气候预测理论的研究取得了一系列进展。影响短期气候变化主要因素来自外强迫和大气内部两个方面,那么,制作短期气候预测的物理基础支撑也应来自这两方面(魏凤英,2011)。本章将从这两方面对我国短期气候预测的物理基础做一简要概述。

## 1.1　外强迫信号对大气运动的影响

在制作短期气候预测时主要关注海温、积雪、海冰、土壤等异常下垫面的强迫作用,由于它们的变化缓慢且具有持续性特征,为预测短期气候提供了重要的物理背景。

### 1.1.1　海洋

海洋具有强大的热惯性,这种热惯性的海洋能量长期稳定地对大气加热,使大气产生时间尺度较长的天气过程。热带海洋是全球接受太阳辐射最多的地区,它是气候变化异常的能量源泉之一。因此,海洋在气候变化过程中扮演重要角色,特别是发生在热带太平洋海域的 El Nino/ La Nina 现象是目前公认的影响全球大气环流和气候的强信号,其中 Bjerkness 提出的热带海洋与全球大气环流和气候变化的遥相关概念成为利用海洋异常变化制作短期气候预测的重要物理依据之一(Bjerkness 1966;Bjerkness 1969)。我国位于亚欧大陆的东南侧,面对太平洋,比邻印度洋,海洋的热量和蒸发异常对我国东部地区的环流及天气气候产生重要影响。同时,El Nino 通过大气环流以遥相关形式影响东亚季风系统的成员,导致中国气候的异常(陈文,2002)。

有研究表明,东亚夏季风准两年振荡可能与热带太平洋海表温度的变化密切相关(Lau and Shen1988;Nitta 1987),而我国夏季降水的准两年振荡特征是对这种海-气相互作用的响应。此外,北太平洋海表温度具有 25～35 a 的更长时间的周期变化,且在 1976 年出现了一次显著的突变(Trenberth and Hurrell 1994)。我们从年代际的尺度考察全球海表温度与淮河流域夏季降水的关系,可以清晰地显现海温对降水的影响(Wei and Zhang 2010),即当太平洋呈现典型的 La Nina 冷位相分布型时,淮河流域夏季呈现少水气候时段;当太平洋呈现典型的 El Nino 暖位相分布型时,淮河流域夏季呈现多水气候时段。这一工作印证了东亚夏季风降水与太平洋海表温度异常之间的关系存在年代际变化特征的结论。早在 20 世纪 80 年代,科学家们就注意到 El Nino 的发展过程包括两类:一类发生在赤道太平洋东部的秘鲁沿岸,海温异常逐渐向西扩展,称之为东部型;另一类则在赤道中太平洋日界线附近发生大范围海温异常并自西向东传播,称之为中部型。分析表明,不同类型的 El Nino 所对应的我国夏季降水分布存在显著差异(林学椿和于淑秋,1993;魏凤英和张先恭,1994;袁媛等,2012)。主要结论是:东部型 El Nino 峰值期过后(或次年),我国夏季雨带主要在黄河流域以北和华南地区;长江流域降水偏少;中部型 El Nino 峰值期过后(或次年),雨带集中在长江流域至黄河流域之间,黄河流域以北和华南地区降水偏少。当然,El Nino 发生的时间不同,对应我国夏季降水分布类型也有所不同。另外,黑潮区海温对我国气候变化的影响也已得到研究和预测实践的证实。就年代际尺度而言(袁杰等,2013),当冬季黑潮区海温处于正位相时,有利于长江中下游地区夏季降水处在偏多的气候阶段。黑潮区海域是冬季气温异常的重要热源,它的异常变化对我国冬季气温有明显的影响。统计分析表明(李维京等,2013),冬季黑潮区海温与我国冬季气温相关关系在气候冷期比暖期更显著。20 世纪 90 年代后期黑潮区海温呈现升高趋势,它与我国冬季气温的相关关系却发生了显著的年代际减弱趋势。

近年来,人们越来越多地关注印度洋海-气相互作用对东亚季风系统和我国夏季降水的影响(肖子牛,2006)。对印度洋的研究已不再局限于热带海域,而逐渐扩展到整个印度洋,其中印度洋偶极子(IOD)和南印度洋偶极子(SIOD)的发现,对预测我国夏季降水具有重要意义(贾小龙和李崇银,2005)。有研究表明(Jiang et al.,2011),当西印度洋和阿拉伯海的海温升高时,我国西南季风减弱,东南季风增强,我国华东、长江流域和华南地区夏季降水量增加,西南地区降水量减少。Liu 等(2009)对 ENSO 及印度洋偶极子(IOD)与中国夏季降水关系的结果表明,当 IOD 与 ENSO 不同时发生时,即独立发生时,华南地区夏季降水偏多。若从年代际尺度考察(袁杰等,2013),当冬季 SIOD 年代际异常处于正位相时,中高纬度地区有阻塞形势发展,西太平洋副热带高压加强,位置略偏南、偏西,冷暖气流相交汇于我国南方地区,使得我国夏季多雨带位置偏南,北方地区降水偏少。

## 1.1.2 积雪

积雪反射率高可以减少到达地面的太阳辐射,冰雪融化吸收大量热量,冰雪异常可以激发各种遥相关型,并进一步影响大气环流。青藏高原积雪作为重要的陆面强迫因子是我国短期气候预测的一个重要物理基础。科学家很早就关注青藏高原对东亚夏季风及我国气候的影响。研究表明,青藏高原冬季积雪与东亚夏季风的强弱存在负相关关系,进而影响我国夏季雨带的位置(陈乾金等,2000;朱玉祥和丁一汇,2007)。青藏高原冬季积雪影响夏季降水的物理过程可以总结为(张顺利和陶诗言,2001):冬季积雪多,高原春、夏季感热弱,引起上升运动弱,不利于高原感热通量向上输送,高原上空对流层加热弱,对流层温度低,导致东亚夏季风弱,长江流域及其以南降水容易偏多。冬春季欧亚积雪的异常变化与我国夏季降水也有密切关系(张人禾等,2008),特别是中国东部夏季 20 世纪 80 年代后期出现南方多雨的年代际转型与欧亚大陆春季积雪的年代际变化有关。80 年代末,欧亚大陆春季积雪明显减少,中国南方降水明显增加。欧亚大陆春季积雪通过 500 hPa 激发出大气遥相关波列,遥相关波列可以从春季持续到夏季,导致北方为高压控制,南方为微弱低压控制,使得南方多水。

### 1.1.3　北极海冰

北极海冰是气候系统的重要成员,海冰的变化通过复杂的反馈过程导致区域乃至更大范围的天气气候异常。Francis 等(2009)的研究指出,9 月份的海冰范围与冬季大尺度范围大气环流异常相联系。武炳义等(2011)也证实,9 月北极海冰是冬季西伯利亚高压预测的一个前兆因子。近 20 a 来,由于秋季北极海冰急剧减少,导致冬季西伯利亚高压呈现增强趋势,使得包括我国在内的欧亚大陆冬季持续性低温事件频繁发生。2012 年 8 月北极海冰面积下降至历史最低值,引起人们对影响气候异常变化的这一外强迫因子的高度关注。

### 1.1.4　土壤湿度

土壤湿度变化在陆面和大气相互作用中起到重要作用,它通过改变地表反照率、热容量和向大气输送的感热、潜热影响气候变化,是制作短期气候预测考虑的一个重要因素。马柱国等(2000)对中国东部土壤湿度与气候变化的关系分析结果表明,土壤湿度与降水呈正相关关系,与气温呈反相关关系。左志燕和张人禾(2007)的研究指出,当春季长江中下游至华北地区的土壤湿度偏湿时,使得中国大陆东部地表温度降低,减少了海陆温差,造成东亚夏季风减弱,西太平洋副热带高压加强西伸,导致长江流域夏季降水偏多,华北和南方降水偏少。虽然土壤湿度是影响气候异常的重要因素,但由于其时空变率较大,获得可靠的观测资料存在较大困难。尽管目前遥感技术已应用于土壤湿度的观测,但还未得到广泛应用。

## 1.2　大气内部运动的特性

大气环流的运动和结构变化是直接导致气候异常的主要因素。影响我国气候异常的大气环流系统,包括亚洲季风、副热带高压、越赤道气流、南亚高压、中高纬度阻塞高压及北半球极涡等,这些环流系统的活动异常是影响我国气候异常的重要因素。有关上述环流系统对中国气候异常影响方面的研究已有许多成果,环流系统的异常配置导致气候异常的物理机制也在预测业务的实践中得到较深入地了解和认识,这里不再赘述。除了上面提到的环流系统,科学家们还揭示出大气环流的一些大尺度振荡现象,并发现这些振荡现象与某些区域的气候异常密切相关,这些大尺度的变动也为短期气候预测提供了重要的物理基础。

### 1.2.1 全球三大涛动

早在 20 世纪二三十年代 Walker 就系统地提出了全球三大涛动概念,即北大西洋涛动(North Atlantic Oscillation,NAO)、北太平洋涛动(North Pacific Oscillation,NPO)和南方涛动(Southern Oscillation,SO)。每个涛动系统均由高、低两个大气活动中心构成。大量诊断分析和数值模拟成果显示,NAO,NPO 和 SO 均对我国气候异常产生重要影响。赵振国(1999)的分析表明,夏季 NPO 强、SO 弱时,对应赤道东太平洋海温高、西风漂流区海温低,东亚地区从高纬到低纬的 500 hPa 高度场容易出现"＋－＋"的距平波列,西太平洋副热带高压偏南,江淮流域的降水偏多。20 世纪 60 年代 Bjerkness(1966;1969)首先发现了南方涛动 SO 与 El Nino 之间的联系,在发生 El Nino 期间,东南太平洋气压明显减弱,印度尼西亚和澳大利亚气压增强。人们将这种海洋与大气的相互作用和关联称为 ENSO。ENSO 作为年际气候变化中的最强信号,不仅是影响全球气候的重要因素,也会导致亚洲季风及我国气候异常的发生。

### 1.2.2 AO 与 AAO

在 20 世纪末 Thompson 和 Wallace(1998)发现了北半球海平面气压的突出模态,提出了北极涛动(Arctic Oscillation,AO)的概念。研究发现,AO 具有显著的纬向对称特征,其相当正压结构可以从对流层延伸至平流层。AO 的强弱变化直接导致中纬度与极地气压和大气质量的反向涛动。AO 主要通过对中纬度阻塞形势的控制来影响北半球的极端天气气候事件。AO 在冬季表现得尤为活跃,是我国冬季气温预测的重要因子,尤其与我国寒潮天气过程关系密切。魏凤英(2008)的分析表明,当冬季 AO 处在异常负位相时,极易诱发我国中东部地区寒潮灾害的发生。在影响长江中下游夏季降水异常的众多前期因子中,冬春季 AO 年际变化的贡献较大(魏凤英,2006)。关于冬春季 AO 影响长江中下游夏季降水的物理过程目前还没有统一的认识。有研究表明(李崇银等 2008),2、3 月份的 AO 对长江中下游夏季梅雨的作用更明显,梅雨异常可能受到平流层大气环流异常的影响,而这种影响是通过 AO 的变化实现的。2 月份的平流层大气环流影响 3 月对流层 AO,3 月 AO 形势异常可能通过影响东亚夏季对流层大气冷暖和环流,在长江中下游导致异常垂直运动和辐散辐合形势,从而影响夏季梅雨降水。但是,这种关系也不是固定不变的,而是存在年代际尺度的变化特征。在全球气候变暖的背景下,2009—2012 年的冬季,我国东北、华北地区的气温出现了多年来少见的持续偏低,这与冬季 AO 持续维持异常强的负位相紧密相关。

与北极涛动相对应的南半球大尺度模态:南极涛动(Antarctic Oscillation,AAO)反映的是南半球副热带高压带与高纬低压带之间气压场的反位相变化。它同样与我国气候异常有密切关系。高辉等(2003)从诊断分析和个例分析揭示了 AAO 与我国东部夏季降水异常关系密切。当春季特别是 5 月 AAO 异常偏强时,夏季江淮流域降水偏多。研究发现(王会军等 2012),南北半球之间的经向遥相关型是冬季 AAO 影响北半球中高纬度气候异常的重要途径,而当冬季 AAO 偏强时,我国北方大部分地区冬季气温偏暖。

### 1.2.3 东亚遥相关型

东亚遥相关型在我国夏季雨带分布预测中起到重要作用,特别是东亚地区 500 hPa 高度距平场上,高、中、低纬环流系统显现出的"＋－＋"和"－＋－"两种典型遥相关距平分布,对我国夏季降水分布有着明显的影响。事实上,这种典型遥相关型是与阻塞高压、西太平洋副热带高压及西风带等系统紧密联系的。诊断分析表明,当夏季东亚地区 500 hPa 高度距平场上以显著"＋－＋"分布为主时,多雨带位置容易偏南,长江流域及其以南地区降水易偏多,北方地区降水易偏少;当夏季东亚地区 500 hPa 高度距平场上以"－＋－"分布为主,多雨带位置容易偏北,北方大部地区降水偏多(魏凤英和张京江,2003)。比较淮河流域和长江中下游夏季降水偏多的环流形势发现(魏凤英和张婷,2009),东亚地区从高纬至低纬"＋－＋"遥相关结构是它们共同的环流背景,而近些年两流域夏季降水变化不完全同步,可能与西太平洋副热带高压的强度和位置发生年代际变化有关。

亚洲－太平洋涛动(Asian－Pacific Oscillation,APO)表征的是夏季对流层扰动温度亚洲与太平洋中纬度之间的一种遥相关特征。Zhao 等(2007)将亚洲和太平洋地区 500～200 hPa 平均对流层扰动温度之差定义为 APO,它反映了亚洲大陆与太平洋对流层之间的纬向热力差异,它的异常变化可以导致亚洲和太平洋区域上空大尺度大气环流发生异常,并与东亚夏季风及我国东部降水有密切关系(赵平等,2008;Zhou et al.,2009)。刘舸等(2013)的研究表明,1 月 APO 也可以很好地反映出同期中国南方地区降水异常。

### 1.2.4　准两年振荡

准两年振荡(Quasi Biennial Oscillation,QBO)是大气中最稳定的年际尺度准周期振荡,它最早是在分析热带平流层低层纬向风特征时发现的。之后,科学家们又陆续揭示出对流层环流、印度季风、东亚季风同样具有明显的准两年振荡,并将其称作对流层准两年振荡(Troposperic Biennial Oscillation,TBO)。与东亚夏季风准两年振荡相对应,我国夏季降水亦具有显著的准两年振荡特征(黄嘉佑,1988)。魏凤英和张婷(2009)的分析表明,淮河流域夏季降水存在显著的准两年振荡特征,且准两年振荡的强弱变化与降水的年代际振荡强弱变化一致。20 世纪 90 年代末以来,淮河流域夏季降水处在年代际偏多期,准两年振荡特征突出,出现极端强降水事件的概率亦显著增加。可见,QBO 和 TBO 可以为我国的短期气候预测提供物理基础。

### 1.2.5　年代际背景

年代际变化是年际变化的重要背景,对年际尺度的气候变化现象(如 ENSO)等产生重要的调制和影响,是一个非常重要的时间尺度。同样,年际变化扰动也会影响到气候年代际的变化。近年来,大量工作运用诊断、模拟及成因分析等手段研究了气候系统各成员的年代际变化特征及其之间的相互作用。例如,全球海表温度 SST 和大气活动中心 NAO、NPO、AO 等均具有显著的年代际变化特征(Harrell,1995;Wang,1995)。事实上,我国气候的年代际变化特征也很显著。20 世纪 50 年代前半期,除江淮流域处于降水偏多时期外,东部其他地区均处于偏少时期;1950 年代中期至 1960 年代中期,北方地区降水偏多,江淮流域及其以南地区的降水偏少;1960 年代中期至 1970 年代末,长江中下游及其以南地区处于降水偏多时期,淮河及北方地区处于降水偏少时期;1980 年代,东北及淮河流域夏季降水偏多,其余地区处于降水偏少时期;进入 1990 年代后,东北地区、长江中下游及其以南地区的夏季降水偏多;21 世纪以来,淮河流域夏季降水进入显著偏多阶段,其余地区夏季降水偏少。由此可见,夏季降水的短期气候预测需要考虑年代际变化的作用。北京 2008 年奥运会期间的降水趋势预测的实例证明,重视年代际气候背景的影响,对于把握降水的趋势是十分有帮助的(Wei *et al*.,2008)。

## 1.2.6　季节内振荡

观测和理论研究表明,主要由外部热源和大气内部非线性相互作用共同激发的大气低频变化,即大气季节内振荡(Intraseasonal Oscillation,ISO)是持续性异常环流出现的强信号之一。另外,东亚副热带季风的重要系统—西太平洋副热带高压具有 $10\sim20$ d 准两周振荡特征。对于我国南方夏季强降水过程的研究表明,出现持续性强降水过程不仅与大气环流异常稳定有关,还与大气季节内振荡相联系(陈官军和魏凤英,2012),其中江淮地区夏季降水具有明显的 $10\sim20$ d 和 $20\sim50$ d 低频振荡特征,在气候平均态下, $10\sim20$ d 低频分量占实际降水的近 7%, $20\sim50$ d 低频分量占近 20%,东亚大气环流的低频信号与江淮地区夏季降水的低频变化过程有密切的关系。基于大气环流低频信号是制作 $10\sim30$ d 的延伸期预报的重要途径,而 $10\sim30$ d 的延伸期预报可以为短期气候预测提供滚动订正预测信息。

## 1.2.7　统计特性

大气环流及气象要素在时间和空间域上都具备一定的统计特性,例如,大量个体综合行为的规律性、稳定的概率分布及相关特性等等(魏凤英,2007)。其实在气候变化和预测研究中,统计学概念随处可见。在约翰.T.霍顿(1986)主编的《全球气候》专著中就指出,要承认气候理论在本质上是概率的,天气振动可作为多元随机过程处理,而在足够长的时间域上,天气振动所表现出来的各种统计特征的综合就是气候。可见,气候的概念是与统计学密切相联的。因此,不仅气候诊断分析主要依赖统计学方法,可预报性问题也需要统计学方法,连气候数值模拟的集合预报及效果检验也离不开统计学方法。特别是极端异常气候的研究涉及小概率事件,从而归结到概率分布问题,需要通过气候分布函数来实现研究和预测极端气候变化。正是由于气候具有这些统计特性,使得统计学方法成为迄今为止仍是短期气候预测的主要方法。

**参考文献**

陈官军,魏凤英. 2012.基于低频振荡特征的夏季江淮持续性降水延伸期预报方法.大气科学,**36**(3): 633-644.

陈乾金,高波,李维京,等.2000.青藏高原冬季积雪异常和长江中下游主汛期旱涝及其与环流关系的研究.气象学报,**38**(5):582-595.

陈文.2002. El Nino 和 La Nina 事件对东亚冬、夏季风循环的影响.大气科学,**26**:595-610.

高辉,薛峰,王会军.2003.南极涛动年际变化对江淮梅雨的影响及预报意义.科学通报,**48**(增):87-92.

李崇银,顾微,潘静.2008.梅雨与北极涛动及平流层环流异常的关联.地球物理学报,**51**(6):1632-1641.

李维京,李怡,陈丽娟,等.2013.我国冬季气温与影响因子关系的年代际变化.应用气象学报,**24**(4):385-396.

林学椿,于淑秋.1993.厄尔尼诺与我国汛期降水.气象学报,**51**:434-441.

刘舸,赵平,董才佳.2013.亚洲—太平洋涛动与中国南方地区 1 月降水异常的关系.气象学报,**71**(3): 462-475.

贾小龙,李崇银.2005.南印度洋海温偶极子型振荡及其气候影响.地球物理学报,**48**(6):1238-1249.

马柱国,魏和林,符淙斌.2000.中国东部区域土壤湿度的变化及其与气候变率的关系.气象学报,**58**(3): 278-287.

黄嘉佑.1988.准两年周期振荡在我国降水中的表现.大气科学,**12**(3):267-273.

王会军,范可,郎咸梅,等.2012.我国短期气候预测的新理论、新方法和新技术.北京:气象出版社,11-14.

魏凤英.2011.我国短期气候预测的物理基础及其预测思路.应用气象学报,**22**(1):1-11.

魏凤英,张先恭.1994.厄尔尼诺与中国东部夏季降水异常分布.海洋学报,**16**(6):1994.

魏凤英.2008.气候变暖背景下我国寒潮灾害的变化特征.自然科学进展,**18**(3):289-295.

魏凤英.2006.长江中下游夏季降水异常变化与若干强迫因子的关系.大气科学,**30**(2):202-211.

魏凤英,张京江.2003.华北地区干旱的气候背景及其前兆强信号.气象学报,**61**(3):354-363.

魏凤英,张婷.2009.淮河流域夏季降水的振荡特征及其与气候背景的联系.中国科学,**39**(10):1360-1374.

魏凤英.2007.现代气候统计诊断与预测技术(第 2 版).北京:气象出版社,6-12.

武炳义,苏京志,张人禾.2011.秋－冬季节北极海冰对冬季西伯利亚高压的影响.科学通报,**56**(27):2335-2345.

肖子牛.2006.印度洋偶极子型异常海温的气候影响.北京:气象出版社,24-26.

约翰.T.霍顿.1986.全球气候.北京:气象出版社,26-28.

袁媛,杨辉,李崇银.2012.不同分布型 El Nino 事件及对中国次年夏季降水的可能影响.气象学报,**70**:467-478.

袁杰,魏凤英,巩远发,陈官军.2013.关键区海温年代际异常对我国东部夏季降水影响.应用气象学报,**24**(3):268-277.

左志燕,张人禾.2007.中国东部夏季降水与春季土壤湿度的联系.科学通报,**52**(14):1722-1724.

朱玉祥,丁一汇.2007.青藏高原积雪对气候影响的研究进展和问题.气象科技,**35**(1):1-8.

张顺利,陶诗言.2001.青藏高原积雪对亚洲季风影响的诊断及数值模拟研究.大气科学,**25**(3):372-390.

张人禾,武炳义,赵平,等.2008.中国东部夏季气候 20 世纪 80 年代后期的年代际转型及其可能成因.气象学报,**66**(5):697-706.

赵平,陈军明,肖栋,等.2008.夏季亚洲－太平洋涛动与大气环流和季风降水.气象学报,**66**(4):716-729.

赵振国.1999.中国夏季旱涝及环境场,北京:气象出版社,95-97.

Bjerkness J. 1966. A possible response of the atmospheric Hadley circulation to equatorial anomalies of ocean temperature. *Tellus*, **18**(4):820-829.

Bjerkness J. 1969. Atmospheric teleconnections from the equatorial pacific. *Pacific Mon. Wea. Rev.*, **97**(3):163-172.

Francis J A,Chan W,Leathers D J et al. 2009. Winter North Hemisphere weather patterns remember summer Arctic Sea-ice extent. *Geophys Res Lett.*, **36**:L07503.

Jiang Z H,Yang J H Zhang Q. 2011. An study on the effect of spring Indian ocean SSTA on summer extreme precipitation events over the Eastern NW China. *J. Trop. Meteor.*, **17**:27-35.

Lau K M, Shen P J. 1988. Annual cycle, quasi-biennial oscillation and Southern Oscillation in global precipitation. *J. Geophys. Res.*, **93**:10975-10988.

Liu X F,Yuan H Z,Guan Z Y. 2009. Effects of ENSO on the relationship between IOD and summer rainfall in China. *J. Trop. Meteor.*, **15**:59-62.

NittaTs. 1987. Convective activities in the tropical western Pacific and their impact on the Northern Hemisphere summer circulation. *J. Meteor. Soc. Japan*, **64**:373-390.

Harrell J W. 1995. Decadal trends in the North Atlantic oscillation:regional temperatures and precipitation. *Science*, **269**:676-679.

Thompson D W J,Wallace J M. 1998. The Arctic Oscillation signature in the winter time geopotential height and temperature fields. *Geophys. Res. Lett.*, **25**:1297-1300.

Trenberth F E,Hurrell J W. 1994. Decadal atmosphere-ocean variations in the Pacific. *Clim. Dyn.*, **9**:303-319.

Wang B. 1995. Interdecadal changes in El Nino onset in the last four decades. *J. Climate*, **8**:267-285.

Wei F Y, Zhang T. 2010. Oscillation characteristics of summer precipitation in the Huaihe River valley and relevant climate background. *Science China (Earth Sciences)*, 53(2):301-316.

Wei F Y, Xie Y, M E Mann. 2008. Probabilistic trend of anomalous summer rainfall in Beijing: Role of interdecadal variability. *Journal of Geophysical Research*, 113, D20106, doi:10. 1029/2008JD010111.

Zhao P, Zhu Y N, Zhang R H. 2007. An Asian-Pacific teleconnection in summer tropospheric temperature and associated Asian climate variability. *Cli. Dyn*, 29:293-303.

Zhou X J, Zhao P, Liu G. 2009. Asian-Pacific oscillation index and variation of East Asian summer over the past millennium. *Chinese Sci. Bull.*, 54:3768-3771.

# 第 2 章　中国短期气候预测发展历程概论

在过去的很长时期内,月、季预报被称作长期天气预报。随着可预报性研究的深入,人们将天气预报与气候预测的概念区分开来,天气预报预报的是天气状况,而气候预测预报的是气候异常特征。在这一章中,将简要介绍我国短期气候预测的发展进程和作者及其团队近些年来发展的预测新方法和新技术。

## 2.1　中国短期气候预测发展历程

我国的短期气候预测方法的研究和应用大致经历了以下几个时期(王绍武,2001;魏凤英,2006;魏凤英,2011;王会军等,2012)。

第一个时期,即在 20 世纪 50 年代以前,主要以环流形势分析和简单统计分析为主,制作单站气温或降水的预测。20 世纪 50 年代以后,发展了以韵律和位相为主的预测方法,并将大气长波的概念引进到月、季尺度的预测中来。20 世纪 50 年代初,杨鉴初提出了历史演变法(杨鉴初,1953),在当时气象资料十分匮乏的情况下,这一方法对于我国长期预报起到非常积极的作用。历史演变法揭示了气候变化的 5 种特性,即持续性、相似性、周期性、最大最小可能性和转折性。持续性是指气候变量在历史上升降趋势的持久程度;相似性是指气候变量的变化在某一时期与另一时期变化形势上相似;周期性指气候变化趋势经一段间隔后重复出现;最大最小可能性则给出了历史变化的概率特性;转折性是指某一时期的气候变化特性,在另一时期发生改变,即出现了突变。以上述 5 个特性及其相互配合作用为依据,对未来的气候变化状态做出预测。由于历史演变法具有很好的实用性和概括性,其思路被沿用至今。

第二个时期,即 20 世纪 60 年代至 70 年代,随着计算机技术的发展,在气候预测中引入了统计学方法。到 70 年代中后期,多元回归、逐步回归等统计预报方法得到广泛应用和普及。我国气候统计预报学者,在对影响我国气候异常的因素进行统计诊断分析后,结合我国气候的具体特点,以多元回归方法为基础,提出分类逐步筛选因子、组合因子等一系列统计预报思路。时至今日,虽然发展了气候数值模式预测,但统计学方法仍是我国短期气候预测业务的主要手段。当然,随着时间的推移,随着对气候系统及其对我国气候异常影响认识的不断拓展和提高,统计学预测方法的研究一直在发展。

第三个时期,即 20 世纪 70 年代中期至 80 年代,动力学气候数值模式开始发展,利用全球环流模式(Global Circulation Model,GCM)制作月环流预测。由于初始场的微小差别在一定时间积分后,导致系统状态的显著差别,限制了动力学的可预报性。80 年代中期以后,针对模式存在的问题,提出了基于多个初始场的集合预报和基于蒙特卡罗方法的滞后平均预报方案,以减缓初始场误差引起的气候漂移。在此期间,基于动力与统计相结合思想的模式解释应用预报工作也陆续开展起来,主要有模式输出统计量(Model Output Statics,MOS)和完全预报

(Perfect Prognosis,PP)方法。MOS 方法是利用模式回报资料与气象要素建立统计模型,然后利用模式预报产品进行预测;PP 方法是利用历史资料与气象要素建立统计模型,然后利用模式预报产品进行预测。当时在我国 MOS 方法主要用于中短期天气预报。在 80 年代后期,从事长期预报的我国科学家利用数值模式输出产品,讨论了 500 hPa 高度场 6 个月距平的概率特性(Zhang *et al.*,1988),并进一步利用数值模式输出,建立了春、夏季温度和降水的 MOS 预报方程。

第四个时期,即 20 世纪 90 年代至今,利用耦合全球环流模式(Coupled Global Circulation Model,CGCM)制作季平均环流预测,但目前预报技巧还未达到业务应用的水平。在此期间,为了提高气候数值模式预测的准确率,研究人员研制开发了不少订正误差的方案。另外,动力降尺度技术也对区域降水、气温等气候变量的预测起到订正作用。近十几年来,在重视发展气候数值模式的同时,动力-统计相结合的降尺度预测方法在实际业务预测中的应用也更加广泛(黄嘉佑,1993;李维京和陈丽娟,1999)。特别是近些年为了改善短期气候预测的准确率,结合我国气候变化的实际情况,提出了多种动力-统计相结合的新预报思路(张邦林和丑纪范,1991;丑纪范和任宏利,2006),其中包括在气候数值模式中应用多时刻历史信息和利用历史相似信息对数值模式预报误差进行订正的思路(曹鸿兴,1993),并在短期气候预测业务中尝试使用。封国林等(2013)利用 BCC-CGCM 模式发展了一种动力-统计客观定量化的我国汛期降水预测方法。20 世纪 90 年代中期以后年代际气候变化在短期气候预测中的作用得到广泛关注。

目前有关短期气候预测的研究热点主要集中在以下几方面:(1)利用 CGCM 气候模式预测的大尺度环流信号,开发研制适合我国范围或区域的降尺度预测方法;(2)注重年代际尺度的变化对气候预测作用的研究,将海温、海冰等外强迫的影响与气候系统内部的年代际尺度演变更紧密地结合起来;(3)加强了对大气季节内振荡这一持续性异常环流的强信号的研究,国外一些气象部门还对季节内振荡进行实时的监测和预测(Saha *et al.*,2006)。季节内振荡信号已成为短期气候预测考虑的重要因素之一。

## 2.2　我国短期气候预测的新思路和新方法

进入 20 世纪 90 年代,国际上对统计学方法不够重视的局面大有改观。著名气候学者 Gray 在 1995 年举行的第 20 届美国气候诊断年会上坦言:当前将过多的资金用于模式研究,而对统计方法的研究注意不够,这是不可取的。他同时指出:大气的记忆力远比人们想象的要长,用统计方法考虑大气-海洋系统的历史演变是一种有前途的预报方法。近十几年来,根据短期气候预测的特点,我们提出了一系列预测的新思路和新方法,并已在气候预测科研和业务中广泛应用。

在常用的时间序列预测中,如自回归模型(AR),自回归-滑动平均模型(ARMA)等,制作多步预测时,预测值会趋于平均值,且往往对极值的拟合和预测效果欠佳。指数平滑模型可以制作多步预测,但它们表示的是一种指数增长,对于起伏型变化的气候序列不适用。依据气候时间序列蕴涵不同时间尺度振荡的特点,魏凤英和曹鸿兴(1990a;1990b)拓宽了数理统计中算术平均的概念,定义了时间序列的均值生成函数,提出了视均值生成函数为原序列生成的、体现各种时间长度周期性的基函数的新构思。在基函数基础上,给出了几种建立预测模型的方案。在筛选因子(这里指各种时间长度的均值生成函数)建立预测模型时,为了适应气候预测对"趋势"要预测准确的要求,选择使用以数量预报评分和趋势预报评分的双评分准则。与其他时间序列模型相比,基于均值生成函数的预报模型具有以下优点:(1)对气候序列的异常极值有较好的拟合效果,可以较准确地预测序列未来的变化趋势;(2)不但可以制作多步预测,还可用于缺测资料的插补。均值生成函数的预报模型是借助多元分析手段解决时间序列问题的一种尝试。多个应用实例表明,基于均值生成函数的预报模型可以收到较好的预测效果。例如,建立 1950—2005 年北京年降水量的均值生成函数,拟合值与观测值的距平符号一致率可以达到 95%。用 1950—2000 年北京年降水量资料建立预报模型,制作 2001—2005 年 5 a 独立样本量的预测,5 a 中只有 2001 年预报与观测趋势相反,其余 4 a 的预报与观测的趋势均一致,特别是对 2003—2005 年北京降水持续偏少的趋势把握正确,预报与观测的数值偏差也很小。近十几年来,此方法已被气象、水文、海洋、生态等多学科在科研和业务中广泛应用,还被组装到许多省、地区的短期气候预测系统中,作为业务常用方法之一。魏凤英和曹鸿兴(1993a)还将均值生成函数的概念推广到模糊集中,定义出模糊均值生成函数。从预报的物理意义上考虑,越靠近起报时刻的观测值所包含的对预报有用的信息越多,对预报越有价值。为此,设计出既考虑观测值随起报时刻远近效用逐渐增加,又体现周期的隶属度。进一步构造出模糊向量及它的隶属函数,按照上述构造均值生成函数的方法,构造出模糊均值生成函数,并建立预测模型。

在目前短期气候预测水平还不高的情况下,人们希望了解未来气候趋势变化。例如,某一地区汛期降水可能出现接近正常、偏多或异常多还是偏旱或异常干旱的趋势?冬季气温可能出现接近正常、偏暖或异常暖还是偏冷或极端低温的趋势?在趋势预测正确的前提下,才进一步要求预测的数值更接近观测值。为此,设计了一种既可以预测类别又可以预测数量的预测模型(魏凤英和曹鸿兴,1993b)。建立此模型的主要思路是:根据预测对象的特点和具体要求,确定出划分类别的阈值,将预报量划分为若干个等级,构造出预报量的类别序列,连同原预报量序列,组成数量及类别的双预报量。使用以数量预报评分和趋势预报评分的双评分准则逐个引进预报因子,最终建立双预报量的预测方程。得到的预报方程可以同时预报出预报量的类别和数量。如果预报的类别和数量是一致的,则增强对这一预报结果的信心,反之,预报的类别和数量不一致,则提示要谨慎使用这一预报结果。

许多气候序列都具有显著的周期振荡特征,利用这一特征,设计出了一种与动力学相联系的奇异谱延拓的统计预测模型(魏凤英,2001)。建模的基本思想是利用奇异谱分析识别出气候序列的显著振荡行为的信号分量,然后利用均值生成函数或小波变换等技术将这些信号分量提取出来,这一过程将序列中的噪声和不可预测分量滤掉。以提取出的若干个信号分量序列为基础,构建气候序列的预测模型。如需要制作若干步预测,则将提取的信号分量按周期长度进行延拓即可。这里列举一应用此预测模型预测北太平洋海温趋势变化的实例。在北太平洋上选取 $35°—40°N$,$160°E—160°W$ 范围的平均海表温度 $T_{S1}$ 代表西风飘流区的海温变化,$15°—25°N$,$125°—145°E$ 范围的平均海表温度 $T_{S2}$ 代表黑潮与暖池附近区域的海温变化,$5°N—5°S$,$160°—100°W$ 范围的平均海表温度 $T_{S3}$ 代表赤道东太平洋的海温变化。为了减少纬度效应,分别对 $T_{S1}$、$T_{S2}$、$T_{S3}$ 作标准化处理。依据我们对北太平洋海温与中国夏季降水遥相关的研究结果,仿照 Wallace 利用遥相关型定义 PNA 型指数的作法定义北太平洋海温分布型态的指数:

$$I_{ST} = -0.50T_{S1} + 0.25T_{S2} + 0.25T_{S3} \tag{2.1}$$

此指数的含义是将北太平洋区域看作一个整体,其典型配置是西风漂流区的海温变化与赤道东太平洋、黑潮及暖池的海温变化趋势相反。利用这一指数取代 3 个单一区域的海温变化,反映整个北太平洋海温的分布类型。首先利用奇异谱分析识别出北太平洋海温指数序列的 60,56,64,52,68,48 个月的强信号分量。将这几个周期长度的信号分量从 1981 年 1 月—1998 年 12 月 216 个月的分布型指数序列中提取出来作为海温指数的预报因子,并构建预测模型。模型的模拟效果相当不错,尤其是 1981—1998 年间的 1982—1983,1986—1987,1991—1992,1993,1994,1997—1998 年几次厄尔尼诺及 1988—1989 年的拉尼娜过程均有较好的模拟。用构建的预测模式对 1996 年 1 月—1998 年 12 月共 36 个个例提前 6 个月做预测试验。即用 1981 年 1 月—1995 年 7 月 175 个样本的资料建模作 6 步外推预测,第 6 步为 1996 年 1 月的预测。再取 1981 年 1 月—1995 年 8 月 176 个样本的资料建模作 6 步外推预测,得到 1996 年 2 月的预测,依次类推,作出 1996 年 1 月—1998 年 12 月共 36 例预测试验。36 例预测值与观测值之间的相关系数高达 0.82,表明该预测模式具有较高的预测能力。

在细致研究我国夏季降水的气候特点基础上,我们提出了我国夏季雨带位置的客观预测方法(魏凤英和张先恭,1998),该模型已投入业务使用并被组装到"九五"攻关重中之重"我国短期气候预测系统"项目的预测综合决策系统中。我们还提出了利用动力学重构技术将年代际和年际尺度变化进行分离,建立组合模型的新预报思路(魏凤英,2003),提前三个月的跨季度预测试验准确率为 71%,比目前业务预测水平有一定提高。另外,韩雪和魏凤英(2010)在分析我国东部地区夏季降水的空间分布特征和时间尺度变化的基础上,从东亚地区高、中、低层高度场上寻找影响夏季降水异常的关键区域及关键因子,以全球气候模式 NCAR CAM3.1 的预报输出为基础,以统计降尺度为手段,建立动力与统计相结合的我国东部夏季旱涝趋势预测模型,并对该模型的预报能力进行了检验。回报试验结果表明,动力与统计相结合的降水预报模型的预报结果与动力模式预报相比较,预报效果在一定程度上有了提高。

由于前兆信号监测条件和科学基础的限制,目前 10～30 d 延伸期天气过程物理机制中还有许多科学问题没有解决,10～30 d 延伸期预报还处在研究探索阶段。陈官军和魏凤英(2012)在分析江淮地区夏季持续性强降水过程延伸期可预报性的基础上,将具有物理意义的多个环流指数低频信号作为预报因子,以降水 20～50 d 低频分量作为预报量,结合 NCEP/CFS 模式延伸期预报产品,建立针对江淮地区夏季持续性强降水过程的客观预报模型,并进行了试验预报。预报试验表明,基于影响因子低频信号和数值模式产品的动力与统计相结合的预报方法,可以为持续性强降水过程的延伸期预报提供参考,并可作为降水的短期气候预测的补充预报。

## 参考文献

曹鸿兴.1993. 大气运动的自忆方程. 中国科学(B 辑),**23**(1):104-112.

陈官军,魏凤英.2012. 基于低频振荡特征的夏季江淮持续性降水延伸期预报方法. 大气科学,**36**(3):633-644.

封国林,赵俊虎,支蓉,等.2013. 动力-统计客观定量化汛期降水预测研究新进展. 应用气象学报,**24**(6):656-665.

李维京,陈丽娟.1999. 动力延伸预报产品释用方法的研究. 气象学报,**57**(3):338-345.

丑纪范,任宏利.2006. 数值天气预报——另类途径的必要性和可行性. 应用气象学报,**17**(2):240-244.

韩雪,魏凤英.2003. 中国东部夏季降水与东亚垂直环流结构及其预测试验. 大气科学,**34**(3):533-547.

黄嘉佑.1993. 统计动力分析与预报.北京:气象出版社,34-36.

王绍武.2001. 现代气候学研究进展.北京:气象出版社,1-458.

王会军,范可,郎咸梅,等.2012.我国短期气候预测的新理论、新方法和新技术.北京:气象出版社,11-14.

魏凤英.2006.气候统计诊断与预测方法研究进展.应用气象学报,17(6):736-742.

魏凤英.2011. 我国短期气候预测的物理基础及其预测思路.应用气象学报,22(1):1-11.

魏凤英,曹鸿兴.1990a.建立长期预测模型的新方案及其应用.科学通报,35(10):777-780.

魏凤英,曹鸿兴.1990b.长期预测的数学模型及其应用.北京:气象出版社,9-90.

魏凤英,曹鸿兴.1993a.模糊均值生成函数模型及其应用.气象,19(2):7-11.

魏凤英.曹鸿兴.1993b.兼顾类别的回归模型及其应用.大气科学,17(增刊):106-111.

魏凤英.2001. 北太平洋海温分布型指数的年际变化与预测.气象学报,59(6):768-775.

魏凤英,张先恭.1998.中国夏季降水趋势分布的客观预报方法.气候与环境研究,3(3):218-226.

魏凤英.2003. 华北干旱的多时间尺度组合预测模型.应用气象学报,14(5):583-592.

杨鉴初.1953. 运用气象要素历史演变的规律性作一年以上的长期预告.气象学报,(24):100-117.

张邦林,丑纪范.1991. 经验正交函数在数值气候模拟中的应用.中国科学,B辑,21(4):442-0448.

Saha S,Nadiga S,Thiaw C,*et al.*,2006. The NCEP climate forecast system. *J. Climate*,**19**:3483-3517.

Zhang SQ,Li MC and Zhu Q W. 1988. Application of probability wave long-range seasonal prediction,*Acta Meteor. Sinca*,**2**(3):371-379.

# 第3章　中国东部夏季降水异常分布特征及其
# 影响因子的研究

## 3.1　中国东部夏季雨带类型的变化特征及其影响因子

　　我国东部地区受东亚季风的影响,是我国降水量多、洪涝灾害较为严重的地区。因此,我国东部地区夏季降水量及其分布类型的短期气候预测是气候研究的重要课题之一。在正常情况下,我国东部地区夏季雨带从华南逐渐向华北推进,降水分布应是呈东南向西北递减的分布类型。但是,受到多种因素的复杂影响,雨带推进的速度加快或长时间滞留在某区域,导致形成差异很大的多雨带分布类型。进入21世纪以来,中国东部雨带明显向北移动,主要多雨带集中在黄淮地区,长江流域降水却明显偏少,这种变化引起人们的关注。根据我国夏季多雨带区的南北位置的分布,国家气候中心气候预测室将1951年以来的中国夏季降水的分布特征概括划分为三种主要雨带类型(赵振国,1999),即Ⅰ型多雨带区位于北方,Ⅱ型多雨带区位于黄河至长江之间,Ⅲ型多雨带区位于长江及其以南地区。这三类雨带类型概括了我国夏季降水的主要分布特征,在业务预测和气候研究中得到广泛应用。对于我国东部地区夏季降水分布异常成因的研究成果已有许多,不仅涉及海洋、海冰、积雪、土壤等外强迫作用及大气内部动力不稳定性及非线性的相互作用(陈兴芳等,2000;魏凤英等,2005;周秀骥,2005),还涉及大尺度涛动、大气遥相关型和多时间尺度振荡等方面(张人禾等,2008;宗海锋等,2008)。但是,对于影响我国东部夏季降水异常的主要因素及其物理机制目前仍没有形成比较明确的物理概念图像,特别是对于出现不同多雨带分布类型的成因的了解和认识还很不够,导致夏季降水的短期气候预测水平仍不高,还远远不能满足国民经济生产、政府决策部门和大众的需求。

　　魏凤英等(2012)定义了可以客观、定量地表征我国东部地区夏季三类雨带类型变化的指数,分析了它们的年代际和年际尺度变化特征。在此基础上,从东亚环流、水汽输送及海温背景等角度分析了不同雨带分布类型所对应的气候背景及其差异特征。还分别建立了描述我国夏季雨带分布类型年际变化分量和年代际变化分量的估算模型(魏凤英,2007),以此分析不同时间尺度的因子与雨带类型的配置,解释各因子对我国夏季雨带类型气候转变或异常变化的影响程度。

### 3.1.1　中国东部夏季雨带类型指数及其变化特征

　　选取我国105°E以东的120站作为研究对象,依据逐年6—8月降水量和多年平均计算出各站的夏季降水量距平百分率。为方便起见,我们将我国东部夏季三种雨带类型分别记作Ⅰ

型,Ⅱ型和Ⅲ型,Ⅰ型的多雨带区位于北方,Ⅱ型多雨带区位于黄河至长江之间,Ⅲ型多雨带区位于长江及其以南地区。在 1951—2009 年间,Ⅰ型有 19 a,Ⅱ型有 21 a,Ⅲ型有 19 a,具体年份见表 3.1。

**表 3.1　1951—2009 年我国东部夏季雨带类型**

| 雨带类型 | 年份 | | | | | | | | | | |
|---|---|---|---|---|---|---|---|---|---|---|---|
| Ⅰ型 | 1953 | 1958 | 1959 | 1960 | 1961 | 1964 | 1966 | 1967 | 1973 | 1976 | |
| | 1977 | 1978 | 1981 | 1985 | 1988 | 1992 | 1994 | 1995 | 2004 | | |
| Ⅱ型 | 1956 | 1957 | 1962 | 1963 | 1965 | 1971 | 1972 | 1975 | 1979 | 1982 | |
| | 1984 | 1987 | 1989 | 1990 | 1991 | 2000 | 2003 | 2005 | 2007 | 2008 | 2009 |
| Ⅲ型 | 1951 | 1952 | 1954 | 1955 | 1968 | 1969 | 1970 | 1974 | 1980 | 1983 | |
| | 1986 | 1993 | 1996 | 1997 | 1998 | 1999 | 2001 | 2002 | 2006 | | |

　　根据表 3.1 绘制出中国东部三种雨带类型对应年份的 6—8 月降水量距平百分率的合成图(图 3.1),合成图清晰地显示出三种雨带类型的降水分布特征。Ⅰ型(图 3.1a)的分布特征是:中国东部主要多雨带位于黄河流域及其以北地区,江淮流域大范围少雨,华南地区也存在一个多雨区,通常被简称为北方型。Ⅱ型(图 3.1b)的分布特征是:主要多雨区位于黄河至长江之间,雨带中心在淮河流域一带,黄河以北和长江以南的大部分地区以少雨为主,通常被简称为中间型。Ⅲ型(图 3.1c)的分布特征是:主要多雨带位于长江沿岸及其以南地区,淮河以北的大部分地区及东南沿海地区为少雨,通常被简称为南方型。

　　分别计算三种雨带类型与 1951—2009 年逐年我国东部 120 站夏季降水量距平百分率场的相关系数,用它们作为表征东部三种雨带类型随时间变化的指数(图 3.2)。图 3.2 中红色的柱形代表此年是国家气候中心划分为的该类型。由于这里样本量为 120,因此指数大于 0.187 就表明超过了 0.05 的显著性水平。以 +0.187 为标准界值(图 3.2 中蓝色直虚线),若某年的指数超过这一界值就判定该年夏季降水分布属于这类雨带类型,正指数越大,表明该年具备这类雨带的分布特征越明显。指数小于标准界值或是负值,表明该年较少具备或不具备这类雨带的分布特征。由图 3.2a 红色柱形可以看出,在 1951—2009 年的 19 a 中,Ⅰ型中有 18 a 超过了标准界值,只有 1977 年国家气候中心定为Ⅰ型,而该Ⅰ型指数没有达到标准。查看这一年的降水距平百分率分布图可以发现,1977 年夏季中国东部有多处降水偏多区域,降水分布类型不明显。Ⅱ型指数(图 3.2b)有 20 a 超过标准界值,与国家气候中心划分的Ⅱ型一致,仅 1979 年一年Ⅱ型指数没有达到界值标准。事实上,1979 年夏季黄河以南的多雨区明显偏西,且华北的西北地区降水显著的偏多,确实不是典型的Ⅱ型。从图 3.2c 显示的Ⅲ型指数可以看出,国家气候中心定出的 19 a 降水分布类型有 17 a 超过标准界值,1951 和 1996 年没有达到Ⅲ型标准,这两年中国东部均存在多个降水偏多区域,雨带类型不够典型。归纳起来,在三种降水分布类型指数超过标准界值与国家气候中心划分的类型完全一致的有 55 a,只有 4 a 由于雨带不典型而不一致,一致率达到 93%。可见,我们确定的雨带类型指数可以客观、定量地表征中国东部夏季雨带类型特征。

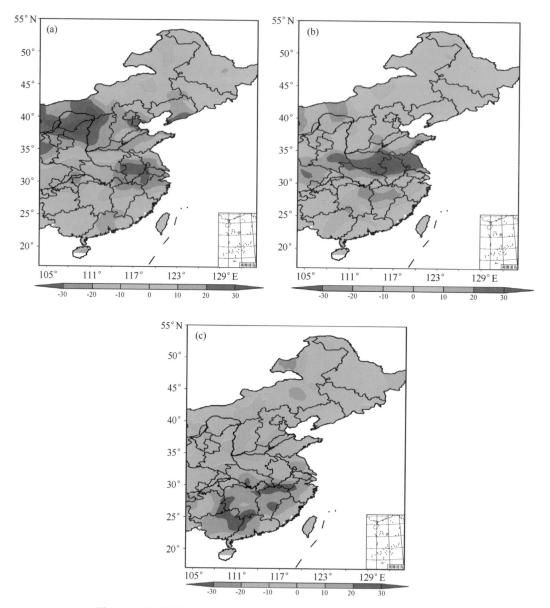

图 3.1　我国东部夏季三种主要雨带类型降水量距平百分率(单位:%)

(a)Ⅰ型;(b)Ⅱ型;(c)Ⅲ型

　　图 3.2 中的光滑曲线是经过三次多项式拟合的雨带类型指数,它们代表了三种雨带类型的年代际变化趋势。由图 3.2a 中的光滑曲线可以看出,Ⅰ型在 20 世纪 50 年代末至 60 年代末比较明显,而从 70 年代中期以后直至现在,Ⅰ型一直处在较弱的趋势。Ⅱ型的变化趋势(图 3.2b 中的光滑曲线)是:20 世纪 50 年代初至 60 年代中期比较突出,70 年代中至 90 年代末处于较弱时期,21 世纪初以来,Ⅱ型显现出明显的增强趋势。Ⅲ型的变化趋势(图 3.2c 中的光滑曲线)与Ⅰ、Ⅱ型的差别比较大,20 世纪 50 年代中期直至 70 年代末为偏弱时期,80—90 年代Ⅲ型处于较强时期。可见,我国东部夏季雨带类型具有显著的年代际变化特征,20 世纪 50

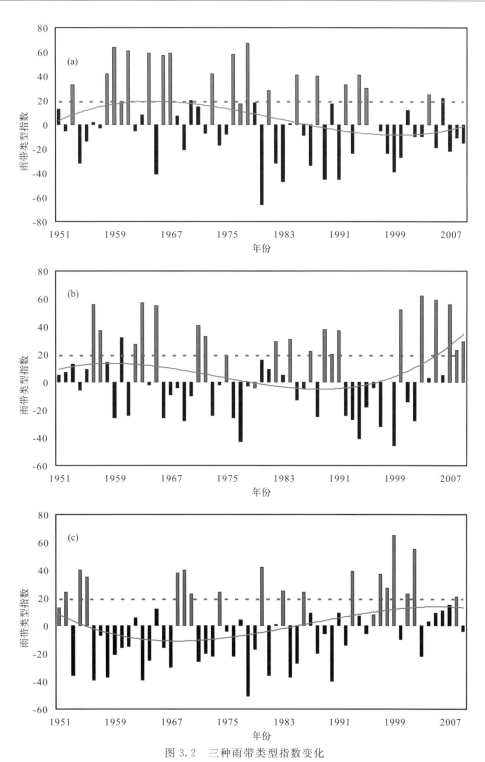

图 3.2　三种雨带类型指数变化

（a）Ⅰ型；（b）Ⅱ型；（c）Ⅲ型，其中柱形为雨带类型指数，红色柱形为
国家气候中心划分为该类型，光滑曲线为 3 次多项式拟合，蓝色直虚线为 0.05 显著性水平

年代中期以前是以Ⅲ型和Ⅱ型为主,50年代中期至70年代中期以Ⅰ型和Ⅱ型为主,70年代中期以来,Ⅰ型显著减弱,而整个90年代则以显著的Ⅲ型为主,进入21世纪以来,Ⅱ型显现出很强的增强趋势。

　　从图3.2中的直方图我们还可以看到,中国东部夏季雨带类型的年际变化也非常突出。图3.3给出三种雨带类型指数的最大熵谱。从图3.3可以看出,Ⅰ型谱密度有三个峰值,最大的是3 a,2 a次之,第三为7.7 1 a。Ⅱ型谱密度也有三个与Ⅰ型十分相似的峰值,不过2 a峰值最突出,其次是7~8 a,3 a较弱。Ⅲ型谱密度只有3 a一个峰值。理论推导证实,$\chi_\nu^2$分布近似地可以表示最大熵谱估计的分布特征,根据假设检验的统计量,对上述几个谱峰逐一进行显著性检验,检验结果表明,Ⅰ型3 a、Ⅱ型2 a、Ⅲ型3 a峰值的谱密度超过$\alpha=0.05$的显著性水平,说明我国东部三类雨带型具有显著的时间长度为2~3 a的准两年振荡特征。

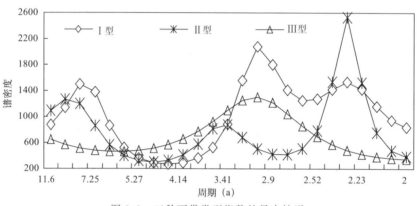

图3.3　三种雨带类型指数的最大熵谱

### 3.1.2　中国东部夏季三种雨带类型环流特征的差异

　　尽管影响我国东部夏季降水异常分布的因素是多方面的,但大气环流的异常变化是最直接和最重要的因素。作为中层大气环流的代表,500 hPa高度场可以清晰地反映我国东部夏季雨带类型的环流特征。图3.4为中国东部夏季三类雨带类型对应年份的500 hPa高度距平合成图,图3.5为Ⅲ型与Ⅰ型、Ⅲ型与Ⅱ型及Ⅱ型与Ⅰ型500 hPa高度距平之差,以此分析我国东部夏季雨带类型与欧亚环流的配置及其差异。比较图3.4a、b和c可以看出,我国东部夏季不同雨带类型分布与环流场的不同配置相对应,特别是Ⅰ型(北方型)所对应的环流配置基本与Ⅲ型(南方型)相反。图3.4a显示,Ⅰ型的环流配置具有三个主要特点:一是高纬地区位势高度为正距平,乌拉尔山以北地区为正距平中心;二是从巴尔喀什湖经贝加尔湖至鄂霍次克海之间的广大地区由显著负距平覆盖,而长江流域中下游以北至渤海湾为正距平区,正距平的北侧在40°N,西侧接近110°E;三是西太平洋30°N以南为一负距平区。这一距平场的配置表明,副热带锋区偏强偏北,西太平洋副热带高压偏强,位置偏北。从图3.4b可以看出,Ⅱ型(中间型)的环流配置与Ⅰ型(图3.4a)相似,但正负距平的区域均向东偏移,东亚副热带锋区亦有些许地南移,这表明与出现Ⅰ型降水分布相比,出现Ⅱ型降水分布时西太平洋副热带高压位置偏东亦略偏南。从Ⅲ型的500 hPa高度距平合成(图3.4c)可以清晰地看出,Ⅲ型的环流距平配置几乎与Ⅰ型相反,从巴尔喀什湖经贝加尔湖至鄂霍次克海之间的广大地区由显著正距平覆盖,西太平洋20°N以南为正距平,正距平西侧接近100°E。从图3.5a显示的Ⅲ型与Ⅰ型

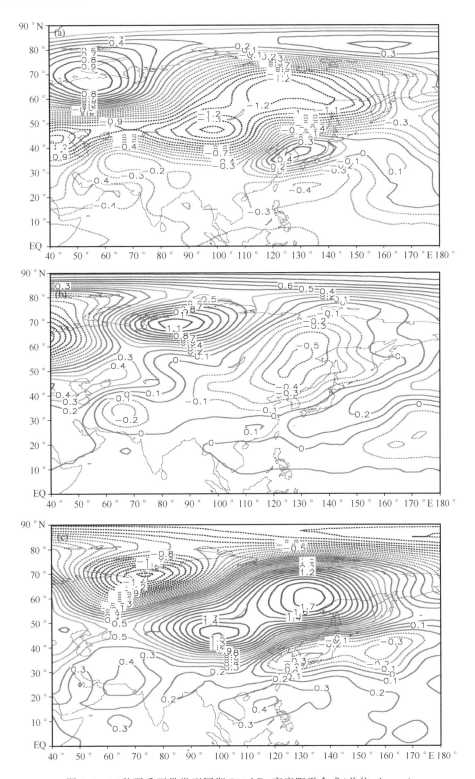

图 3.4　三种夏季雨带类型同期 500 hPa 高度距平合成(单位:dagpm)

(a) Ⅰ型;(b) Ⅱ型;(c) Ⅲ型

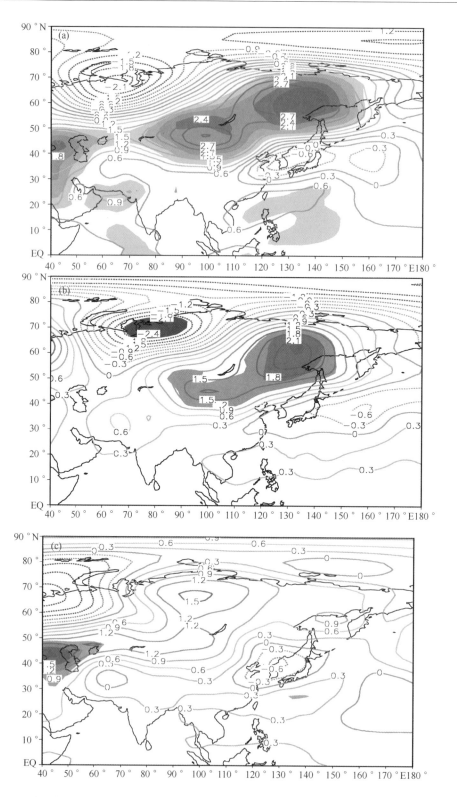

图 3.5　不同雨带类型 500 hPa 高度距平差值(单位:dagpm,阴影部分代表差值超过 0.05 显著性水平)

(a)Ⅲ型与Ⅰ型的差值;(b)Ⅲ型与Ⅱ型的差值;(c)Ⅱ型与Ⅰ型的差值

500 hPa 高度距平差值图可以看出,两个雨带类型最显著的正差值出现在巴尔喀什湖经至贝加尔湖至鄂霍次克海的地区,另外西太平洋也存在一片较显著的正差值区。这表明,当出现Ⅲ型降水分布时,东亚中高纬度有强盛的阻塞形势发展和维持,西太平洋副热带高压偏强,位置偏西、偏南。由图 3.5b 可以看出,Ⅲ型与Ⅱ型的 500 hPa 高度距平差值分布与Ⅲ型与Ⅰ型距平差值分布(图 3.5a)类似,但巴尔喀什湖经贝加尔湖至鄂霍次克海之间的正距平差值范围有所缩小,强度也略有减弱,而极区的负距平差值也更显著。Ⅱ型与Ⅰ型的 500 hPa 高度距平差值分布图(图 3.5c)显示,500 hPa 高度距平配置没有显著的差异,简言之,Ⅱ型在 500 hPa 高度距平场上显示的信号比Ⅰ、Ⅲ型弱,说明影响这类降水异常分布的因素更为复杂。

从对图 3.4 和图 3.5 的分析不难看出,对于我国东部降水异常分布有重要影响的东亚环流系统主要包括高纬地区的极涡(黄嘉佑等,2004)、35°—55°N,100°—140°E 范围的西风带波动(严华生等,2007)和西太平洋副热带高压的强弱变化及其南北和东西位置的进退变动(吴国雄等,2003)。我们选用国家气候中心利用 500 hPa 高度场定义的夏季(6—8 月)平均的亚洲区极涡强度指数(简记为极涡强度)表示高纬地区极涡变化、用副热带高压强度(简记为副高强度)、脊线指数(简记为副高脊线)和西伸脊点指数(简记为副高脊点)分别表征副热带高压的强弱变化和南北、东西位置的变动。根据西风带指数公式(Rossby,1939),取 35°—55°N,100°—140°E 范围的 500 hPa 高度值定义出西风带指数(简记为西风带)。上述五个指数的最大熵谱结果显示(图略),极涡强度的显著周期是 2.52 a;副热带高压强度除了存在十分突出的 3.63 a 的周期外,11.6 a 的年代际变化也很明显;副热带高压脊线存在两个显著周期,分别是 5.27 a 和 2.52 a;西伸脊点存在三个显著周期,分别是 9.67 a、4.14 a 和 2.52 a;西风带指数的显著周期为 5.8 a 和 2.9 a。虽然各指数的显著周期有所差别,但大多存在与三类雨带类型相同的准两年振荡特征。

利用上述五个由 500 hPa 高度值定义的指数作为自变量,分别以三种雨带类型指数序列作为预报量建立标准化回归方程,得到的标准化回归系数可以直接解释各环流指数对各雨带类型的贡献大小和配置(表 3.2)。表 3.2 中标有"∗"的回归系数表示超过了显著性水平 0.05 的 $t$ 检验。由表 3.2 可以看出,东亚环流关键系统对Ⅰ型和Ⅲ型的影响非常显著。Ⅰ型对应的回归系数配置表明,当西风指数环流偏强,冷空气势力偏弱,同时西太平洋副热带高压偏强、偏北、偏东时,我国东部主要雨带位于黄河流域及其以北地区。Ⅲ型对应的回归系数配置表明,当西风指数环流偏弱,冷空气势力偏强,且极涡偏强,西太平洋副热带高压偏西时,我国东部主要雨带位于长江沿岸及其以南地区。可见,极涡与副热带高压及西风带环流的综合作用对Ⅲ型降水分布的形成起到重要影响。Ⅱ型的回归系数只有极涡强度超过了显著性水平,它与Ⅲ型相反,对应的是极涡偏弱,其余系统对Ⅱ型的影响均不明显,这与图 3.4 和图 3.5 提供的信息是一致的。

表 3.2　东亚环流关键系统与三种雨带类型标准化回归系数

| | 极涡强度 | 副高强度 | 副高脊线 | 副高脊点 | 西风带 |
|---|---|---|---|---|---|
| Ⅰ型 | −0.005 | 0.135∗ | 0.223∗ | 0.184∗ | 0.429∗ |
| Ⅱ型 | −0.285∗ | −0.076 | −0.059 | 0.004 | 0.134 |
| Ⅲ型 | 0.320∗ | 0.020 | −0.008 | −0.136∗ | −0.663∗ |

### 3.1.3　中国东部夏季雨带类型水汽输送特征的差异

就气候平均而言,东亚地区有四支主要的水汽来源,一支由连接索马里越赤道气流的印度西南季风流经孟加拉湾的西南水汽输送;一支来自副高西南侧的东南水汽输送,一支经孟加拉湾南部与 105°E 附近越赤道气流汇合,经我国南海地区的东南水汽输送,另一支来自中纬度的西风水汽输送。

为了比较三种雨型水汽输送异常特征的差异,计算了东亚地区 6—8 月平均的从地面到 300 hPa 的水汽通量和水汽通量散度距平的垂直积分,绘出中国东部夏季三类雨带类型各自所对应年份的整层水汽输送距平合成图(图 3.6)。如图 3.6a 所示,当夏季我国东部出现Ⅰ型雨带分布时,异常的水汽通量辐合区位于河套至华北地区以及华南地区,与多雨带位置非常一致。这种异常的水汽输送包括两个明显的分支,其中主要的异常水汽源区出现在日本海以南洋面,先向东再转向东北方向将大量的水汽输送至主雨带,并一直向东北方向延伸到鄂霍次克海,同时,日本海以南气旋性距平环流加强,增强了西南暖湿气流向北输送;另一支较弱的异常水汽输送带来自南海,向华南地区输送水汽,并且可能是起源于 120°E 附近菲律宾越赤道气流所处的热带洋面。由Ⅱ型相对应的水汽输送异常的空间分布图 3.6b 可以看出,异常的水汽通量辐合区与主雨带也有较好的对应关系,即长江以北与黄河以南之间东部地区多雨,而长江以南,黄河以北少雨,对应异常的水汽辐散区。异常的水汽源主要位于 20°—25°N 附近的副热带西太平洋海域,水汽向西北方向输送到降水区,并向东北方向延伸,与南下的冷空气相遇在黄淮地区。Ⅲ型相对应的水汽通量辐合、辐散的异常分布和Ⅰ型几乎是反位相的(图 3.6c),即长江流域及其以南地区为异常的水汽辐合区,长江以北地区为异常的水汽辐散区。但是对于异常水汽输送通道,Ⅲ型与Ⅰ型还是有较大区别。热带的暖湿水汽沿着大陆东海岸向东北方向输送,直至长江沿岸与来自中高纬度的冷空气相遇。这种异常的水汽输送包括两个分支,一支由南海输送到华南、东南地区,另一支水汽来自孟加拉湾,输送到西南地区,异常程度较前者偏弱,但是两支异常水汽通道都起源于菲律宾海的水汽辐散区。

通过上述分析可知,三种雨型对应的水汽输送异常的主要通道和源区包括副热带西太平洋海域和菲律宾越赤道气流区,而作为气候平均情况下的主要水汽来源,索马里越赤道气流区并没有出现显著的异常。这一结果与 Zhou 和 Yu(2005)分析多雨带位于长江中下游分布型和多雨带位于淮河流域分布型水汽输送特征的结论一致。为了进一步了解各雨型之间水汽输送的差异,图 3.7 给出Ⅲ型与Ⅰ型、Ⅲ型与Ⅱ型及Ⅱ型与Ⅰ型水汽通量距平的差值。图中以红色填色的格点表示两类雨型水汽通量距平的纬向和经向分量的差异超过 $\alpha=0.05$ 的显著性水平的统计检验,以蓝色填色的格点则表示纬向分量的差异通过显著性检验,绿色填色的格点则表示经向分量的差异通过显著性检验。由图 3.7a 可以看出,Ⅲ型水汽输送异常与Ⅰ型的区别最为明显,主要存在三个差异显著区域,一是高纬的贝加尔湖地区向南的经向输送异常加强;二是中国中东部的经向水汽输送加强;三是西太平洋副热带地区的纬向输送加强,并呈反气旋性环流;配合 500 hPa 高度场的差异特征,说明东亚中高纬度经向环流异常加强,有利于北方冷空气南下,同时,西北太平洋副热带高压偏强,纬向水汽输送加强,我国多雨带位于长江以南,反之多雨带位于北方;Ⅲ型与Ⅱ型的水汽通量异常的显著差异(图 3.7b)是高纬贝加尔湖地区向南的经向输送更强,同时南海至华南的

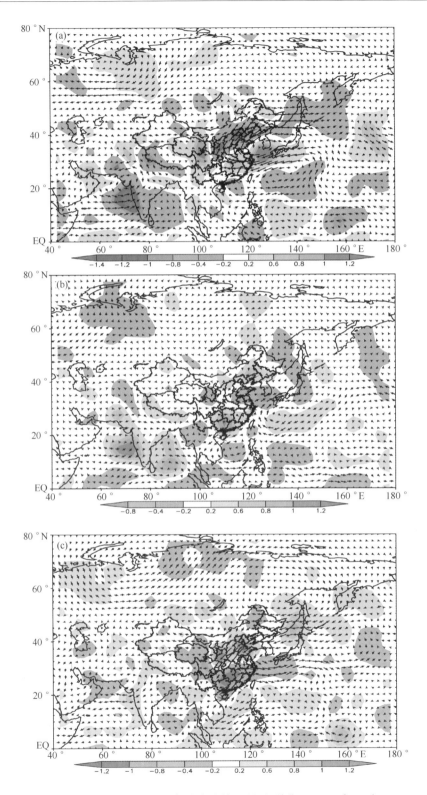

图 3.6 与图 3.4 相同,但为水汽输送距平(单位:g · cm$^{-2}$ · s$^{-1}$)

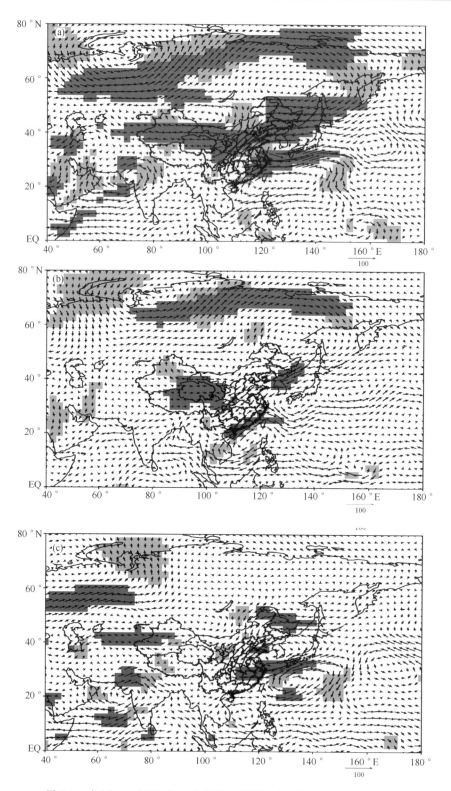

图 3.7　与图 3.5 相同,但为水汽输送距平差值(单位:g · cm$^{-2}$ · s$^{-1}$)

水汽输送异常加强,也就是说,多雨带出现在长江以南时,该地区经向环流异常要比多雨带出现在长江以北至黄河以南之间更强,来自南海的水汽输送也更强.Ⅱ型与Ⅰ型水汽输送异常的差异(图 3.7c)主要表现在西北太平洋副热带地区的纬向输送异常,即Ⅱ型在该区域的纬向水汽输送比Ⅰ型强.同时还注意到,当出现Ⅱ型时,西太平洋副热带地区以反气旋性环流为主,这点与Ⅲ型与Ⅰ型的差异特征一致.

从上述分析可见,我国东部三类降水异常分布型的水汽输送的差异主要包括高纬贝加尔湖地区的经向分量(60°—70°N,80°—110°E,记为经向分量 1)、我国中东部地区的经向分量(30°—50°N,105°—120°E,记为经向分量 2)和西北太平洋副热带地区的纬向分量(20°—30°N,110°—140°E,记为纬向分量).为此我们分别构造出这三个区域平均的水汽输送分量序列.三个序列的最大熵谱结果显示,经向分量 1 序列存在两个显著周期,第一周期为 5.8 a,第二周期为 2.0 a,经向分量 2 序列只存在 2.9 a 的周期,纬向分量序列也存在两个显著周期,第一周期为 5.8 a,第二周期为 2.76 a.对照图 3.3 可以看出,水汽输送分量的主要周期与三种雨带类型的周期基本一致,只是 2~3 a 是经向分量 1 和纬向分量的第二显著周期,但至少说明它们的变化特征中包含了准两年振荡.

### 3.1.4　中国东部夏季雨带类型的海洋气候背景及其对环流特征的影响

海洋的海表热力异常不仅是引起大气环流异常的重要因素,也是引起东亚夏季风异常的重要因素.研究表明,东亚夏季风降水的准两年振荡与赤道中东太平洋和西太平洋海温,特别是热带太平洋的海温变化密切相关.从上一节的分析可知,整层垂直积分的水汽输送的辐合、辐散直接与我国东部地区的雨带分布有关,而水汽输送强弱及通道变化又可能受到海洋热状况变化的影响.考虑到海洋变化对我国东部夏季降水的影响有一定时间的滞后效应,我们分别绘出中国东部夏季三类雨带类型对应年份的前期冬季全球海表温度(Sea Surface Temperature,SST)的距平合成图(图 3.8),以及Ⅲ型与Ⅰ型、Ⅲ型与Ⅱ型及Ⅱ型与Ⅰ型 SST 距平之差(图 3.9),以此分析我国东部夏季雨带类型的海洋背景及其差异特征.比较图 3.8a,b 和 c 可以看出,我国东部夏季不同雨带类型分布与全球 SST 的不同配置相对应.值得特别注意的是Ⅰ型(北方型)所对应的 SST 分布与Ⅱ型(中间型)完全相反,这一差异特征与前面分析的环流差异特征有很大的不同.从图 3.8a 可以看出,出现Ⅰ型雨带分布的前期冬季北太平洋呈现典型的 El Nino 分布型,即赤道中东太平洋为正距平,西风漂流区为负距平,大气热量主要供应地之一的海域暖池亦为负距平.同时,印度洋大部海域为正距平覆盖,南太平洋则呈现北部海域为负距平,南部海域为正距平的分布格局.从图 3.8b 可以清晰地看出,Ⅱ型雨带对应的 SST 的距平分布几乎与Ⅰ型完全相反,不但北太平洋呈现典型的 La Nina 分布型、暖池为正距平,而且其他海域的距平符号也均与Ⅰ型相反.Ⅲ型对应的 SST 距平分布(图 3.8c)不如前两型那么典型,北太平洋呈现的是较弱的暖位相分布,但南太平洋和印度洋的距平又与Ⅱ型雨带对应的 SST 分布相似.由图 3.9a 可以看出,Ⅲ型与Ⅰ型海温的差异主要出现在北太平洋西风漂流区的小范围、暖池及其以南和靠近北美的海域,Ⅲ型与Ⅱ型(图 3.9b)的 SST 距平的显著差异主要位于东太平洋小范围海域.而Ⅱ型与Ⅰ型 SST 距平的差异(图 3.9c)十分明显,在北太平洋存在三个差值显著区,一个负差值区在赤道中东太平洋,另两个正差值区分别在西风漂流区和暖池海域.南太平洋北部的东澳暖流和西风漂流区存在两个正差值区,南部存在一个负差值区.差值显著区域进一步表明,

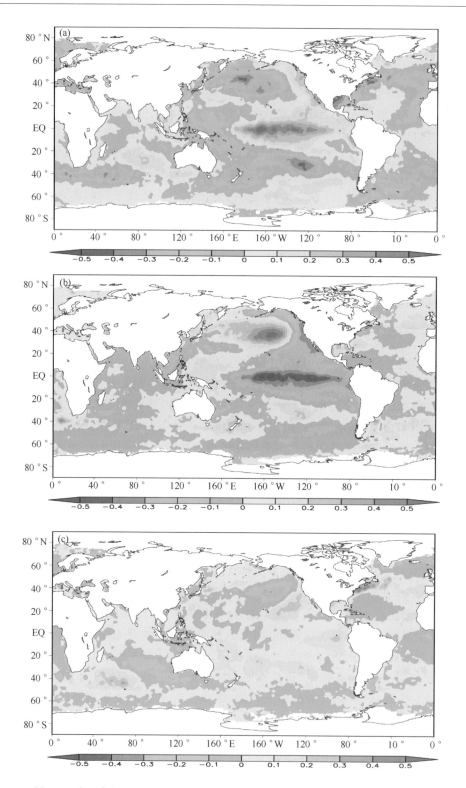

图 3.8　中国东部三种夏季雨带类型前期冬季全球海表温度距平合成(单位:℃)

(a) I 型;(b) II 型;(c) III 型

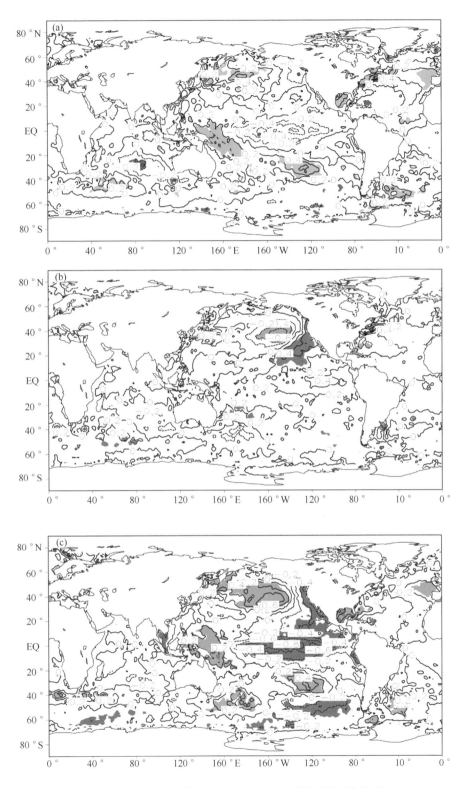

图 3.9　与图 3.5 相同,但为冬季全球 SST 距平差值(单位:℃)

当北太平洋 SST 呈现显著冷位相,同时暖池及南太平洋东澳暖流 SST 增暖时,我国东部易出现Ⅱ型雨带分布,即多雨带位于长江以北至黄河以南之间;反之,易出现Ⅰ型雨带分布,多雨带位于北方地区。

### 3.1.5　小结

本节定义了可以客观、定量地表征我国东部地区夏季三类雨带类型变化的指数,分析了它们的年代际和年际尺度变化特征,然后从东亚环流、水汽输送及海温背景等角度分析了不同雨带分布类型所对应的气候背景及其差异特征,得到以下主要结论:

我国东部夏季雨带类型具有显著的年代际变化特征,20 世纪 50 年代中期以前是以多雨带位于南方的Ⅲ型和多雨带位于黄淮的Ⅱ型为主,50 年代中期至 70 年代中期以多雨带位于北方的Ⅰ型和Ⅱ型为主,80 年代为过渡期,整个 90 年代则以显著的Ⅲ型为主,进入 21 世纪以来Ⅱ型明显。同时,我国东部夏季雨带类型还具有显著的准两年的年际变化特征。

三种雨带类型海洋特征的差异主要表现在两方面:(1)Ⅰ型对应的是冬季北太平洋海温呈现显著的暖位相、暖池及东澳暖流为负距平,同时南太平洋西风漂流区为正距平的分布型式;Ⅱ型对应与Ⅰ型完全相反的海温分布,即北太平洋海温呈现显著的冷位相、暖池及东澳暖流为正距平,同时南太平洋西风漂流区为负距平;夏季这两类雨型对应的海温距平明显减弱,Ⅱ型对应的海温在热带印度洋出现增暖。(2)Ⅲ型对应的海温分布在北太平洋海域与Ⅰ型一致,但暖位相的程度较弱,而南太平洋和印度洋的距平与Ⅱ型雨带对应的距平分布相似。

三种雨带类型对应的环流及水汽输送特征的差异主要体现在两方面:(1)Ⅲ型与Ⅰ型具有几乎完全相反的环流及水汽输送特征,当出现Ⅲ型雨带分布时,东亚中高纬度有强盛的阻塞形势发展和维持,中高纬的经向环流异常加强,同时西太平洋副热带高压偏强,位置偏西、偏南,该地区呈反气旋性距平环流,且纬向水汽输送加强,Ⅰ型则相反;(2)Ⅱ型与Ⅰ型的环流及水汽输送特征更接近,两者的主要差异是Ⅱ型对应的是西太平洋副热带地区为反气旋性距平环流,Ⅰ型对应的是气旋性距平环流。这一差异主要与两者对应的海温背景不同密切有关。

## 3.2　中国东部夏季雨带分布类型的集成估算模型

从 3.1 节的讨论中,我们知道我国东部夏季雨带分布类型具有显著的年际和年代际变化特征,而影响两种尺度变化的因素是不同的,年代际变化主要是外强迫作用,年际变化则更多地受到海-气相互作用的影响。基于这种情况,Wei(2007)提出了将受不同因素影响的不同尺度变化分别建立雨型估算模型,以此更客观、细致地了解影响我国夏季雨带分布类型的物理因素。

### 3.2.1　构建集成估算模型思路

在建立夏季雨带类型估算模型时,选取已有研究工作证明对我国夏季降水有显著影响的八个物理因子,它们分别是:

$x_1$:太平洋年代际振荡(Pacific Decadal Oscillation,PDO)指数,PDO 是一种具有较长生

命史的太平洋气候变率,PDO 为暖位相时,热带中东太平洋海温异常暖,北太平洋海温异常冷,PDO 为冷位相时,海温分布相反。PDO 对太平洋地区的气候有显著影响,同时对年际变率也起到重要调制作用。

$x_2$:北极涛动(Arctic Oscillation,AO)指数,AO 是北半球中纬度与高纬度大气环流特征变化的一种环状模态,这种特定模态对北半球区域及我国的气候有着显著影响。

$x_3$:根据热带太平洋地区六个变量综合定义的多变量 ENSO 指数(Multivariate ENSO Index,MEI),六个变量分别是:海平面气压、地面风的 U 和 V 分量、海表温度、地表气温和总云量比.MEI 较客观地表示了 El Nino/南方涛动海-气耦合现象。

$x_4$:Nino3 区海温指数,它是用赤道太平洋中部 5°—5°S,150°—90°W 范围的平均海表温度定义的,Nino3 区的 El Nino 信号最突出。

以上四个因子均来自美国国家海洋大气局气候诊断中心。

$x_5$:东亚季风强度指数,它是利用 10°—50°N 的 110°E 与 160°E 两者海平面气压之差定义的。夏季风的强弱及其与其他环流系统的相互作用对我国夏季雨带的分布有着极其重要的影响。

$x_6$:西太平洋副热带高压强度指数,它是用 500 hPa 上 588 dagpm 网格点平均高度值编码之和定义的,西太平洋副热带高压的强弱变化对我国夏季旱涝有重要影响。

$x_7$:西太平洋副热带高压脊线指数,它是由 110°—150°E 范围内的副热带高压体与间隔 5°的 9 条经线交点的平均纬度值定义的,西太平洋副热带高压脊线位置的进退变化直接影响着我国夏季多雨带的位置。

$x_8$:青藏高原位势高度强度指数,它是用 25°—35°N,80°—100°E 范围格点 500 hPa 高度值减去 500 dagpm 的累积值定义的,青藏高原是全球最强的热源,其强弱变化对我国的气候变化有重要作用。

$x_5$—$x_8$ 四个因子是由国家气候中心气候预测室提供。

将我国东部夏季三种雨带分布类型指数及其影响因子的统计关系表示为

$$P_k = P_{ak}(x_{ai}) + P_{dk}(x_{di}) + e \tag{3.1}$$

其中 $P_k$ 为待估算雨型指数,$k=1,2,3$;$P_{ak}$ 为 雨型指数的年际尺度变化分量,$x_{ai}$ 为影响雨型年际变化的年际尺度因子,$i=1,2,\cdots 8$;$P_{dk}$ 为 雨型指数的年代际尺度变化分量,$x_{di}$ 为影响雨型年代际变化的年代际尺度因子,$i=1,2,\cdots 8$;$e$ 为随机噪音。

首先使用三次样条函数拟合的方法将三种雨型指数和物理因子的年际和年代际尺度分量进行分离,然后分别建立雨型年际尺度分量和年代际分量的估算模型

$$P_{ak} = \beta_0 + \beta_1 x_{a1} + \beta_2 x_{a2} + \ldots \beta_8 x_{a8} \tag{3.2}$$

$$P_{dk} = \beta_0 + \beta_1 x_{d1} + \beta_2 x_{d2} + \ldots \beta_8 x_{d8} \tag{3.3}$$

其中 $\beta_0,\beta_1,\ldots \beta_8$ 为待估计的回归系数。使用特征根条件数方法检验证明,PDO、AO、ENSO 等八个物理因子相互之间不存在复共线性,即它们之间不存在明显的线性关系。这样就可以利用逐步筛选的方式估计出式(3.2)和式(3.3)的回归系数。将式(3.2)和式(3.3)逐年估算结果代入式(3.1),即可得到逐年雨带类型指数的估算。

## 3.2.2　雨带类型集成估算模型

通过逐步筛选出的因子与雨带类型指数的配置,不仅可以对雨带类型指数的年际变化和

年代际变化进行估算,还可以解释各因子对我国夏季雨带类型气候转变或异常变化的影响程度。

表 3.3 列出的是筛选出的三种雨带类型年际变化估算模型的回归系数. 从表 3.3 可以看出,在Ⅰ型的年际变化模型中引入的因子是:ENSO 指数 $x_{a3}$、Nino3 区的海表温度 $x_{a4}$ 和西太平洋副热带高压脊线位置 $x_{a7}$,其中 $x_{a3}$ 和 $x_{a7}$ 的回归系数的符号是正的,$x_{a4}$ 是负的。这表明,这 3 个因子的年际变化对Ⅰ型的年际变化影响显著,当南方涛动偏强、Nino3 区的海表温度出现冷位相,即出现典型拉尼娜事件时,同时西太平洋副热带高压位置偏北时,我国夏季主要多雨带位于黄河流域及其以北地区,江淮流域则降水偏少。Ⅱ型的年际变化估算模型也引入 3 个因子,它们是 ENSO 指数 $x_{a3}$、Nino3 区的海表温度 $x_{a4}$ 和东亚季风指数 $x_{a5}$,其中 $x_{a3}$、$x_{a4}$ 回归系数的符号恰与Ⅰ型的相反。表明,当南方涛动偏弱,Nino3 区海表温度为暖位相,即出现典型厄尔尼诺事件时,且又东亚季风偏强时,我国夏季主要多雨带位于黄河至长江之间,黄河以北及长江以南大部分地区降水偏少。值得注意的是,ENSO 指数和 Nino3 区海表温度的年际变化在Ⅱ型的作用与在Ⅰ型的作用相反。Ⅲ型的因子配置中含有两个显著因子,一个是东亚季风指数 $x_{a5}$,另一个是西太平洋副热带高压位置 $x_{a7}$。有趣的是,季风东亚指数在Ⅲ型中的作用与在Ⅱ型中的作用相反,而西太平洋副热带高压位置在Ⅲ型的作用与在Ⅰ型中的作用相反,即当东亚夏季风偏弱,同时西太平洋副热带高压位置偏南时,我国夏季主要多雨带位于长江流域及其以南地区,淮河以北地区降水偏少。

由上述雨带类型的年际变化估算模型可见,对我国三种雨带分布类型年际异常变化影响较大的因素主要是厄尔尼诺/拉尼娜事件、东亚夏季风和西太平洋副热带高压脊线位置。

**表 3.3　三种雨带类型年际变化估算模型的回归系数**

| 雨带类型 | $x_{a1}$ | $x_{a2}$ | $x_{a3}$ | $x_{a4}$ | $x_{a5}$ | $x_{a6}$ | $x_{a7}$ | $x_{a8}$ |
|---|---|---|---|---|---|---|---|---|
| Ⅰ型 | | | 28.2927 | −40.7956 | | | 6.1003 | |
| Ⅱ型 | | | −18.3817 | 30.9733 | 51.7418 | | | |
| Ⅲ型 | | | | | −38.6058 | | −4.2042 | |

表 3.4 列出的是三种雨带类型年代际变化估算模型的回归系数。由表 3.4 可以看出,前五个因子的年代际变化对三种雨带类型的年代际变化有显著贡献。从回归系数的符号可以看出,Ⅰ型年代际变化的因子配置是:当 Nino3 区的海表温度 $x_{d4}$ 和太平洋年代际涛动 $x_{d1}$ 处于冷位相,北极涛动 $x_{d2}$ 也处在较弱阶段,而 ENSO $x_{d3}$ 和东亚夏季风 $x_{d5}$ 处在偏强的阶段时,我国夏季易出现多雨区位置偏北的趋势。Ⅱ型年代际尺度因子的配置与Ⅰ型有很大差别,除北极涛动的回归系数的符号与Ⅰ型相同外,其余因子的符号均与Ⅰ型相反,表明当 Nino3 区的海表温度和太平洋年代际涛动 PDO 处于暖位相阶段,而同时北极涛动、ENSO 和东亚夏季风均处在偏弱阶段时,我国夏季易出现多雨区位于黄河至长江之间的趋势。Ⅲ型的年代际因子的回归系数符号完全与Ⅰ型相反,且季风的作用加强,ENSO 和 PDO 的作用减弱,即当 Nino3 区的海表温度和太平洋年代际涛动 PDO 处在暖位相,北极涛动 AO 处在较强阶段,同时 ENSO 和东亚夏季风处在偏弱阶段时,我国夏季易呈现多雨区位置偏南的趋势。

表 3.4 三种雨带类型年代际变化估算模型的回归系数

| 雨带类型 | $x_{d1}$ | $x_{d2}$ | $x_{d3}$ | $x_{d4}$ | $x_{d5}$ | $x_{d6}$ | $x_{d7}$ | $x_{d8}$ |
|---|---|---|---|---|---|---|---|---|
| Ⅰ型 | $-42.8077$ | $-41.1005$ | $29.6830$ | $-50.1969$ | $34.1808$ | | | |
| Ⅱ型 | $23.8399$ | $-85.2634$ | $-47.9696$ | $50.2044$ | $-16.5450$ | | | |
| Ⅲ型 | $13.9272$ | $45.7151$ | $-15.2315$ | $57.0377$ | $-51.2450$ | | | |

　　将三种雨带类型的年际和年代际尺度变化估算模型的结果进行集成,就可以得到夏季雨带类型的估算,准确率列在表 3.5。为了比较这一新思路估算模型的效果,我们还建立了未经年际、年代际尺度分离的三种雨带类型指数与物理因子的估算模型,筛选出的因子及其回归系数的符号,与表 3.3 列出的年际变化的估算模型十分相似,只是系数大小有些差异。这说明,没有进行尺度分离所建立的估算模型主要反映的是各因子与雨带类型的年际尺度变化,年代际的变化特征没有反映出来,因而估算准确率很低(表 3.5)。从列在表 3.5 的估算准确率也可以看出,分别考虑年际和年代际尺度的因子对相同尺度雨带类型变化的影响,估算准确率有了很大的提高。从表 3.5 我们还可以看出,Ⅲ型即南方型的两种估算模型的准确率都要比Ⅰ型和Ⅱ型低,说明我国南方夏季降水异常变化受到的影响因素更复杂。

表 3.5 三种雨带类型估算模型的估算准确率(%)

| | Ⅰ型 | Ⅱ型 | Ⅲ型 |
|---|---|---|---|
| 尺度分离后估算模型 | 84 | 71 | 63 |
| 未经尺度分离估算模型 | 37 | 42 | 16 |

## 3.3　东亚夏季风异常与中国东部旱涝分布

　　20 世纪 70 年代在中央气象局研究所的主持下,气象学家根据旱涝史料记载绘编了《中国近五百年旱涝分布图集》,这个工作对研究我国旱涝长期变化提供了非常有利的条件。随着气候变化特别是年代际变化的研究的不断深入,这套资料引起越来越多国内外学者的兴趣。众所周知,我国东部地区的旱涝变化与东亚夏季风有很密切的关系,就东亚夏季风指数而言,由于定义时所关注的角度不同,其定义出来的指数也有差异。Nitta(1987)及Huang(2004)利用东亚太平洋型遥相关(EAP 型遥相关)定义季风指数。Guo(1983)采用海陆之间气压梯度的大小定义夏季风的强弱,并表明在夏季风指数高的时期,淮河以北和华南是多雨的,而长江流域少雨;在夏季风指数低的时期,长江及其以北都少雨;当指数接近常年平均值时,长江中下游多雨。Zhao 等(2007)利用对流层温度亚洲和太平洋中纬度之间的遥相关来表征东亚夏季风系统,研究表明其与东亚降水有很好的指示意义。朱锦红等(2003)利用 530 a 的华北夏季降水长序列资料研究了东亚夏季风的年代际变率,结果表明,华北夏季降水的 80 a 振荡与东亚夏季风强度的长期变化有很好的对应关系。但是,关于东亚夏季风系统时空变异特征对我国旱涝异常分布的影响还存在许多不确定因素,特别是由于长年代资料的缺乏,关于东亚夏季风年代际变率及其与我国旱涝年代际变率关系的研究相对还比较少。Li 等(2011)使用长年代旱涝等级及海平面气压等资料,通过对我国东部地区旱涝时空变化特征的分析,在较长时间尺度上研究我国东部地区旱涝典型空间分布型的年代际变化及其对东亚夏季风年代际变化的响应。

### 3.3.1　近 159 a 海平面气压场与我国东部旱涝等级的 BP 典型相关分析

利用 BP 典型相关方法分析了 1850—2008 年东亚海平面气压场与我国东部旱涝等级场之间的关系。BP 典型相关适合于研究两个气候变量场的耦合相关特征,它计算简便,结果的物理意义清楚。通过此方法分析,可以检测出能够反映两变量场耦合相关的敏感区域。首先分别对两个场进行标准化 EOF 分解,构造出中国东部旱涝等级前四个特征向量的时间系数和夏季海平面气压前四个特征向量的时间系数的组合矩阵,然后进行典型相关计算,求出典型变量序列,最后分别计算显著典型变量与其对应的原变量场的相关系数,从而得到两变量场的空间相关分布模态。其中,前三对典型相关系数分别通过了 $\alpha=0.05$ 的显著性水平。

图 3.10a、b 为夏季海平面气压与中国东部旱涝的第一对耦合典型空间分布型。在夏季海平面气压的空间分布型(图 3.10a)中,65°N 以北和中国内陆地区为正相关区,其他为负相关区,负值中心位于西北太平洋附近,相关系数达 0.6 以上。中国东部旱涝空间分布型(图 3.10b)主要表现为"－＋－"的三极子型,负相关中心主要位于我国华北,华南地区,正相关中心位于长江流域,均通过了 0.01 的显著性水平。这对耦合空间分布型表明这样的相关特征,即当西北太平洋的夏季海平面气压偏低时,我国华北和华南地区容易出现多雨,长江中下游地区容易出现干旱,反之亦然。

图 3.10c、d 为夏季海平面气压与中国东部旱涝的第二对耦合典型空间分布型。夏季海平面气压的典型空间分布型(图 3.10c),具有明显海陆差异的分布特点,正相关区为 130°E 以东,西北太平洋附近相关系数达到 0.3 以上,通过了 $\alpha=0.01$ 的显著性水平;负相关区为 130°E 以西,我国大陆大部分地区均通过了 $\alpha=0.01$ 的显著性水平。在中国东部旱涝空间分布型(图 3.10d)中,也呈现了"－＋－"的三极子型,在淮河流域的正相关区没有通过 0.01 的显著性水平,而在内蒙古中部、河套地区和江南大部表现出很高的负相关,通过 0.01 的显著性水平。这对空间分布型说明当西北太平洋的夏季海平面气压偏高、大陆海平面气压偏低时,我国内蒙古中部、河套地区及江南地区容易出现多雨,反之亦然。

图 3.10e、f 为夏季海平面气压与中国东部旱涝的第三对耦合典型空间分布型。夏季海平面气压的空间分布型(图 3.10e),表现的是纬向型分布,45°N 以北为负相关区,45°N 以南为正相关区。负相关中心位于贝加尔湖和西北太平洋。南海及菲律宾以东海面为正相关区,并通过 0.01 的显著性水平。中国东部旱涝空间分布型(图 3.10f)主要表现的是"＋－"的偶极子分布型。以淮河流域为界线,在其北部为正相关,中心位于河套地区;淮河流域以南为负相关,中心位于长江中下游。这对典型空间分布型说明,当西北太平洋海平面气压偏低、中太平洋和长江以南地区海平面气压偏高时,河套地区容易偏旱,长江中下游容易多雨,反之亦然。

通过对夏季海平面气压与中国东部旱涝的前三对耦合典型空间分布型的分析,可以看出海陆的气压差异对中国东部旱涝有明显的影响,因此选取对中国东部旱涝有显著影响的海平面气压区域(如图 3.11 所示):25°—40°N,80°—100°E 代表陆地(记为 A 区),40°—60°N,140°—160°E 代表海洋(记为 B 区)。用 A、B 区域的海平面气压差标准化序列代表东亚夏季风变化的强度。

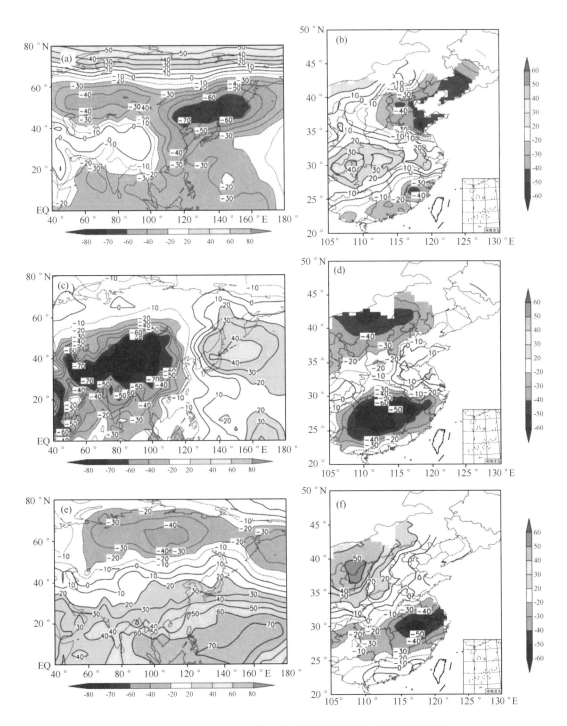

图 3.10　近 159 a 海平面气压与旱涝等级的前三对典型相关场

(a)和(b)为第一对;(c)和(d)为第二对;(e)和(f)为第三对

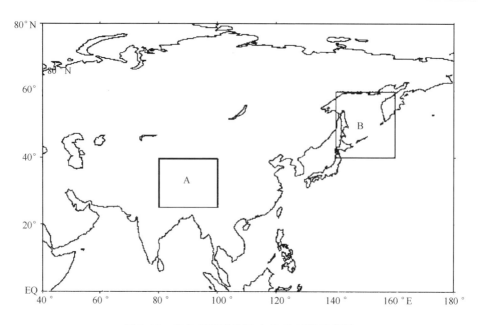

图 3.11　定义东亚夏季风 A 和 B 区域示意图

## 3.3.2　东亚夏季风与中国东部旱涝的年代际变化

　　对近 159 a 海平面气压和旱涝等级的前三个典型模态的时间系数进行功率谱分析,然后将计算得出的功率谱估计与标准谱(取 $\alpha = 0.05$ 的显著性水平)求比值,得到功率谱比值。若功率谱比值大于 1 表明该周期超过了 0.05 的显著性水平。从海平面气压的第一典型模态的功率谱比值得出,40 a 是第一显著周期,其次,还有 80 a、26 a、13 a 的显著周期。海平面气压的第二典型模态功率谱比值显示,其最显著的周期也为 40 a,另外还存在 10～20 a、5～6 a、80 a、3.5 a 的显著周期。海平面气压的第三典型模态最显著周期也是为 40 a,同时具有 80 a、10～20 a 的显著周期。从旱涝等级的前三个典型模态的功率谱比值可知,旱涝等级的 40 a 周期是第一或第二显著周期。可见,近 159 a 海平面气压和旱涝等级均存在 40 a 左右的显著周期,这与许多学者研究得到东亚夏季风具有约 40 a、80 a 周期变化的结论一致,因此,在下文均选取 40 a 的周期分量代表年代际变化。我们分别算出海平面气压 A、B 敏感区域的平均值,然后对 A 序列与 B 序列之间的气压差值序列进行标准化,最后提取其 40 a 周期分量作为东亚夏季风年代际变化的指数(记为 NMSI),它反映的是东亚夏季风年代际强度变化。表 3.6 为 NMSI 的年代际分量与旱涝等级前三个特征向量年代际分量之间的相关系数。从表 3.6 可以看出,NMSI 与旱涝等级前三个典型模态具有较显著的相关关系,均通过了 $\alpha = 0.001$ 的显著性水平。可以认为,NMSI 对东亚夏季风与我国东部地区旱涝前三个典型空间分布型的年代际变化之间的关系有较好的表现。

表 3.6　NMSI 分别与旱涝等级前三个特征向量年代际分量的相关

| 相关系数 | FD1 | FD2 | FD3 |
|---|---|---|---|
| NMSI | 0.203 | 0.230 | 0.571 |

　　图 3.12 为 NMSI 与旱涝等级前三个特征向量的年代际变化曲线。从图中可以看出,1850—1890 年期间,NMSI 与旱涝等级前三个特征向量的年代际变化基本一致,1891 年以后变化趋势开始出现差异。NMSI 曲线变化趋势表明,1861—1890 年、1915—1929 年、1954—1999 年东亚夏季风偏强,1850—1860 年、1891—1914 年、1930—1953 年、2000—2008 年东亚夏季风偏弱。其中,在 1954—1999 年夏季风偏强时段中,1976 年前后夏季风强度有小的转折。从旱涝等级的前三个特征向量的年代际变化曲线(FD1、FD2、FD3)可以看出,在 1850—1890 年三条曲线基本一致,从 1891 年以后,呈现出明显的位相差异,甚至出现了位相完全相反的状态,说明 NMSI 与旱涝典型空间型在年代际尺度的关系非常复杂。由此以 40 a 为基准,分段计算 NMSI 与旱涝典型空间型之间的相关系数,以便更清晰、细致地了解东亚夏季风与中国东部旱涝年代际变化之间的关系。

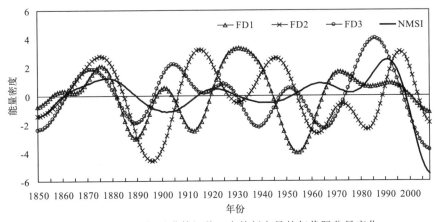

图 3.12　NMSI 与旱涝等级前三个特征向量的年代际分量变化

　　图 3.13 为 NMSI 与旱涝等级前三个特征向量年代际分量的 40 a 滑动相关系数曲线(NMSI－FD1、NMSI－FD2、NMSI－FD3)。从图可以看出,NMSI 与旱涝典型分布的年代际变化之间的关系存在显著的位相差异。NMSI－FD1 曲线在 1875—1914 年时段前为显著的正相关,其他时段相关不明显。NMSI－FD2 在 1908—1947 年时段前为正相关(通过了 $\alpha=0.01$ 的显著性水平),1908—1947 年时段之后至 1950—1989 年时段转为负相关(通过了 $\alpha=0.01$ 的显著性水平),从 1951—1990 年时段开始又转为正相关。NMSI－FD3 出现了"＋－＋＋"四次转变。由此可见,NMSI 与 FD2 的年代际变化关系相对稳定,经历了"＋－＋"两次调整,这种比较稳定的关系为我们进一步分析 NMSI 与旱涝分布的年代际变化之间的关系提供了基础。

　　基于图 3.12 NMSI 的强弱转变及 NMSI 与 FD2 的相关关系,从 NMSI－FD2 呈现显著正相关时段中,取 NMSI 年代际变化趋势较强的时段(1861—1890 年)的旱涝等级的年代际分量做合成场(图 3.14a);取 NMSI 年代际变化趋势较弱的时段(1891—1914 年)的旱涝等级年代际分量做合成场(图 3.14c)。从 NMSI－FD2 呈现显著负相关时段中,取 NMSI 较强的时段(1954—1975 年)的旱涝等级年代际分量做合成场(图 3.14b);取 NMSI 较弱的时段(1930—1953 年)的旱涝等级年代际分量做合成场(图 3.14d)。首先讨论 NMSI 与 FD2 呈现显著正相

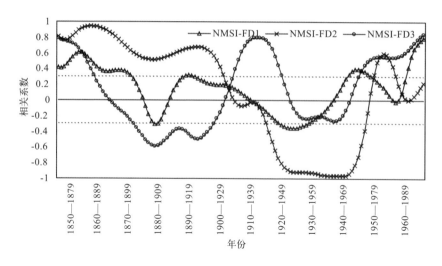

图 3.13  NMSI 与旱涝等级前三个特征向量年代际分量的 40 a 滑动相关系数
（虚线为 $\alpha=0.01$ 的显著性水平）

关位相时的情景。从图 3.14a 看出，当 NMSI 处于偏强时段时，东北和长江流域及其以南大部分地区偏涝，中心位于华南及东北地区；河套、华北地区偏旱，中心位于山西。从图 3.14c 中可以看出，当 NMSI 处于偏弱时段时，长江流域以北大部地区偏涝，中心位于陕西、山西地区。华南中西部、浙江及内蒙古东部偏旱。为了更清楚地了解夏季风年代际强、弱时段对应的我国东部旱涝分布的差异，绘制出图 3.14a 与图 3.14c 的差值分布图（图 3.14e），图中阴影部分表示两时段平均值之间差值超过 $\alpha=0.001$ 显著性水平。图 3.14e 表现的是当 NMSI 年代际变化较强时，即当东亚夏季风处在偏强（弱）阶段时，长江流域以北偏旱（偏涝），长江流域及其以南偏涝（偏旱）。再讨论 NMSI 与 FD2 呈现显著负相关位相时的情景。由图 3.14b 看出，当 NMSI 处于偏强时段时，黄淮、华南地区偏涝，长江流域偏旱。从图 3.14d 看出，当 NMSI 处于偏弱时段时，黄淮流域偏旱，长江流域偏涝。图 3.14f 为图 3.14b 减图 3.14d 的差值分布图，由图 3.14f 看出，当 NMSI 年代际变化较强时，即当东亚夏季风偏强（弱）时，长江流域以北偏涝（偏旱），长江流域及其以南偏旱（偏涝）。

长期以来，大多数研究都是认为"在东亚夏季风偏强（弱）时，我国东部的北方地区降水偏多（偏少），长江流域及其以南地区降水偏少（偏多）"，这个结论大多是基于 1950 年以来的资料分析得出的。从以上更长时间尺度的分析结果可以看出，这种关系并不是稳定不变的，而是可能呈现出年代际的位相转变。正如前面分析所示，在 20 世纪 20 年代之前，东亚夏季风偏强（弱）时，长江流域以北容易偏旱（偏涝），长江流域及其以南容易偏涝（偏旱），在 20 世纪 20 年代以后，则当东亚夏季风偏强（弱）时，长江流域以北容易偏涝（偏旱），长江流域及其以南容易偏旱（偏涝）。

以上从较长年代的角度考察了东亚夏季风的变化特征与我国东部旱涝之间的关系，结果表明，两者的相关关系并不是稳定不变的，而是存在显著的年代际位相差异，这一研究结论丰富了大多数使用近 50～60 a 资料的研究结果。那么，是什么因素影响东亚夏季风的年代际特征发生变化呢？众多研究推测，东亚夏季风的年代际变化主要受到海洋、太阳活动及火山活动

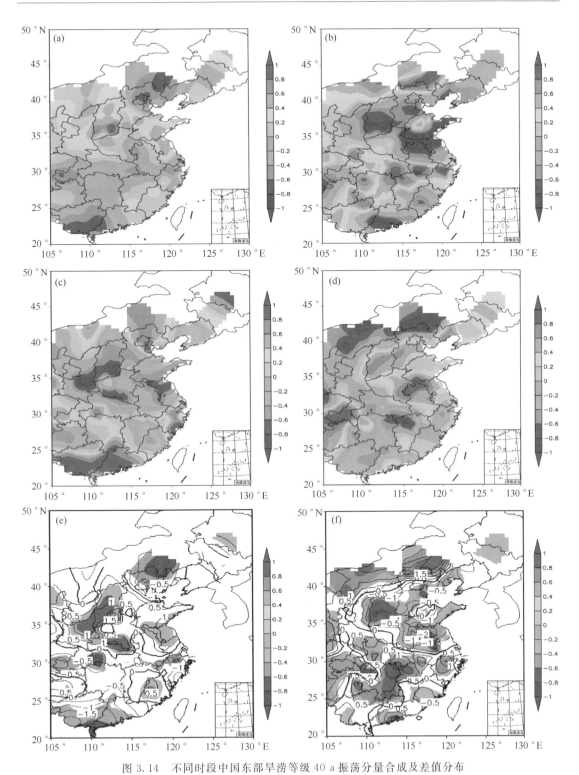

图 3.14　不同时段中国东部旱涝等级 40 a 振荡分量合成及差值分布

(a)1861—1890 年合成场；(b)1954—1975 年合成场；(c)1891—1914 年合成场；(d)1930—1953 年合成场；

(e)1861—1890 年与 1891—1914 年之差；(f)1954—1975 与 1930—1953 年之差。阴影:通过 0.05 的显著性水平

等外强迫的影响。图 3.15 显示的是 1861—1975 年标准化后太阳黑子相对数的多项式趋势变化，该曲线与图 3.12 中 NMSI 指数变化曲线比较可见，1861—1890 年东亚夏季风处在偏强时，太阳黑子处在高值期，1891—1914 年东亚夏季风处在偏弱时，太阳黑子处在低值期，夏季风与太阳活动呈正反馈关系；而进入 20 世纪 20 年代以后，在 1930—1953 年东亚夏季风偏弱时，太阳活动却处在高值期，1954—1975 年东亚夏季风偏强时，太阳活动却处在低值期，夏季风与太阳活动呈负反馈关系。这就说明，东亚夏季风对太阳活动外强迫的响应存在年代际位相差异，两者呈非线性反馈关系。这可能可以部分地解释 20 世纪 20 年代前后东亚夏季风与我国旱涝分布年代际变化关系的位相差异。

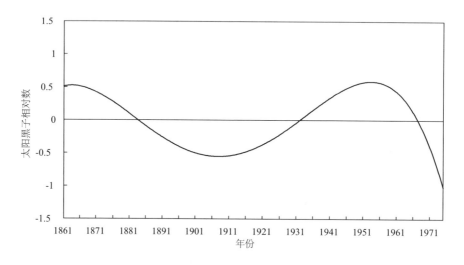

图 3.15　1861—1975 年太阳黑子相对数的多项式曲线

## 3.4　近 539 a 东亚关键系统变化及其与中国东部旱涝分布

观测事实证明，大气环流的运动和变化存在明显的区域特征和跷跷板式的现象 (Thompson and Wallace，1998；Wallace，2000)，特别是近地面的环流变化表现出的跷跷板现象尤为显著，在海平面气压(Sea Level Pressure，SLP)典型分布图上清晰地显现出不同大气活动中心的大尺度反向变化，这种大尺度的反向变化是与外部热源强迫和大气内部动力过程紧密联系的。科学家们很早就非常重视对 SLP 的研究，最新建立的全球月平均 SLP 历史格点数据集 HadSLP2 中包含对环境、生态及社会有重要影响的大气区域特征和大气涛动的信息，其中包括东亚季风，北大西洋涛动，南方涛动，北极涛动等等。

中国仪器观测的气象记录最长只有 100 多年。但是，中国有极其丰富、可靠和精细的长年代地方志文献。利用这些文献整理编制出 1470 年以来 500 多年、覆盖中国大范围地区的降水量代用资料－旱涝等级。研究表明，这套降水量代用资料与北半球陆地观测资料有很好的一致性，尤其是与由 SLP 表征的夏季大气活动中心有很好的关系(Wei et al.，2008；Fan et al.，2009)。

由于缺乏 19 世纪中期以前的仪器观测的 SLP 场资料,给研究更长时间尺度东亚大气环流特征和大气涛动现象及其对中国旱涝异常的影响带来困难。因此,需要使用气候档案或代用资料,例如历史文献记录、树木年轮、冰芯等重建过去更长时间的 SLP 格点场。但目前重建的 SLP 格点场主要覆盖北大西洋、欧洲及地中海地区。Wei 等(2012)使用奇异谱分解(Singular Value Decomposition,SVD)方法利用 1850—2008 年近 159 a 东亚地区夏季 SLP 场与中国东部地区夏季旱涝等级场主要模态之间的相关关系,将 1470—2008 年旱涝等级场投影到该场的主要模态,重建出 1470—2008 年近 539 a 东亚地区夏季 SLP 格点场,根据重建的 SLP 场定义出表征东亚地区关键系统强弱变化的三个指数序列。在此基础上分析了三个指数序列的多时间尺度变化特征及其与中国东部旱涝分布的关系。

## 3.4.1　东亚地区关键系统强度指数序列的构建

首先对已有观测的 1850—2008 年近 159 a 夏季(6—8 月)海平面气压资料场和同期我国东部地区旱涝等级进行奇异值分解(SVD),利用 Monte Carlo 检验方法对典型变量进行检验,前七对典型变量通过了 0.05 显著性水平,说明前七对典型向量是有物理意义的信号,它们的累积方差贡献为 85.21%。

图 3.16 为 159 a 海平面气压场和我国东部旱涝等级前三对耦合典型变量的空间分布。第一对典型变量(图 3.16a、b)解释方差 29.34%。从图 3.16a 可以看出,SLP 呈现的是典型的海洋与陆地相反的分布型。我们知道,夏季陆地上气压低于海洋上的气压,而图 3.16a 显示我国陆地气压明显增强,中心位于 30°—40°N,110°—120°E,海洋上气压明显减弱,中心位于 30°—40°N,160°—170°E,它表征的是典型的海陆热力差异偏弱的分布型,其中心位置正是使用 SLP 定义东亚夏季风指数的关键区域(Guo,1983),海陆热力差异偏弱表明夏季风偏弱。这种 SLP 分布型对应我国夏季东部呈现江淮地区降水偏多,北方地区、华南及江南南部地区降水偏少的旱涝分布型(图 3.16b)。第二对典型变量(图 3.16c、d)解释方差 20.76%。从图 3.16c 看出,SLP 典型变量的分布仍然反映的是海陆热力差异的特征,不过大陆气压增强及海洋气压减弱区域的中心整体向西偏移,呈现出从青藏高原地区扩展到南亚地区气压增强,中心位于 30°—40°N,60°—90°E,西北太平洋气压减弱,中心位于 35°—50°N,130°—160°E。这种分布型与 Wang 等(2008)发现的从青藏高原经日本海向东北方向传播的大气热源波列有些相似。这一 SLP 分布型对应我国东部夏季黄淮及华南地区降水偏多、长江流域降水偏少(图 3.16d)。第三对典型变量(图 3.16e、f)解释方差 12.68%. 从图 3.16e 可以清晰地看出,SLP 呈现出的是南北向符号相反的分布,即高纬地区与中纬地区气压相反的分布特征,是北极涛动 AO 在东亚地区的表现。气压减弱区域中心位于 55°—65°N,70°—90°E,气压增强中心位于青藏高原的 30°—40°N,60°—90°E 区域。这一 SLP 分布型表明,AO 夏季处于正位相时,对应我国夏季除江南部分地区降水偏少外,我国东部大部地区降水偏多的分布型(图 3.16f)。第四对典型变量呈现的也是海陆热力差异,表现的分布型恰与第一对典型变量相反(图略),即陆地气压减弱、海洋气压增强,东亚夏季风偏强,我国东部夏季北方及华南降水偏多,长江流域及黄淮地区偏少。

由上述分析可见,SLP 和旱涝等级的前三对 SVD 典型变量主要反映海洋与陆地气压的反向涛动的强弱及中纬与高纬地区气压的反向涛动的强弱对我国东部夏季旱涝分布的影响。特

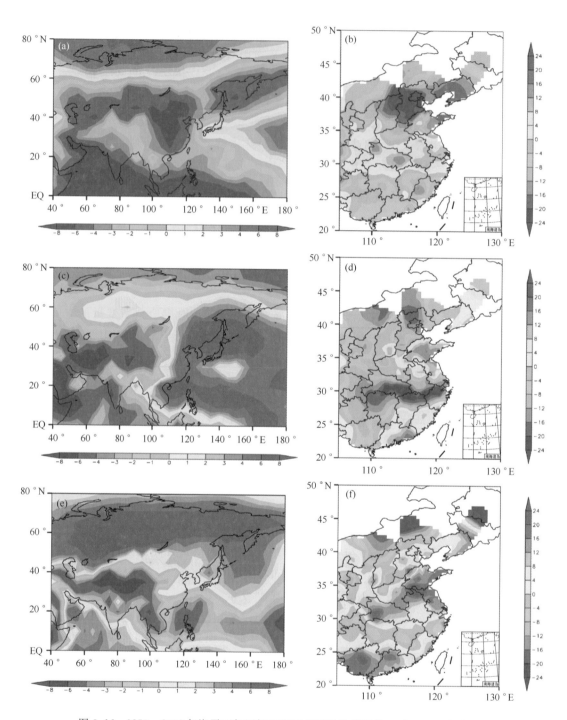

图 3.16　1850—2008 年海平面气压场和我国东部旱涝等级前三对 SVD 空间模态

别是青藏高原热力状况的异常变化在海陆热力差异形成中起到十分重要的作用,这一诊断事实与其他研究成果的结论是一致的(Zhao *et al.*,2001;Qian *et al.*,2005;Zhou *et al.*,2009)。这三对典型变量累积解释方差 62.78%,它们所表征的 SLP 分布型与旱涝分布型的耦合关系是具有物理意义的信息。为此,我们分别选取前三个 SLP 典型变量的关键区域定义三个热力差异指数,代表东亚地区夏季关键系统随时间的变化,三个指数分别定义为:

$$SLPI1 = NOR(SLP(30°-40°N,110°-120°E)-SLP(30°-40°N,160°-170°E))$$

$$SLPI2 = NOR(SLP(30°-40°N,60°-90°E)-SLP(35°-50°N,130°-160°E)) \quad (3.4)$$

$$SLPI3 = NOR(SLP(30°-40°N,60°-90°E)-SLP(55°-65°N,70°-90°E))$$

式中 NOR 代表对差值序列进行标准化,指数的数值越大,表示陆地、海洋或中、高纬地区的海平面气压梯度越大。前两个指数为正值时,表示夏季陆地上的气压增强、海洋上的气压减弱,即夏季风偏弱;前两个指数为负值时,表示夏季陆地上的气压减弱、海洋上的气压增强,即夏季风偏强。第三个指数为正值时,表明东亚中纬度气压增强,高纬度气压减弱,即 AO 呈正位相。

### 3.4.2　1470—2008 年东亚地区关键系统强度指数的重建及其效果检验

从上一节分析可知,中国东部地区的旱涝典型分布与东亚地区 SLP 的活动中心有密切关系。因此,我们将 1470—2008 年的旱涝等级投影到 SVD 模态上,重建出近 539 a 东亚地区夏季 SLP 场,以 1850—1929 年段 80 a 为重建的校准期,以 1930—2008 年 79 a 为独立样本的交叉验证期。表 3.7 列出的是重建和观测的三个 SLP 关键系统指数之间的相关系数。由表 3.7 可以看出,无论是校准期还是独立样本验证期 SLP 关键系统指数之间的相关系数均很高,超过了 0.001 的显著性水平,说明东亚关键区域 SLP 的重建具有较高的技巧。

表 3.7　重建与观测的三个 SLP 关键系统指数之间相关系数

| | SLPI1 | SLPI2 | SLPI3 |
|---|---|---|---|
| 校准期 | 0.56 | 0.57 | 0.47 |
| 验证期 | 0.34 | 0.76 | 0.49 |

根据(3.4)式,计算出 1470—2008 年重建的 SLP 三个指数序列及其 11 a 滑动平均(图3.17),同时将用已有的 SLP 资料计算出的 1850—2008 年的 SLP 的三个指数及其 11 a 滑动平均曲线放在图 3.17 中各指数序列的右下角,以便比较。从图 3.17 中可以看出,在 1850—2008 年近 159 a 中,大多时段重建 SLP 指数变化趋势与原序列相似。特别是 1850—1880 年、1900—1920 年及 1960—1976 年段重建 SLP 指数变化趋势与原序列变化趋势相同,但在指数变化趋势位相过渡期重建趋势与原序列趋势不十分吻合,重建的指数普遍比原有资料指数的变化趋势强。

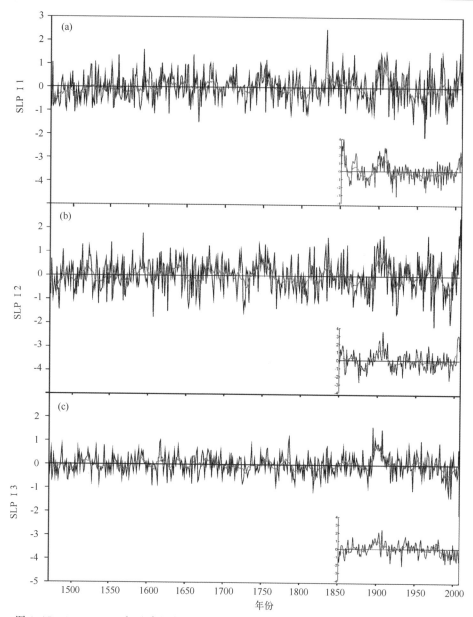

图 3.17 1470—2008 年重建的东亚地区关键系统指数(黑线)及其 11 a 滑动平均(红线),
右下角小图为 1850—2008 年观测的东亚地区关键系统指数(黑线)及其 11 a 滑动平均(红线)

### 3.4.3 近 539 a 东亚关键系统变化特征

使用 Morlet 小波变换分析了重建的 1470—2008 年三个东亚关键系统指数序列 SLPI1,SLPI2,SLPI3 的多时间尺度变化特征。图 3.18 给出的是三个序列标准化的 Morlet 小波功率谱,图中深色等值线包围的区域表示超过 0.05 显著性水平,两端虚线以下的区域表示受锥形影响。从图 3.18a 和 3.18b 可以看出,SLPI1 和 SLPI2 的小波功率谱相似,在多个周期带上存在超过 0.05 显著性水平的谱,其中在年际尺度上大多数超过显著性水平的谱集中在 2~5 a 周期,年代际尺度超过显著性水平的谱集中在 8~12 a 周期,多年代际尺度超过显著性水平的谱集中在 60～90 a 周期。不过,1650 年之前 8～12 a 和 60～90 a 两个尺度的周期变化比较弱。SLPI3 的小波功率谱(图 3.18c)在年际尺度上与 SLPI1、SLPI2 相似,但在年代际尺度尺度上,显著谱主要集中在 23～33 a 周期上。

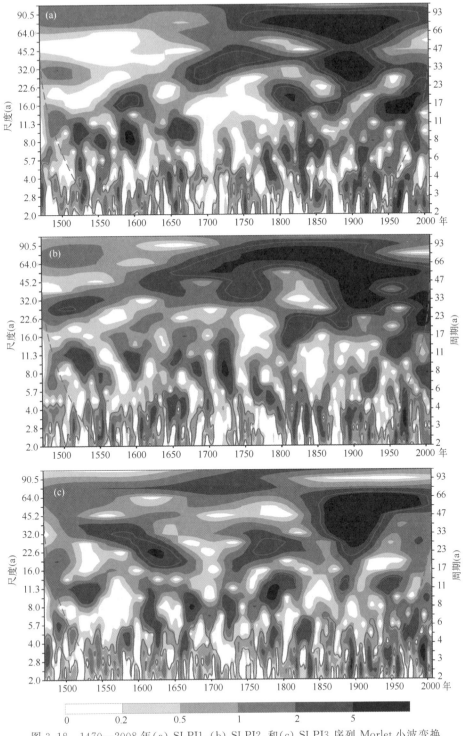

图 3.18　1470—2008 年(a) SLPI1,(b) SLPI2,和(c) SLPI3 序列 Morlet 小波变换

前面的分析表明,SLPI1 可以较好地表征东亚夏季风的变化特征,且它在多年代际尺度上存在 60～90 a 的显著周期。为此,我们对 1470—2008 年 SLPI1 序列进行一阶 Batterworth 带通滤波,将 70 a 的周期分量分离出来(图 3.19)。根据分量的变化趋势将 1470—2008 年 SLPI1 序列划分 12 个气候时段,并对各个时段之间 SLPI1 指数平均值进行 $U$ 检验(表 3.8)。表 3.8 中标有 ∗ 号的为 SLPI1 指数两个相邻时段平均值之间的差异超过 0.05 显著性水平。从表 3.8 看出,1733 年以前的五个气候阶段中有三个 $u$ 值没有通过显著性检验,而 1733 年以后的七个气候阶段的 $u$ 值均超过显著性水平,表明 1733 年以后重建的 SLPI1 指数更清晰地反映出东亚夏季风由强转弱或由弱转强的突变特征。对 SLPI1 各个气候阶段所对应的中国东部旱涝分布可知,表征海陆热力差异的指数 SLPI1 与中国东部旱涝关系大致是:当海陆差异偏弱时,北方大部地区偏旱,长江流域及其以南大部地区偏涝,当海陆差异偏强时,长江流域及其以南大部地区偏旱。

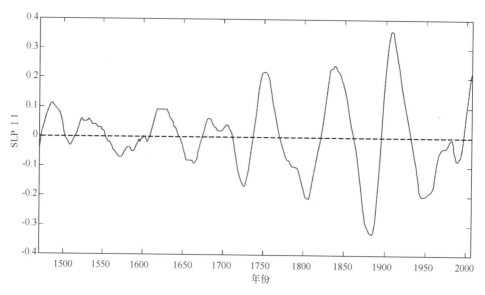

图 3.19　1470—2008 年 SLPI1 70 a 一阶 Batterworth 带通滤波后的序列

**表 3.8　SLPI1 的 12 个气候阶段统计值**

| 时段(年份) | 趋势 | 平均值 | $\lvert u \rvert$ 值 |
| --- | --- | --- | --- |
| 1470—1504 | 弱 | −0.2870 | |
| 1505—1552 | 强 | 0.0919 | 1.9623∗ |
| 1553—1601 | 弱 | −0.1102 | 0.5482 |
| 1602—1648 | 强 | 0.1148 | 2.0064∗ |
| 1649—1732 | 弱 | −0.0179 | 1.4560 |
| 1733—1770 | 强 | 0.1703 | 1.0548 |
| 1771—1820 | 弱 | −0.1328 | 2.6572∗ |
| 1821—1862 | 强 | 0.2093 | 2.7391∗ |
| 1863—1893 | 弱 | −0.0952 | 2.1364∗ |
| 1894—1929 | 强 | 0.2886 | 2.3292∗ |
| 1930—1982 | 弱 | −0.1563 | 2.6950∗ |
| 1983—2008 | 强 | 0.1472 | 1.9933∗ |

## 参考文献

陈兴芳,宋文玲.2000.冬季高原积雪和欧亚积雪对我国夏季旱涝不同影响关系的环流特征分析.大气科学,**24**(5):585-592.

黄嘉佑,刘舸,赵昕奕.2004.副高、极涡因子对我国夏季降水的影响.大气科学,**28**(4):517-526.

魏凤英,宋巧云.2005.全球海表温度年代际尺度的空间分布及其对长江中下游梅雨的影.气象学报,**63**(4):477-484.

魏凤英,陈官军,李茜.2012.我国东部夏季不同雨带类型的海洋和环流特征差异.气象学报,**70**(5):1004-1020.

魏凤英.2007.我国夏季雨带分布类型集成估算模型.自然科学进展,**17**(5):639-645.

吴国雄,丑纪范,刘屹岷,等.2003.副热带高压研究进展及展望.大气科学,**27**(4):503-517.

严华生,胡娟,范可,等.2007.近 50 年来夏季西风指数变化与中国夏季降水的关系.大气科学,**31**(4):717-726.

宗海锋,张庆云,陈烈庭.2008.东亚—太平洋遥相关型形成过程与 ENSO 盛期海温关系的研究.大气科学,**32**(2):220-230.

张人禾,武炳义,赵平,等.2008.中国东部夏季气候 20 世纪 80 年代后期的年代际转型及其可能成因.气象学报,**66**(5):698-706.

周秀骥.2005.大气随机动力学与可预报性.气象学报,**63**(6):806-811.

赵振国.1999.中国夏季旱涝及环境场.北京:气象出版社,1—9.

朱锦红,王绍武,慕巧珍.2003.华北夏季降水 80 年振荡及其与东亚夏季风的关系.自然科学进展,**13**(11):1205-1209.

Fan F X,Mann M E,Ammann C M.2009.Understanding changes in the Asian summer monsoon over the past millennium:insights from a long-term coupled model simulation. *J. Climate*,**22**:1736-1748.

Li Q,Wei F Y,Li D L.2011. Interdecadal variation of East Asian summer monsoon and drought/flood distribution over eastern China in the last 159 years. *Journal of Geographical Sciences*,**21**(4):579-593.

Nitta T.1987.Convective activities in the tropical western Pacific and their impact on the Northern Hemisphere summer circulation. *Journal of the Meteorological Society of Japan*,**64**:373-390.

Huang G.2004.An index measuring the interannual variation of the East Asian summer monsoon—The EAP index. *Advances in Atmospheric Sciences*,**21**:41-52.

Guo QY.1983.The summer monsoon intensity index in East Asia and its variation. *Geographica Sinica*,**38**(3):207-217.

Qian Y F,Zhang Y,Jiang J,*et al.*,2005.The earliest onset areas and mechanism of tropic Asian summer monsoon. *Acta Meteor Sinica*,**19**(2):129-142.

Rossby C G..1939.Relation between variations in the intensity of the zonal circulation of the atmosphere and the displacements of the semi-permanent centers of action. *J. Mar. Res.*,**2**:38-55.

Thompson D W J,Wallace J W.1998.The Arctic Oscillation signature in the wintertime geopotential height and temperature fields. *Geophys. Res. Lett.*,**25**:1297-1300.

Wallace J M.2000.North Atlantic Oscillation/ Annular Mode:two paradigms-one phenomenon. *Quart. J. Royal Met. Soc.*,**126**:791-805.

Wang Y N,Zhang P,Chen L X,*et al.*,2008.Relation between the atmospheric heat source over Tibetan Plateau and the heat source and general circulation over East Asia. *Chinese Science Bulletin*,**53**(21):3387-3394.

Wei F Y.2007.An integrative estimation model of summer rainfall—band pattern in China. *Progress in*

*Natural Science*. **17**(3):280-288.

Wei F Y, Xie Y, Mann. M E 2008. Probabilistic trend of anomalous summer rainfall in Beijing: Role of interdecadal variability. *J. Geophys. Res.* ,**113**, D20106, doi:10. 1029/2008JD010111.

Wei F Y, Hu L, Chen G J, *et al.* , 2012. Reconstruction of Summer Sea Level Pressure over East Asia since 1470. J. *Climate.* **25**:5600-5611.

Zhao P, Zhu Y N, Zhang R H. 2007. An Asian-Pacfic teleconnection in summer tropospheric temperature and associated Asian climate variability. *Climate Dynamics* ,**29**:293-303.

Zhao P, Chen L X. 2001. Interannual variability of atmospheric heat source/sink over the Qinghai-xizang (Tibetan) plateau and its relation to circulation. *Advances in Atmospheric Sciences* ,**18**(1):106-116.

Zhou X J, Zhao P, Chen J M, Li W L. 2009. Impacts of the thermodynamic processes over the Tibetan Plateau on the Northern Hemispheric climate. *Sci. China Ser D－Earth Sci* ,2009, doi:10. 1007/s11430－009－0194－9.

Zhou T J and Yu R C. 2005. Atmospheric water vapor transport associated with typical anomalous summer rainfall patterns in China. *J. Geophys. Res.* ,**110**, D08104, doi:10. 1029/2004JD005413.

# 第 4 章　华北地区干旱的变化特征及其影响因子

华北地区地处东亚季风区,是世界上最重要的气候脆弱区之一。华北地区的旱灾发生极为频繁,是全国受旱范围最大、程度最严重且持续时间最长的地区。随着全球变暖,华北地区的干旱趋于严重,不仅给农业生产造成极大威胁,而且也对该地区的经济、生态及人民生活造成很大影响。因此,研究这一地区干旱的变化特征,搞清导致持续干旱的气候背景及其成因,具有十分重要的意义。本章在定义干旱强度指数的基础上,分析了华北地区干旱强度的年际和年代际变化特征及该地区持续性干旱的气候背景和前兆强信号(魏凤英和张京江 2003;魏凤英 2004)。同时,重点分析了在年代际变率作用下,北京近 282 a 夏季旱涝的变化特征及其影响因子(Wei *et al.*,2008)。

## 4.1　华北干旱强度指数的定义

对于干旱强度的定义已有不少研究成果(鞠笑生和杨贤为 1997;谭桂容等,2002),从不同角度反映了区域干旱强度的状况,但是,目前尚未取得共识。作为气候研究,普遍使用降水量或降水量距平百分率来表征干旱状况,有的也考虑了底墒及蒸发情况,但缺少划分干旱强度的界值标准。目前使用较广泛的方法是对降水量进行坐标变换来确定干旱指标,假定某一时段降水量服从 PersonⅢ分布,对其进行 $Z$ 坐标变换,用得到的 $Z$ 指数作为干旱强度指标。在对降水量进行 $Z$ 坐标变换的过程中,可以得到服从标准正态分布的序列,这样就有了划分干旱强度的标准界值。我们注意到,始于 20 世纪 80 年代的全球增暖,已经引起某些区域气候特征的改变。随着增暖进程的延续,华北地区干旱趋于严重。80 年代华北地区的降水量明显减少,造成该地区的严重干旱,而 90 年代以来,这一地区的降水量减少的强度比 80 年代弱,但是干旱并没有明显减轻,其中与这一时期华北地区增暖加剧,蒸发加大有关。因此,在定义该地区干旱强度指数时,应该考虑增暖对加大蒸发的作用。本节在分析近 50 a 来华北地区降水量、气温及蒸发量变化特征基础上,用月降水量与蒸发量之差作为确定该地区干旱强度的物理量,然后对其进行 $Z$ 坐标变换,得到服从标准正态分布的干旱强度序列,按照标准界值划分出干旱强度的等级。

### 4.1.1　华北地区降水、气温及蒸发的变化特征

影响华北干旱强度的气候因素主要是降水、气温和蒸发,其中降水量的减少是造成干旱的最主要原因。另外气候变暖,加大了蒸发,使干旱更加严重。然而,影响地面蒸发的因素及过程十分复杂,降水、气温、湿度、风、辐射等气象条件都会影响地面蒸发量,土壤性质和干湿状况及地表植被也对蒸发量有一定影响。估算蒸发的方法有多种,其中高桥浩一郎(1979)根据一定的物理考虑和观测事实提出的计算陆面实际蒸发的公式,能够较好地反映实际蒸发变化状

况,其计算公式为:

$$E = \frac{3100P}{3100 + 1.8P^2 \exp\left(-\dfrac{34.4T}{235+T}\right)} \tag{4.1}$$

其中 $E$ 为月地面实际蒸发量, $P$ 为月降水量, $T$ 为月平均气温。由式(4.1)看出,蒸发量与气温呈非线性的正比关系,如果不考虑灌溉等因素,仅从气候学角度来说,蒸发量不会大于降水量,在华北地区尤其是这样。

　　将月降水量及月平均气温资料代入(4.1)式,得到华北地区各月蒸发量。图 4.1 为华北地区 1951—2001 年平均的逐月降水量及蒸发量变化。由图 4.1(a)看出,华北地区降水量的季节分布极不均匀,其中 7 月份降水量最大,占全年降水量的 27%,8 月份次之,占全年降水量的 21%,6 月份为第 3 位,占全年降水量的 13%。可见,夏季 6—8 月是华北地区的降水集中期,降水量占全年降水量的 61%。冬季是华北地区降水量最少的季节,12—2 月降水量只占全年降水量的 4%。其中 1 月和 12 月分别占 1%。春季也是降水量很少的季节,3—5 月降水量仅占全年的 15%,秋季的降水量在 4 季中排在第二位,占全年降水量的 20%。蒸发量的季节分布排序与降水量相似(图 4.1b),但有些季节占全年的百分率有所变动。蒸发量也是夏季最大,占全年蒸发量的 55%,这一比例比降水量要小 6%,这是因为华北地区夏季常常出现降水量很大的情形,这时蒸发相对于降水反而减小,这是合理的。其余季节的蒸发量占全年蒸发量的百分率依次是秋季 22%,春季 19%,冬季 4%。春季蒸发量占全年蒸发量的百分率比降水量增大了 4%,主要是由于华北地区春季气温高、辐射强、风力大等条件加大了蒸发,说明春季是华北地区最容易出现干旱的季节。

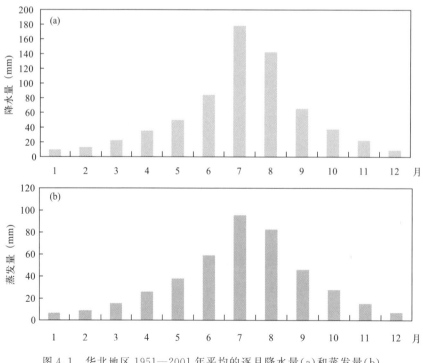

图 4.1　华北地区 1951—2001 年平均的逐月降水量(a)和蒸发量(b)

如果我们从气候角度考虑,降水量与蒸发量之差可以代表局地的干旱状况。图 4.2 给出的华北地区 1951—2001 年年平均降水量减去蒸发量($P-E$)的距平百分率。由图 4.2 看出,20 世纪 70 年代中后期以来,华北地区出现了较严重的持续性干旱,90 年代初干旱状况略有缓解,但 90 年代中期以来,干旱又有所回升。导致华北地区持续干旱,主要原因是降水显著减少,另外,90 年代以来气候增暖加速也起到很大作用。由图 4.3 给出的 1951—2001 年华北地区年平均气温距平及其各 10 a 段的平均值看出,80 年代以前的 10 a 段距平平均值均为负值(1951—1960 年为−0.40,1961—1970 年为−0.25,1971—1980 年为−0.17),80 年代起气温距平的平均值由负转变为正(0.12),而进入 90 年代,华北地区气温迅速攀升,1991—2000 年的距平平均值高达 0.60,是近 50 a 中增长幅度最大的 10 a,这种急剧的增暖加大了水分蒸发,加强了华北的干旱程度。因此,在定义干旱强度指数时,除了考虑降水因素外,还应该考虑气温的作用。

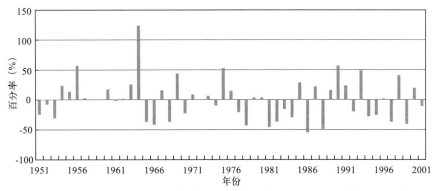

图 4.2　1951—2001 年华北地区年平均 $P-E$ 距平百分率

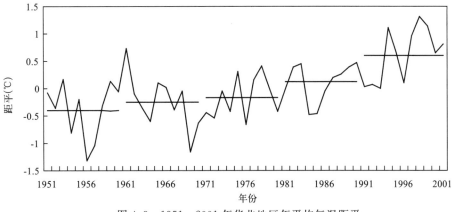

图 4.3　1951—2001 年华北地区年平均气温距平

## 4.1.2　干旱强度指数的定义

我们这里提出以降水量减蒸发量($P-E$)作为表征华北地区各月干旱程度的物理量,假定某时段 $P-E$ 服从 PersonⅢ型分布,则可将其概率密度函数转换得到:

$$Z_i = \frac{6}{C_s} \left( \frac{C_s}{2} \varphi_i + 1 \right)^{1/3} - \frac{6}{C_s} + \frac{C_s}{6} \tag{4.2}$$

式中 $C_s$ 为偏态系数，$\varphi_i$ 为月标准化变量。这里将逐月 $P-E$ 量记为 $PE$，即有：

$$C_s = \frac{\sum_{i=1}^{n}(PE_i - \overline{PE})^3}{n\sigma^3} \tag{4.3}$$

$$\varphi_i = \frac{PE_i - \overline{PE}}{\sigma}$$

其中

$$\sigma = \sqrt{\frac{1}{n}\sum_{i=1}^{n}(PE_i - \overline{PE})^2}$$

$$\overline{PE} = \frac{1}{n}\sum_{i=1}^{n}PE_i$$

由(4.2)式计算得到华北地区各站 1951—2001 年逐月 $Z$ 指数序列。$Z$ 变换过程，将 $P-E$ 量变换为标准正态化变量，可以按以下标准界值将强度分为 7 级(表 4.1)。

表 4.1　干旱强度等级标准

| 等级 | 类型 | $Z$ 值 | 理论概率(%) |
|---|---|---|---|
| 1 | 特涝 | $Z \geq 1.645$ | 5 |
| 2 | 大涝 | $1.0367 \leq Z < 1.645$ | 10 |
| 3 | 偏涝 | $0.5244 < Z < 1.0367$ | 15 |
| 4 | 正常 | $-0.5244 \leq Z \leq 0.5244$ | 40 |
| 5 | 偏旱 | $-1.0367 < Z < -0.5244$ | 15 |
| 6 | 大旱 | $-1.645 < Z \leq -1.0367$ | 10 |
| 7 | 特旱 | $Z \leq -1.645$ | 5 |

### 4.1.3　干旱强度的实际概率

按照表 4.1 给出的划分干旱强度等级标准，我们统计了华北区域平均的 1—12 月干旱强度各等级所占的实际概率(见表 4.2)。

表 4.2　1—12 月干旱强度等级实际概率(%)

| 等级\月份 | 1月 | 2月 | 3月 | 4月 | 5月 | 6月 | 7月 | 8月 | 9月 | 10月 | 11月 | 12月 | 平均概率 |
|---|---|---|---|---|---|---|---|---|---|---|---|---|---|
| 1 | 6 | 6 | 4 | 2 | 6 | 4 | 6 | 2 | 8 | 8 | 6 | 8 | 5.04 |
| 2 | 12 | 10 | 12 | 16 | 10 | 10 | 14 | 14 | 10 | 10 | 6 | 6 | 10.06 |
| 3 | 10 | 12 | 16 | 14 | 12 | 14 | 8 | 18 | 10 | 12 | 24 | 14 | 13.07 |
| 4 | 51 | 43 | 31 | 41 | 45 | 49 | 47 | 37 | 41 | 35 | 29 | 53 | 41.05 |
| 5 | 22 | 16 | 27 | 6 | 16 | 8 | 12 | 4 | 24 | 29 | 22 | 20 | 17.0 |
| 6 | 0 | 14 | 10 | 0 | 8 | 2 | 10 | 16 | 8 | 6 | 14 | 0 | 7.3 |
| 7 | 0 | 0 | 0 | 22 | 4 | 14 | 4 | 10 | 0 | 0 | 0 | 0 | 4.5 |

由表 4.2 可见，1—12 月平均的干旱强度指数各个等级的实际概率与表 4.1 中的理论概率很接近。从表 4.2 中看出，干旱程度越强，出现的季节越集中。特旱主要集中出现在春季和夏季，其他季节很少出现，其中 4 月份出现特旱的概率最高，其次是 6 月份。干旱程度较轻的偏旱现象各月都可能出现。

　　按照表 4.1 的标准,我们还统计了华北地区 24 站年平均干旱强度各等级所占的概率。图 4.4 分别给出特旱(图 4.4a)、大旱(图 4.4b)和偏旱(图 4c)的概率分布图。由图 4.4a 看出,华北的中部主要包括北京、石家庄、邢台、安阳、潍坊、徐州、长治等站,发生极端干旱现象的概率

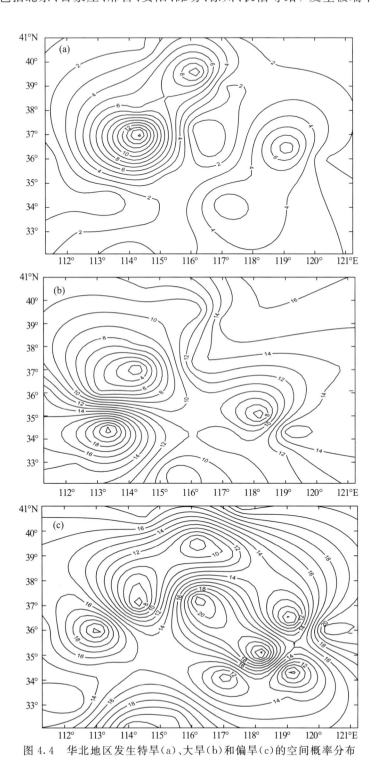

图 4.4　华北地区发生特旱(a)、大旱(b)和偏旱(c)的空间概率分布

最大,中心位于河北的邢台一带。大旱出现的概率分布比特旱均匀(图 4.4b),其中发生特旱概率最小的华北东部,发生大旱的概率相对较高。华北偏旱出现的概率分布十分均匀(图 4.4c),各个区域出现偏旱的概率较均等。

## 4.2　华北干旱强度的多时间尺度特征

### 4.2.1　华北年平均干旱强度的多时间尺度特征

图 4.5 是 1951—2001 年华北地区年平均干旱指数变化曲线。由图 4.5 看出,近 51 a 来,华北地区就年平均而言,有 4 a 出现了特旱,它们是 1968、1981、1986 和 1988 年,出现大旱的年份也有 4 a,它们是 1965、1966、1984、1999 年。偏旱的年份有 5 a,它们是 1970、1977、1978、1982、1997 年。可见特旱和大旱主要集中在 60 年代和 80 年代,其中 80 年代是近 51 a 干旱现象最严重的时期。1951—2001 年期间,出现偏旱、大旱和特旱的年份共有 13 a,约占 26%。特别应该注意的是,13 a 中竟有 9 a 是出现在 1977 年以后,占 13 a 的 70%,而 1977 年以前只出现了 4 a,且集中在 20 世纪 60 年代。

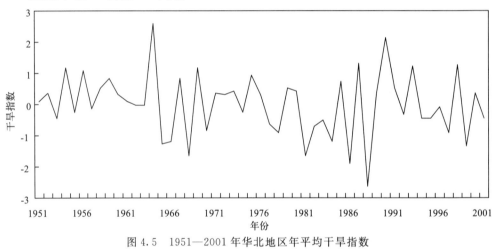

图 4.5　1951—2001 年华北地区年平均干旱指数

图 4.6 是年平均干旱指数的小波变换平面图,它清晰地反映出华北地区干旱的多时间尺度特征。从图可以看出,1951—2001 年期间,华北地区经历了三个干旱期。第一个干旱期出现在 20 世纪 60 年代中期,第二个干旱期是在 1977 年以后,这是一个较长的干旱期,历经十九年。从等值线的变化看出,这一时期干旱不但持续时间长且干旱程度严重。第三个干旱期从 20 世纪 90 年代中期开始持续至今。1977 年以前华北地区尽管也出现了 20 世纪 60 年代的干旱,但湿润时段较长,而 1977 年以后,华北地区虽然也有一段湿润期,但以干旱时期为主。

事实上,华北干旱强度除了具有年代际变化特征外,它的年际变化也十分显著。由图 4.6 看出,在 10 a 以下的尺度,等值线正、负交替变化也十分显著。这一点从图 4.7 的年平均干旱指数最大熵谱看得更清楚。由图 4.7 看出,年平均干旱指数由多种周期叠加而成,其中 2 a 左右的周期最显著,其次是 15~16 a 左右的周期,另外还有 3~5 a 的周期。2 a 左右的周期物理含义是十分明确的,它是大气准两年振荡(QBO)的体现,而 3~5 a 的周期则可能是海-气相互作用的反映,15～16 a 的周期是年代际变化的反映。

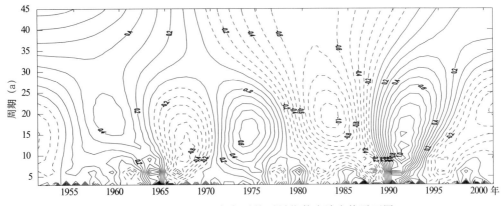

图 4.6　1951—2001 年年平均干旱指数小波变换平面图

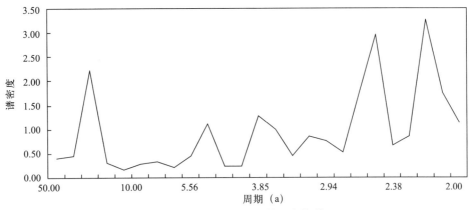

图 4.7　年平均干旱指数最大熵谱

## 4.2.2　华北不同季节的干旱强度变化特征

我们以 1、4、7、10 月为代表,对冬、春、夏、秋季干旱变化特征进行比较。图 4.8 是 1、4、7、10 月干旱指数小波变换平面图。从四张图中不但可以清晰地看出不同季节干旱的年际和年代际变化,也可以从等值线的疏密程度分析四季干旱变化幅度的差别,同时从正、负交替处还可以比较四季干旱持续时间的不同。

由图 4.8a 看出,在华北地区第二个干旱期中,冬季开始时间比其他季节都早。第三个干旱期开始得也比其他季节早,结束得也早。1 月干旱强度指数的最大熵谱显示,冬季干旱强度变化存在 2.5 a 和 10 a 的周期变化。春季(图 4.8b)的干旱强度变化幅度是四季中最显著的季节。20 世纪 60 年代的干旱期较短,而 80 年代的干旱开始时间比冬季晚,大约在 20 世纪 80 年代初开始,但从等值线标值可知,春季干旱的强度是四季中最强的。若从 30 a 以上时间尺度来看,始于 20 世纪 80 年代的第二个干旱期与第三个干旱期连接持续至今。另外,20 世纪 90 年代末至 2001 年的干旱春季也是最严重的。从小波变换图还可以看出,春季干旱强度指数的年际变化明显,最大熵谱表明,它存在 2 a 和 5 a 的显著周期变化。由图 4.8c 看出,夏季第二个干旱期开始时间比冬季晚,强度也不及春季,但持续时间是四季中最长的。从 30 a 以

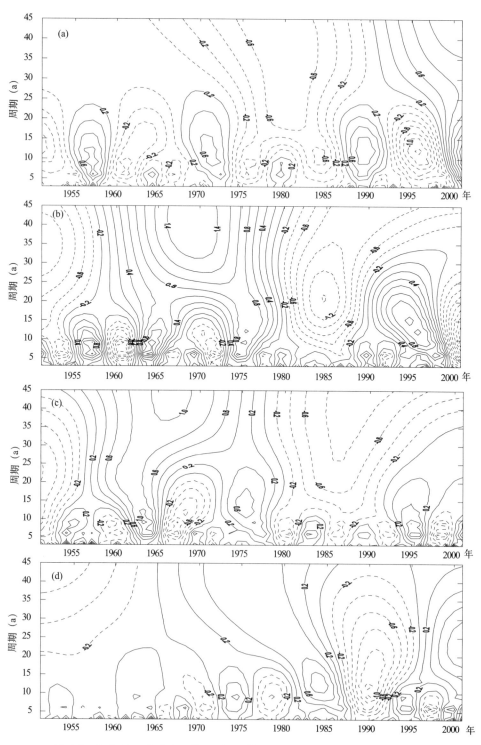

图 4.8　1 月(a)、4 月(b)、7 月(c)和 10 月(d)干旱强度指数小波变换平面图

上时间尺度观察,这次干旱期从 20 世纪 70 年代末开始也与第三个干旱期连接并持续至今。另外,夏季干旱的年际变化也十分显著,最大熵谱显示,存在 2.78 a 和 5 a 的显著周期变化。秋季(图 4.8d)则是四季中干旱强度变化幅度最弱的季节,第二个干旱期持续时间较短,从 20 世纪 80 年代中期开始至 90 年代初。秋季干旱强度指数的周期变化也与其他季节有所差别,它存在 2.08 a、6.25 a 和 12.5 a 的周期变化。

## 4.3　华北地区干旱的气候背景

前面的分析结果表明,华北地区干旱强度的变化存在显著的年代际变化特征。在 20 世纪 80 年代以前华北地区的春季为相对多水时期,80 年代以后处于干旱时期并一直持续至今。夏季进入持续干旱的时间要比春季提前,1977 年以前为相对多水时期,1978 年以后至今为持续干旱时期。华北地区干旱强度的年际变化特征也十分显著,表现出较强的准 2 a 及 3~5 a 的年际振荡,即使同处在干旱时期,每年的情景也存在很大的差异。根据上述研究结果,本节从春季多雨期中选六个典型多雨年(1956、1963、1964、1969、1973 和 1977 年),从干旱期选出八个典型干旱年(1978、1982、1984、1986、1988、1992、2000 和 2001 年)。从夏季多雨期中选五个典型多雨年(1954、1957、1963、1970 和 1973 年),从干旱期中选五个典型干旱年(1980、1987、1992、1997 和 1999 年)。分别将上述年份的 500 hPa 高度距平场和北太平洋海温距平场进行合成,用它们来讨论华北地区多雨期与干旱期的气候背景。

### 4.3.1　华北地区干旱的大气环流背景

图 4.9 为春季(以 4 月为代表)典型干旱年份和典型多水年份欧亚范围 500 hPa 高度距平场的合成。由图 4.9a 可见,华北春季处在干旱期时,从极地至乌拉尔山一带为很强的负距平,从我国东北的东北部至西伯利亚大范围地区为正距平区,中心在鄂霍次克海附近。在副热带区,我国东部到日本海直至北太平洋为大片的负距平区。在华北春季的多水期,高度距平场的分布型与干旱期的分布型基本相反(图 4.9b),从我国东北至西伯利亚以北的大范围地区均为负距平区,我国东部到日本海直至北太平洋为大片的正距平区。由此可见,500 hPa 高度场的分布结构在华北春季的干旱期和多水期存在趋势性差异。

由图 4.10 可以看出,夏季干旱期与多水期的 500 hPa 距平场也呈现出趋势基本相反的分布型。由图 4.10a 看到,在华北夏季干旱时期,亚洲从高纬至乌拉尔山脉地区为负距平,西西伯利亚延伸至我国北方大部分地区均为正距平,华北大部分地区在高压的控制之下,而副热带区为偏弱的正距平。这种环流配置表明,在华北夏季干旱期,极地的冷空气不能向华北地区流动,同时副热带高压偏弱、偏南,不利于华北降水,导致干旱。从图 4.10b 看到,在华北地区多水期,从极地、西伯利亚直至我国北方大部分地区是负距平,乌拉尔山以东地区有一个负距平中心,同时华北地区也是一个明显的负距平中心。

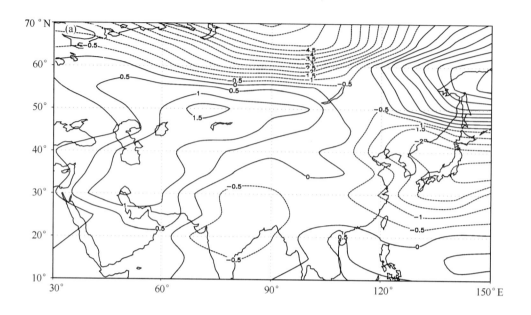

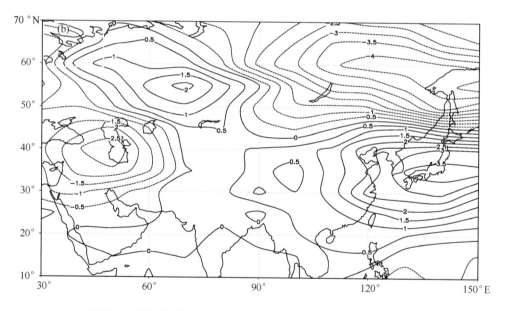

图 4.9 华北春季干旱年(a)和多水年(b)500 hPa 高度距平合成

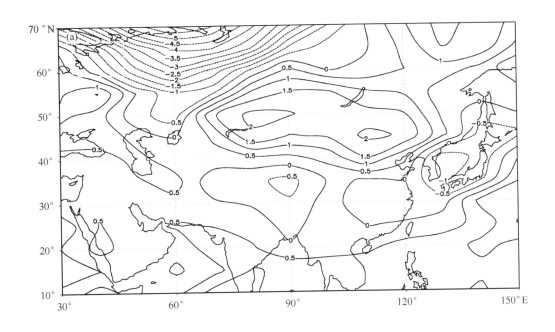

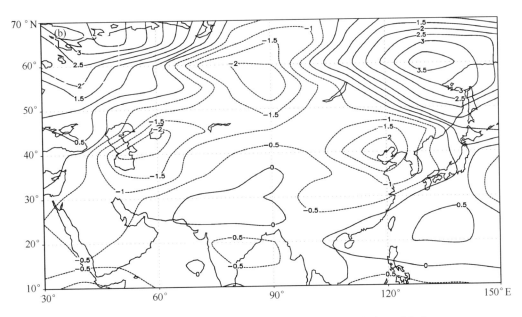

图 4.10　华北夏季干旱年(a)和多水年(b) 500 hPa 高度距平合成

　　上述春、夏季干旱期与多水期环流形势的分布结构表明,华北地区干旱和多水期间的大气环流分布结构存在趋势性差异,它反映了这一地区干旱的环流气候背景特征。

### 4.3.2　华北地区干旱的海温背景

为了考察华北地区春、夏季干旱时期海洋的变化特征,我们绘制了与 500 hPa 高度场相同年份的北太平洋海温距平的合成图。

由图 4.11a 可见,在华北春季干旱期,赤道东太平洋区域为异常负距平,中心位于 Nino3 区和 Nino4 区的西部,中太平洋是异常正距平。华北春季为多水期时(图 4.11b),东太平洋的负距平区域向中太平洋扩展,多水期对应的海温距平场的等值线不如干旱期密集,说明华北干旱期时的海洋变化特征比多水期时更突出。

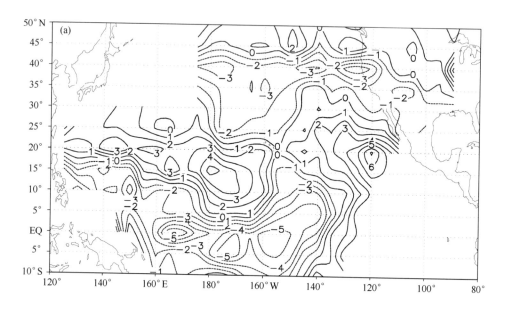

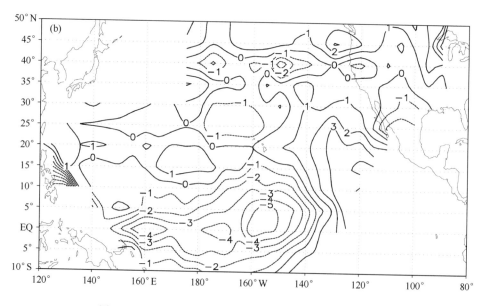

图 4.11　华北春季干旱年(a)和多水年(b)海温距平合成

图 4.12 是夏季(以 7 月为代表)海温距平场的合成情况。由图 4.12 可以看出,夏季海温距平呈现出的异常分布特征要比春季显著得多。当华北夏季处在异常干旱时,北太平洋海温呈现出拉尼娜的分布形态,即赤道中东太平洋为显著的负距平,西风漂流区为正距平。在华北的夏季出现异常多水时,北太平洋海温呈现出典型的厄尔尼诺分布形态,赤道中东太平洋是非常强的正距平,西风漂流区则为显著的负距平。

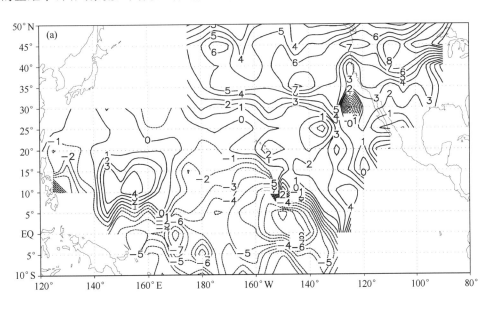

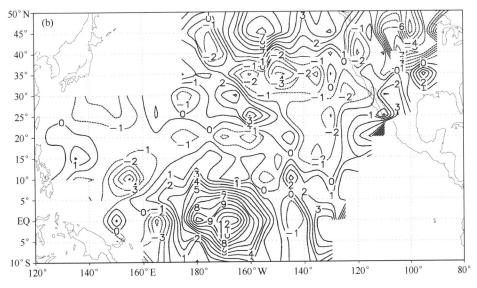

图 4.12　华北夏季干旱年(a)和多水年(b)海温距平合成

由上述分析可见,华北地区的干旱不仅与大尺度环流背景发生趋势性变异有关,而且与海温分布的结构的异常变化有关,特别是夏季的华北干旱与海温的冷暖事件有密切联系。

## 4.4　华北地区异常干旱的前兆强信号

上面我们是从同期的气候背景的角度来考察华北地区的干旱与大气环流和海温的趋势变异的联系。实际上,华北地区的旱涝年际变化也十分显著,即使在干旱时期,每年的旱涝程度也有很大的差异,与其对应的大气环流和海温状况也会有差别。如果我们能从前期环流和海温场的变化中识别出异常突变先兆的强信号,就可以为干旱的预测提供依据。

1986、1991、1999 年的 8 月华北地区发生了 50 a 以来最严重的干旱,按照干旱强度的等级标准,确定为特旱(7 级)。我们计算了这 3 a 发生特旱的前期 7 月 500 hPa 高度和北太平洋海温场的信噪比,从中寻找发生干旱的前期环流和海温的强信号。为了更清楚地说明发生特旱的信噪比场的异常特征,还计算了出现多水的 1996 年 8 月前期的 7 月高度和海温场的信噪比。

### 4.4.1　环流强信号

图 4.13 是华北地区出现特旱和多水年份前期的 7 月欧亚范围 500 hPa 高度的信噪比场。由 1986 年 7 月 500 hPa 高度信噪比场(图 4.13a)上可以看出,在华北地区发生特旱的前期,大气环流是有异常先兆信号出现的,其显著信号位于 50°N 以北的高纬地区,并呈现西负东正的分布型。超过 0.05 显著性水平的负强信号中心在乌拉尔山附近,正强信号中心在贝加尔湖一带。这种显著信号的分布型对应环流典型的一槽一脊型。西风带没有明显的信号区,表明这时期的西风环流比较平直。

在 1991 年 7 月的 500 hPa 高度信噪比场(图 4.13b)上,东亚地区也呈现西负东正的分布形势,但是负值区域没有超过 0.10 的显著性水平。在高纬的 60°—80°N,120°—150°E 为一较宽阔的正值区,中心在东西伯利亚海以东。另外在伊朗高原上有一正的信号区。

从图 4.13c 中可以看到,1999 年 7 月的信号也十分显著,虽然东侧正值位置比 1986 和 1991 年 7 月偏南,但仍呈现西负东正的格局。乌拉尔山脉南北两端为显著的负信号区,北端中心位于新地岛附近,南端位于咸海附近。东侧的正值区位于贝加尔湖以南靠近我国的北方地区。我国东南至日本以南太平洋上为负信号区。

上述三幅图是出现特旱情景前期大气环流的信号场。图 4.13d 展示的则是出现较多降水的前期 1996 年 7 月的 500 hPa 高度信号场。我们可以看到,在华北地区出现多水的前期,大气环流的信号十分强。从高纬至低纬呈现"一十一"的分布结构,即极地为负信号区,从中西伯利亚高原经蒙古高原直至长江以北大范围地区均为正信号区,其中贝加尔湖是一个强信号中心,另外在青藏高原上也有一个强信号中心。30°N 附近有两个较强的负信号中心,一个在阿拉伯海以北,一个在我国的西南。

华北地区特旱和多水的前期大气环流信号场的分布结构显示,在发生特旱的前期,乌拉尔山一带的负信号及贝加尔湖附近的正信号均很明显,而中低纬地区负信号较弱,也就是说,这期间贝加尔湖地区有阻塞高压维持,锋区偏南,水汽很难到达华北上空,导致持续干旱。而多水前期的大气环流信号场的特征恰恰相反,西北方向的正信号和西南方向的负信号均很强盛,这样系统在向东北方移动的过程中,容易将水汽输送到华北上空,造成该地区降水。

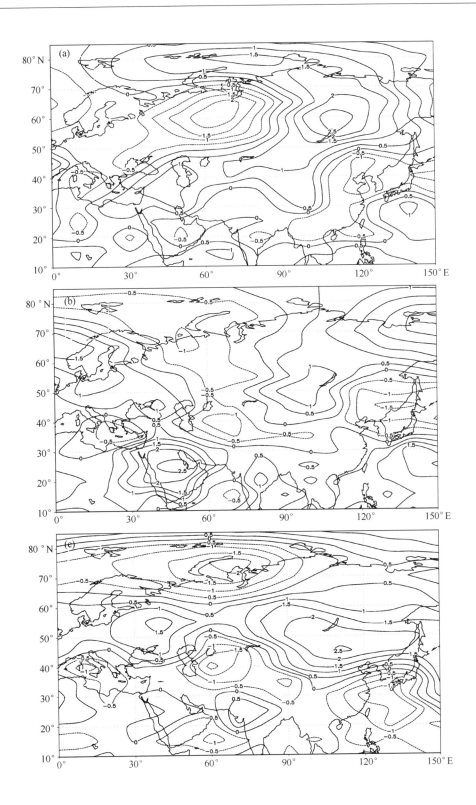

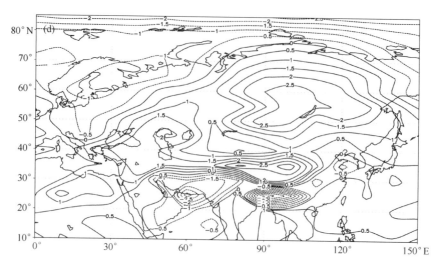

图 4.13　华北地区发生特旱和多水的前一个月 500 hPa 高度信号场
(a)1986 年 7 月;(b) 1991 年 7 月;(c)1999 年 7 月;(d)1996 年 7 月

### 4.4.2　海温强信号

　　图 4.14 是华北地区 8 月出现特旱和多水前期 7 月的北太平洋海温信号场。从图 4.14a 可以看到,在 1986 年 8 月发生特旱的前期 7 月海温信号场的具体分布型是,西风漂流区延伸至北太平洋中部的大范围地区为正值区,但没有达到显著性水平,黑潮、暖池及赤道中东太平洋是负值区,其中 Nino4 区东部及其南北两侧的信号达到了 0.10 的显著性水平。

　　图 4.14b 显示,1991 年华北地区出现特旱前期海温信号场的特征是,西太平洋黑潮与暖池附近为一超过 0.10 显著性水平的正信号区,西风漂流区是正信号、北太平洋中部为负信号、赤道中太平洋 Nino3 区西部为正信号,但均没有超过显著性检验。

　　1999 年 7 月海温信号场(图 4.14c)的分布型式与 1991 年 7 月相似,但信号较强。在西太平洋的黑潮与暖池附近是一显著信号区,其中 5°—10°N,140°—160°E 范围的信号超过 0.05 显著性水平。北太平洋中部的狭长区域是显著的负信号。

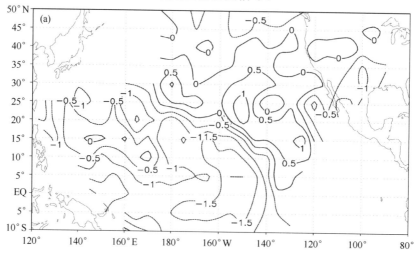

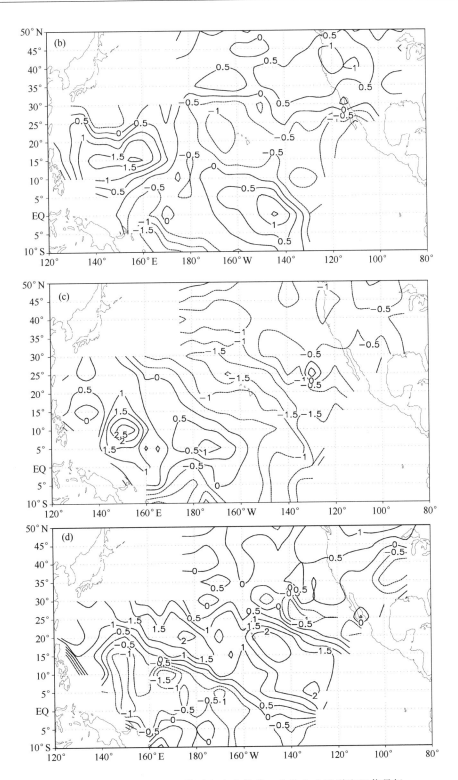

图 4.14　华北地区发生特旱和多水的前一个月北太平洋海温信号场

(a)1986 年 7 月；(b)1991 年 7 月；(c)1999 年 7 月；(d)1996 年 7 月

　　华北地区 1996 年 8 月出现持续降雨,前期 7 月份北太平洋海温信号场(图 4.14d)呈现出与 1991、1999 年 7 月基本相反的分布型,即北太平洋中部为正信号区,且大部分地区超过 0.10 显著性水平,赤道西太平洋 Nino4 区呈负信号但不显著。

　　由上述分析可见,在华北地区出现特旱的 3 a 前期,北太平洋海温表现的信号强度、分布型并不完全一致,但我们注意到,黑潮、暖池及 Nino4 区东部附近的海温异常是与华北地区持续干旱有密切联系的一个强信号。

# 4.5　年代际变化对北京夏季旱涝趋势变化的作用

　　年代际变化是年际变化的重要背景,对年际尺度的气候变化产生重要的调制和影响。因此,年代际气候变化的研究成为目前气候研究的热点,其中区域降水的年代际变化和未来情景的展望是研究的重要内容之一。研究表明,近 100 a 和近 50 a 中国年降水量的年代际波动较大,区域差异明显(丁一汇等,2006),其中 20 世纪 60 年代中期以来包括北京在内的华北地区降水呈明显下降趋势(陆日宇,2003)。日益加剧的干旱对北京的经济、环境、水资源乃至人民生活均产生了严重的影响,可见,研究北京地区旱涝的年代际变化特征、影响因素及未来趋势预测具有十分重要的意义。本节分析了 1724—2005 年北京夏季降水量的年代际变化特征,利用 Pearson III 分布估计出在不同年代际背景下北京夏季出现异常年降水量的概率。分析了北大西洋涛动、南方涛动、太平洋年代际振荡和太阳黑子等指数的年代际变化与北京夏季降水量年代际变化的关系(Wei *et al.*,2008)。

## 4.5.1　北京近 282 a 年降水量年代际变化

　　利用 Mann 提出的一种新的滤波平滑方法分析北京夏季降水量序列的年代际变化(Mann,2004)。这一方法的最大特点是克服了常用的滤波平滑方法造成序列两端平滑值缺少的缺点,可以更接近真实地反映出序列两端的趋势。具体计算步骤是:(1)使用 Butterworth 低通滤波平滑器,对降水量序列进行平滑;(2)分别用滑动序列的模(Norm)、最小斜率(Slope)和最小粗糙度(Roughness)三种边界约束方案计算出序列两端的平滑值;(3)计算利用上述三种方案得到的平滑序列的均方误差(Mean－square Error,MSE)。可以证明,具有最小 MSE 的平滑序列就是最优的平滑结果。

　　图 4.15 为北京 1724—2005 年夏季降水量和使用三种边界约束方案计算出的 10 a 平滑序列。三种方案平滑序列的 MSE 分别为 0.7440,0.7381,0.7418。Slope 方案的 MSE 较小,因此用此方案的 10 a 滤波平滑序列作为北京夏季降水量的年代际变化。由图 4.15 可以看出,近 282 a 来北京夏季降水量经历了 9 个年代际尺度的气候阶段,其中 1724—1773 年段、1816—1839 年段、1853—1868 年段、1900—1947 年段和 1965—2005 年段降水处在偏少时期,其中 1724—1773 年段和近期 1965—2005 年段是较明显且持续时间较长的偏少时期。1965 年左右发生的降水向明显减少趋势转折的结果。1774—1815 年段、1840—1852 年段、1869—1899 年段和 1948—1964 年段降水量处在偏多阶段。从表 4.3 列出的各气候阶段平均值及两两时段平均值的 u 检验统计值可以看出,按照此方法划分出的降水偏多与偏少气候阶段的降水量平均值均超过 0.05 的显著性检验,说明不同气候时期北京降水趋势的差异是显著的。

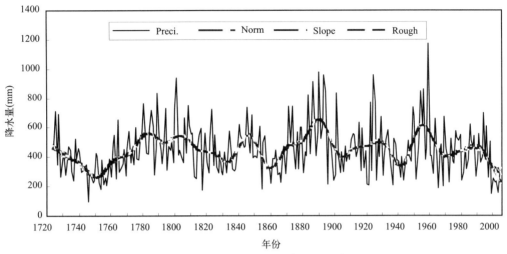

图 4.15　北京 1724—2005 年夏季降水量及其 10 a 平滑

**表 4.3　北京夏季降水的气候阶段及统计值（$u_{a=0.05} = 1.96$）**

| 阶段 | 1724—1773 | 1774—1815 | 1816—1839 | 1840—1852 | 1853—1868 | 1869—1899 | 1900—1947 | 1948—1964 | 1965—2005 |
|---|---|---|---|---|---|---|---|---|---|
| 趋势 | 旱 | 涝 | 旱 | 涝 | 旱 | 涝 | 旱 | 涝 | 旱 |
| 平均值（mm） | 366 | 512 | 409 | 510 | 370 | 553 | 436 | 555 | 402 |
| \|$u$\| | | 4.77 | 3.28 | 3.14 | 4.53 | 5.00 | 4.11 | 2.03 | 5.62 |

　　图 4.16 是 1724—2005 年北京夏季降水量的功率谱分析。由图可以看出,北京夏季降水量存在三个谱峰超过红噪声 95％置信限水平,第一个峰值是 70 a,70～40 a 之间也均超过 95％置信限水平。第二个是 31.11 a,第三个是 20 a。说明北京夏季降水量变化存在 70 a、20～30 a 时间尺度的年代际振荡,它们与全球气候系统的年代际变化特征是很类似的。

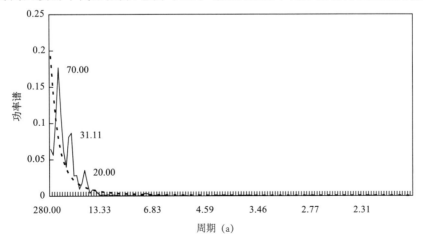

图 4.16　近 282 a 北京夏季降水量功率谱（虚线为红噪音 95％置信限水平）

### 4.5.2　不同年代际变化背景下北京异常降水的概率分布

　　夏季降水量属于"左"偏态分布,其最小值一端有界,即是大于或等于零的值,而最大值的界无法确定。因此这里使用 Pearson Ⅲ 型估计北京不同强度夏季降水量 $R$ 的概率分布。将 Pearson Ⅲ 型概率密度函数进行转换得到:

$$Z_i = \frac{6}{C_s}\left(\frac{C_s}{2}\varphi_i + 1\right)^{1/3} - \frac{6}{C_s} + \frac{C_s}{6} \tag{4.4}$$

式中 $C_s$ 为偏态系数, $\varphi_i$ 为 $R$ 标准化变量,由下式求得

$$C_s = \frac{\sum\limits_{i=1}^{n}(R_i - \bar{R})^3}{n\sigma^3} \tag{4.5}$$

$$\varphi_i = \frac{R_i - \bar{R}}{\sigma} \tag{4.6}$$

其中

$$\sigma = \sqrt{\frac{1}{n}\sum\limits_{i=1}^{n}(R_i - \bar{R})^2}$$

$$\bar{R} = \frac{1}{n}\sum\limits_{i=1}^{n}R_i$$

　　由(4.4)式计算得到北京 1724—2005 年夏季降水量 $Z$ 指数序列。由于 $Z$ 变换过程将降水量变换成为标准正态化变量,因此按表 4.4 给出的标准界值将降水量强度划分为七个等级,各个等级夏季降水量出现的概率列在表 4.5。

表 4.4　夏季降水量强度等级标准和概率分布

| 等级 | 类型 | $Z$ 值 | 理论概率(%) | 实际概率(%) |
|---|---|---|---|---|
| 1 | 特涝 | $Z \geqslant 1.645$ | 5 | 5.3 |
| 2 | 大涝 | $1.0367 \leqslant Z < 1.645$ | 10 | 7.8 |
| 3 | 偏涝 | $0.5244 < Z < 1.0367$ | 15 | 16.3 |
| 4 | 正常 | $-0.5244 \leqslant Z \leqslant 0.5244$ | 40 | 41.1 |
| 5 | 偏旱 | $-1.0367 < Z < -0.5244$ | 15 | 13.8 |
| 6 | 大旱 | $-1.645 < Z \leqslant -1.0367$ | 10 | 10.6 |
| 7 | 特旱 | $Z \leqslant -1.645$ | 5 | 4.6 |

　　由表 4.4 可以看出,计算出的北京各强度夏季降水量的实际概率与理论概率十分接近,说明 Pearson Ⅲ 型概率密度函数可以较好地反映降水量的概率分布。因此用它来分析在不同年代际背景下北京出现异常降水的概率分布。表 4.5 列出 1724—2005 年九个气候时段北京七个等级夏季降水量出现的概率。由表 4.5 最后两行概率统计数字可以清晰地看出,在降水偏少的年代际背景下,北京出现偏旱、大旱及特旱的概率合计 39.9%。在相同背景下,发生偏涝、大涝和特涝的概率总计仅为 20.3%;在降水偏多的年代际背景下,发生偏涝、大涝和特涝的概率总计为 48.8%,降水正常的概率为 41.2%,发生干旱的概率为 10.2%。由此可见,在不同的年代际背景下,发生极端降水的概率差异十分显著,在降水偏少的年代际背景下,北京极易发生干旱,降水正常和降水偏多的可能性明显减少;在降水偏多的年代

际背景下,降水正常和偏多的可能性显著增大。另外,从表 4.5 中还可以看出,在降水偏多和偏少的各时段中,出现极端异常降水量的概率也存在差别。特别是近 50～60 a 来北京夏季出现极端干旱和洪涝的频次显著增加,1948—1964 年段出现最严重等级洪涝的频率是17.6%,而在最近的 1965—2005 年期间,出现最严重等级干旱的频率是 9.8%,这两者是282 a 九个气候时段中最高的。可见,随着气候变暖,北京夏季降水极端事件出现的频率在显著增加。

表 4.5　各气候阶段不同强度夏季降水量出现的概率分布(%)

| 阶段(年) | 趋势 | 特涝 | 大涝 | 偏涝 | 正常 | 偏旱 | 大旱 | 特旱 |
|---|---|---|---|---|---|---|---|---|
| 1724—1773 | 旱 | 0.0 | 6.0 | 6.0 | 40.0 | 18.0 | 24.0 | 6.0 |
| 1774—1815 | 涝 | 7.2 | 14.3 | 23.8 | 45.2 | 2.4 | 7.2 | 0.0 |
| 1816—1839 | 旱 | 0.0 | 4.2 | 20.8 | 33.3 | 37.5 | 0.0 | 4.2 |
| 1840—1852 | 涝 | 0.0 | 23.1 | 27.7 | 49.2 | 0.0 | 0.0 | 0.0 |
| 1853—1868 | 旱 | 0.0 | 0.0 | 12.5 | 43.8 | 25.0 | 12.5 | 6.3 |
| 1869—1899 | 涝 | 16.5 | 6.5 | 29.0 | 29.0 | 13.0 | 3.2 | 3.2 |
| 1900—1947 | 旱 | 8.3 | 4.2 | 14.6 | 43.8 | 14.6 | 8.3 | 6.3 |
| 1948—1964 | 涝 | 17.6 | 23.5 | 5.9 | 41.2 | 5.9 | 5.9 | 0.0 |
| 1965—2005 | 旱 | 0.0 | 4.9 | 19.5 | 39.0 | 9.8 | 17.1 | 9.8 |
| 旱阶段平均 | | 1.7 | 3.9 | 14.7 | 39.9 | 21.0 | 12.4 | 6.5 |
| 涝阶段平均 | | 10.3 | 16.9 | 21.6 | 41.2 | 5.3 | 4.1 | 0.8 |

## 4.5.3　降水量与影响因子年代际变化的关系

选取有长年代观测资料的四个物理因子,研究它们对北京夏季降水气候趋势的可能影响,它们的来源和物理含义分别是:

$X_1$:根据 Gibraltor 与 Reykjavik 站的海平面气压差定义的 1823—2005 年冬季平均的北大西洋涛动(North Atlantic Oscillation,NAO)指数,它是北半球大尺度环流变化的一个主要模态。NAO 具有明显的年际和年代际变化特征。

$X_2$:根据 Tahiti 与 Darwin 站的海平面气压差定义的 1866—2005 年冬季平均的南方涛动(Southern Oscillation,SO)指数,它表示发生在东南太平洋与印度洋及印尼地区之间的反位相气压振荡,这一现象具有显著的 2～7 a 周期的年际振荡,同时也有明显的年代际变化特征。

$X_3$:根据北太平洋海表温度距平的荷载特征向量对应的时间系数定义的太平洋年代际振荡(Pacific Decadal Oscillation,PDO)指数,PDO 是一种具有较长生命史的太平洋气候变率。PDO 对太平洋及我国的气候有显著的影响。

以上三个因子均来自 www.cru.uea.ac.uk/cru/data,它们反映的是气候系统内部相互作用对北京降水异常的可能影响。

$X_4$:东亚夏季风强度指数(Summer monsoon,SMS),它们是利用 10°—50°N 的 110°E 与160°E 两者海平面气压之差定义的。夏季风的强弱对中国夏季降水有极其重要的影响。

分别计算上述因子年代际分量与北京夏季降水年代际分量滞后 0～10 a 的相关系数(见图 4.17)。为了比较,还计算出各因子年际分量与降水量年际分量滞后 0～10 a 的相关系数(见图 4.18)。由图 4.17 可以看出,NAO,SOI 和 SMS 的年代际变化与降水量年代际变化为正相关关系,PDO 的年代际变化与降水年代际变化为反相关关系,其中 NAO 和 PDO 与降水的相关非常显著且持续时间长,远远超过 0.001 的显著性水平,且相关随时间的衰减很缓慢,直到滞后 8~9 a 的相关仍可以超过 0.05 的显著性水平。SMS 与降水的相关不及 NAO 和 PDO 那么显著,但滞后 0~4 a 的相关也超过了 0.001 的显著性水平。SOI 与降水的相关虽也达到 0.05 的显著性水平,但不及上述三个指数的相关显著。NAO、PDO 与北京夏季降水量年代际尺度的显著持续相关表明:北半球大尺度环流南北向跷跷板分布模态的年代际振荡及北太平洋与中东太平洋海温反位相的典型分布型的年代际振荡与北京夏季降水量的年代际变化之间存在长程相关关系,即具有记忆特性,这意味着利用这种长程相关关系,降水趋势的可预测长度可达近 10 a。而从图 4.18 可以看出,各因子与北京夏季降水量的年际分量之间的相关既不显著也没有持续性,说明因子与降水年际尺度之间关系的记忆特性远比年代际尺度差。

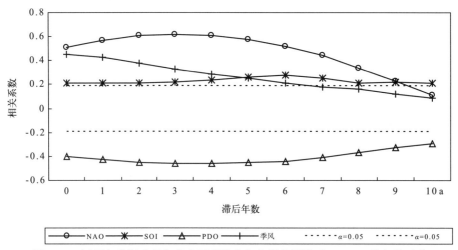

图 4.17　因子年代际分量与北京夏季降水年代际分量滞后 0~10 a 的相关系数

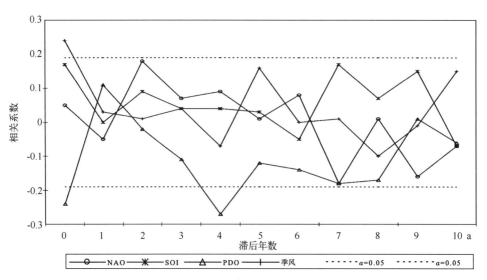

图 4.18　因子年际分量与北京夏季降水年际分量滞后 0~10 a 的相关系数

## 4.6　小结

通过本章的讨论得到以下主要结论：

(1)华北地区的干旱具有显著的年代际变化特征。就年平均而言,1951—1964 年华北地区为较湿润期,1965 年以后是一段较旱时期,1977 年以后,进入持续性干旱期。1951—2001 年间有 13 a 出现偏旱、大旱或特旱现象,其中有 9 a 发生在 1977 年以后,占干旱年数的 70%。

(2)华北地区年平均及各季干旱强度变化呈现准两年振荡,且振荡信号较强,这是大气准两年振荡的体现。春季和夏季的干旱强度表现出较强的年际振荡,除了准两年振荡外,还表现出 3～5 a 的振荡。而冬季和秋季干旱强度的年代际振荡信号较强。

(3)华北地区各个季节干旱强度变化特征有所不同,主要表现在干旱期开始时间、干旱持续时间和干旱强度的差别,特别是 20 世纪 70 年代中后期开始的干旱期,四季有较明显的差别,其中春季干旱强度最强,夏季干旱持续时间最长。

(4)气候背景分析结果表明,华北地区干旱期和多水期间的大气环流和海温变化存在趋势性的差异,干旱不仅与西风带环流有关,也与副热带高压的异常变化有关。北太平洋海温的差异主要表现在冷暖分布结构的改变,特别是夏季的异常干旱和多水与海温出现的冷暖事件有一定的联系。

(5)在 1986、1991 和 1999 年 8 月出现特旱的前期,大气环流表现出的强信号位置和强度并不完全一致,但是东亚地区大气环流的异常,特别是乌拉尔山脉附近和贝加尔湖附近的高度的异常变化,是华北地区出现异常干旱值得注意的前兆强信号。而在出现特旱的前期,北太平洋的海温并不都有显著的前兆强信号出现。但是,黑潮、暖池及 Nino4 区东部附近海温的异常是值得注意的前兆信号,这些区域的海温出现异常,可能会通过西太平洋副热带高压的变化影响华北地区的干旱强度。

(6)近 282 a 北京夏季降水量可分为 9 个旱和涝的气候阶段,并存在 40～70 a 和 20～30 a 的多年代际和年代际变化特征。NAO、PDO 和 SMS 的年代际变化与北京夏季降水量的年代际变化之间的相关显著,并具有长程记忆特性。

**参考文献**

丁一汇,任国玉,石广玉,等.2006.气候变化国家评估报告(I):中国气候变化的历史和未来趋势.气候变化研究进展,**2**(1):1-7.

陆日宇.2003.华北汛期降水量年代际和年际变化之间的线性关系.科学通报,**48**(7):718-722.

高桥浩一郎.1979.月平均气温、月降水量以及蒸发散量的推定方式.天气(日本),**26**(12):759-763.

鞠笑生,杨贤为.　1997.我国单站旱涝指标确定和区域旱涝等级划分的研究.应用气象学报,**8**(1):26-32.

谭桂容,孙照渤,陈海山.2002.旱涝指数的研究.南京气象学院学报,**25**(2):153-158.

魏凤英,张京江.2003.华北地区干旱的气候背景及其前兆强信号.气象学报,**61**(3):354-363.

魏凤英.2004.华北地区干旱强度的表征形式及其气候变异.自然灾害学报,**13**(2):32-38.

Mann M E. 2004. On smoothing potentially non-stationary climate time series. *Geophysical Research Letters*, **31**:L07214,doi:10.1029/2004GL019569.

Wei F Y, Xie Y, M E Mann. 2008. Probabilistic trend of anomalous summer rainfall in Beijing: Role of interdecadal variability. *Journal of Geophysical Research*, **113**,D20106,doi:10.1029/2008JD010111.

# 第5章　长江中下游梅雨的年际及年代际变率及其影响因子

　　我国地处东亚季风气候区,每年6、7月当东亚夏季风向北推进时,在我国的江淮流域和日本东部地区常常出现两到三个星期的连阴雨天气时段,这就是人们所称的梅雨。梅雨是长江中下游地区春末夏初过渡季节中的重要天气气候现象。每年梅雨的开始与结束、梅雨期持续时间的长短、梅雨期雨量的多寡,不但反映了该年从春过渡到盛夏期间,亚洲上空大气环流季节变化与调整的各种演变特征,而且直接与江淮地区旱涝灾害的形成与持续有关。众所周知,东亚季风活动年际变化甚大,它是大气状态和行为的反映,直接影响梅雨的年际变化。影响梅雨气候异常的因素是多方面的,且关系错综复杂,有关这方面的研究已有许多成果。由于梅雨是东亚季风系统中的重要成员,而东亚季风系统变异不仅是大气本身的状态和行为的反映,更是海洋-陆面-大气耦合系统变异的结果。因此,研究梅雨不仅要考虑副热带高压初夏北跳、季风爆发、欧亚阻塞等环流系统的交互作用,还需要从全球尺度的海-气相互作用来研究。在国家自然科学基金的支持下,魏凤英等在分析近百年长江中下游梅雨的气候变异特征基础上(魏凤英和张京江,2004;魏凤英和谢宇,2005),研究了全球尺度的海-气相互作用与影响入梅和出梅早晚、梅雨期长度、梅雨降水强度等梅雨特征量的关系(魏凤英和宋巧云,2005;周丽和魏凤英,2006;魏凤英等,2006),研究了影响梅雨气候变异的多种时间尺度和多种因素的强信号对梅雨气候变异的作用(魏凤英,2006)。

## 5.1　长江中下游梅雨特征量的统计特征

### 5.1.1　长江中下游梅雨特征量的基本特征

　　徐群(1965)根据长江中下游5站(上海、南京、芜湖、九江和汉口)逐日降水量划分出1885—1963年长江中下游逐年梅雨的入梅日期、出梅日期、梅雨期长度和梅雨期的降水量。中央气象台长期预报科(现为国家气象中心气候诊断预测室)从1980年开始,根据徐群提出的梅雨期划分标准,续出了1963年以后各年的梅雨期数据并沿用至今。但在实践过程中,长江中下游各地业务部门从各自业务需要出发,对梅雨的划分提出了不同的见解。徐群等根据近几十年的业务实践和研究结果,对1965年提出的梅雨划分标准做了新的补充,并对少数年份作了修订,重新给出了一套1885—2000年长江中下游梅雨资料(徐群等2001;杨义文等2001)。该资料包括长江中下游早梅雨、梅雨集中期、入梅日期、出梅日期、入夏日期、梅雨期长度、梅雨量和梅雨强度等各种数据。其中梅雨量用百分数表示,即各年梅雨量分别与多年平均雨量的比值乘以100的百分数。如1954年的梅雨量为3727 mm,而1885—2000年的平均梅雨量为1293 mm,则该年梅雨量百分数为288。梅雨强度(M)用下式表示:

$$M =（雨日总数 / 入梅日至出梅日长度）\times 总雨量 \qquad (5.1)$$

式中的入梅日,在有早梅雨的年份,以早梅雨的开始日为入梅日,雨日总量和总雨量也包含了早梅雨。因此 $M$ 值的大小能较全面地反映长江中下游梅雨强弱及对当地旱涝的影响。这里仅取其中梅雨起迄日期、梅雨期长度、梅雨量和梅雨强度等五个梅雨参数做了统计研究。表 5.1 为五个梅雨参数的统计特征。在 1885—2000 年期间长江中下游平均在 6 月 17 日入梅,7 月 11 日出梅,梅期长度为 21 d。但最早入梅日期(1896 年 5 月 26 日)和最晚入梅日期(1982 年 7 月 9 日)相差近一个半月(44 d)。而最早出梅日期(1961 年 6 月 16 日)和最晚出梅日期 (1980 年或 1983 年的 8 月 23 日)相差可达两个多月(68 d)。说明出梅的年际变动比入梅的年际变动要大得多。在梅期长度上,最短的是空梅年(1892、1897、1898、1900、1902、1904、1925、1934、1958、1965、1978、1992 和 1994 年)梅期均小于 7 d,最长的是 1980 年有 68 d,竟超过了两个月。梅期中的平均梅雨量为 1293 mm,即表中的 100%,最少的空梅年,只占平均值的 4%,而梅雨量最多的年份占平均值的 288%,即 1954 年的 3727 mm。梅雨强度和梅雨量的统计特征($\sigma/\bar{X}$)一致,均为 0.65。但梅雨强度参数包括了早梅雨的雨量,所以它能更好地反映长江中下游地区夏季旱涝的程度。

**表 5.1　1885—2000 年长江中下游梅雨各参数的统计特征**

| | 最小值 | 最大值 | 平均值 | 标准差 |
|---|---|---|---|---|
| 入梅日期 | 5 月 26 日 | 7 月 9 日 | 6 月 17 日 | 9 |
| 出梅日期 | 6 月 16 日 | 8 月 23 日 | 7 月 11 日 | 12 |
| 梅雨期(天) | 2 | 68 | 21 | 12 |
| 梅雨量(%) | 4 | 288 | 100 | 65 |
| 梅雨强度(M) | 54 | 3484 | 943 | 608 |

表 5.2 是长江中下游梅雨各参数之间的相关系数。可见在表征长江中下游梅雨的五个参数中,关系最密切的是梅雨量和梅雨强度($r=0.941$),这是因为在梅雨强度中包含了梅雨量的变化。但梅雨起迄日期和梅雨期三个参数,与梅雨量的相关系数均比与梅雨强度的相关系数要高,所以梅雨量这个参数更有代表性。从表 5.2 中可以看到,梅雨量的大小与梅雨期的长短有密切的正相关关系,它们之间的相关系数高达 0.884,即梅雨期长(短),梅雨量偏大(小)。而梅雨期的长短又与出梅日期的迟早有密切的关系,相关系数也高达 0.710,而与入梅日期的迟早为负相关关系,它们之间的相关系数稍低为 $-0.536$。即出梅日期迟(早),梅雨期偏长(短),梅雨量就大(小);入梅日期早(迟),梅雨期有时偏长(短),梅雨量偏大(小)。可见在表征长江中下游梅雨的五个参数中,入梅、出梅和梅雨期长度是三个最重要的参数。

**表 5.2　长江中下游梅雨各参数之间的相关系数($n=116$)**

| | 入梅日期 | 出梅日期 | 梅雨期 | 梅雨量 | 梅雨强度 |
|---|---|---|---|---|---|
| 入梅日期 | 1.000 | 0.117 | -0.536 | -0.513 | -0.446 |
| 出梅日期 | 0.117 | 1.000 | 0.710 | 0.628 | 0.543 |
| 梅雨期 | -0.536 | 0.710 | 1.000 | 0.884 | 0.816 |
| 梅雨量 | -0.513 | 0.628 | 0.884 | 1.000 | 0.941 |
| 梅雨强度 | -0.446 | 0.543 | 0.816 | 0.941 | 1.000 |

### 5.1.2 梅雨特征量的变化规律及其相互关系

为了揭露长江中下游梅雨的主要周期,我们用最大熵谱方法对近 116 a 长江中下游梅雨的各个参数分别作了最大熵谱分析。从图 5.1 可见,入梅日期最主要的周期依次为 3 a、116 a 和 5 a,出梅日期最主要的周期依次为 116 a、6 a 和 3 a,梅雨期长度最主要的周期依次为 3 a 和 11 a,梅雨量的最主要周期依次为 3 a 和 9 a,梅雨强度的最主要周期依次为 3 a 和 8 a。归纳起来,用最大熵谱估计的梅雨主要周期为 3 a、5 a、6 a、8 a、9 a、11 a 和 116 a。为了考察这些周期长度的稳定性,我们将 116 a 梅雨资料分成 1885—1940 年和 1941—2000 年前后两个时段,分别对梅雨的五个参数再次做了最大熵谱分析。结果 3 a、6 a 和 8 a 三个周期在前后两个时段均存在,9 a 周期只在前段出现,5 a 和 11 a 周期在前后两个时段虽未出现,但在前后两个时段中也有所反映。如前后两个时段均出现了 4 a 周期,在最近的 60 年时段中还出

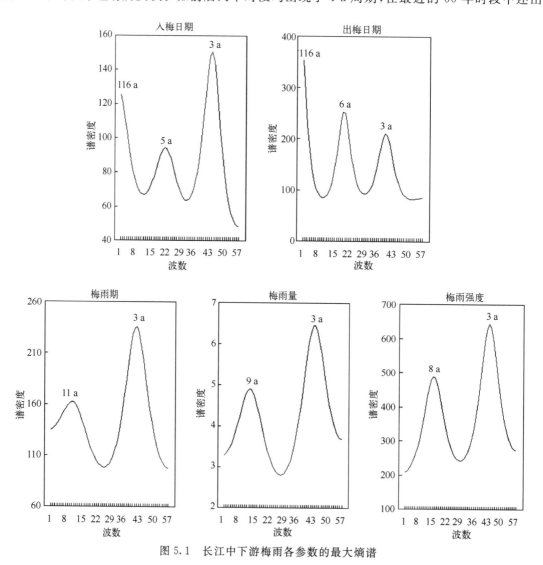

图 5.1 长江中下游梅雨各参数的最大熵谱

现了 7 a 和 15 a 周期。而 5 a 和 11 a 周期分别是 4～6 a 周期距和 7～15 a 周期距的中心周期。这说明用最大熵谱估计出的主要周期是稳定的,特别是 3 a、6 a 和 8 a 三个周期能够找到对应的物理关系。其中 3 a 周期与北半球 100 hPa 低纬高度场的准三年振荡周期是一致的。6 a 周期与西太平洋热带气旋年频数的 6 a 周期是一致的。8 a 周期则与全球冬春季高纬和夏季低纬陆地气温距平出现的 8 a 周期吻合。值得注意的是,在近 60 a(1941—2000 年)的梅雨活动中,除了 3 a、6 a 和 8 a 周期外,还有 15 a 和 20 a 这两个长度的周期,也在西太平洋热带气旋年频数的变化中找到对应关系。说明长江中下游梅雨活动的一些主要周期,除了受来自低纬(100 hPa南亚高压)和热带系统(西太平洋热带气旋)的影响外,还可能受到全球气温变化的影响。

为了揭露梅雨各参数序列在各个周期变化上的相互关系,我们计算了梅雨各主要参数序列间的交叉谱。在交叉谱中协谱反映两个时间序列在某一频率上的同位相相关程度;正交谱反映在某一频率上两个序列相差 90° 时的互相关关系。图 5.2 给出了各主要梅雨参数序列之

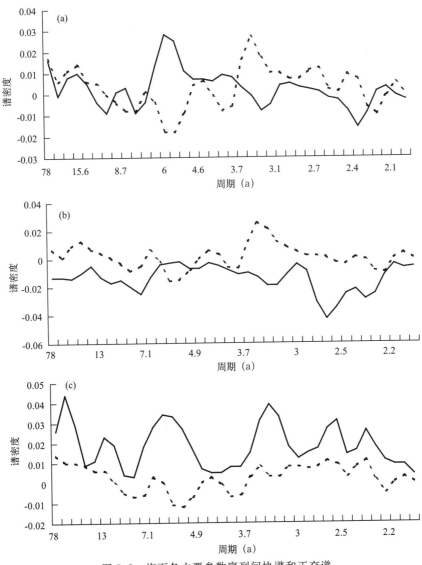

图 5.2　梅雨各主要参数序列间协谱和正交谱

(a)入梅与出梅;(b) 入梅与梅雨期;(c) 出梅与梅雨期

间的协谱和正交谱的曲线。入梅和出梅两个序列之间的协谱符号有正有负,其中正相关占62%,负相关占38%。在波数12~15(相当于5~6 a周期段)处,为较大的同位相正相关;在波数22~24(相当于3 a左右周期段)处,为较大的同位相负相关。在这两个序列之间的正交谱上,对应波数12~15处为负相关,对应波数22~24处为正相关(图5.2a)。说明入梅和出梅在5~6 a的周期段上变化是一致的,它们可能受到同一气候因素的控制;而入梅和出梅在3 a左右的短周期变化上并不一致,它们可能是受到不同气候因素的影响。入梅和梅雨期长度序列之间的协谱符号在所有波段上均为负值(图5.2b),即它们之间在同位相变化上为负相关,但在波数为28~34(相当于2~3 a周期段)处的负值较大,表明在这个波段上的不一致更明显。另外,在波数21~24(相当于3 a左右周期段)处,其正交谱的符号出现了较大的正值,即它们之间在位相差90°时有较大的正相关关系。进一步说明在这个波段上它们之间的变化很不一致,且梅雨期长度的变化比入梅日期的变化大约有半年左右的滞后。出梅和梅雨期长度序列之间与入梅和梅雨期长度序列之间的协谱符号完全相反(图5.2c),几乎在所有波段上均为较大的正值,说明它们之间在同位相的变化上有较强的正相关关系。而且在波数为13~14(相当于6 a左右周期段)处,其正交谱出现了稍大的负值,即在该波段上两个序列之间在位相差90°时为较明显的负相关关系,这意味着出梅和梅期长度的变化在6 a左右周期的波段上几乎完全一致,同时也意味着它们可能是受同类气候因素的影响。

## 5.1.3　梅雨特征量的年代际变化基本特征

表5.3为长江中下游梅雨参数各年代的统计资料,可以看到有明显的年代际或更长时间尺度的变化。例如,平均入梅日期在20世纪40年代前大多在6月18日以前,20世纪40年代后大多在6月18日以后;而平均出梅日期在20世纪60年代前有20 a左右的交替变化,在20世纪60年代后则普遍推迟。这表明长江中下游梅雨可能存在较复杂的非线性性质,即阶段性变化。所谓阶段就是气候长周期中的一个位相(phase),两个相邻气候阶段之间的转折点,即气候突变。由气候序列的非平稳性引起的突变现象,被认为是气候系统的非线性反映。这里用距平累积曲线和Yamamoto信噪比两种方法来检测各梅雨参数序列的突变点,进而划分出梅雨的各个气候阶段。图5.3为入梅和出梅日期的距平累积曲线。

**表5.3 长江中下游梅雨各年代的统计值**

| 年代 | 1885—1890 | 1891—1900 | 1901—1910 | 1911—1920 | 1921—1930 | 1931—1940 |
|---|---|---|---|---|---|---|
| 平均入梅日期 | 6月14日 | 6月18日 | 6月14日 | 6月12日 | 6月17日 | 6月12日 |
| 平均出梅日期 | 7月4日 | 7月6日 | 7月15日 | 7与13日 | 7月6日 | 7月4日 |
| 平均梅期长度(d) | 19 | 15 | 26 | 27 | 19 | 20 |
| 平均梅雨量(%) | 92 | 72 | 134 | 124 | 87 | 91 |
| 平均梅雨强度(M) | 822 | 771 | 1222 | 1089 | 918 | 924 |
| 年代 | 1941—1950 | 1951—1960 | 1961—1970 | 1971—1980 | 1981—1990 | 1991—2000 |
| 平均入梅日期 | 6月20日 | 6月20日 | 6月22日 | 6月18日 | 6月21日 | 6月20日 |
| 平均出梅日期 | 7月14日 | 7月11日 | 7月9日 | 7月17日 | 7月13日 | 6月29日 |
| 平均梅期长度(d) | 21 | 19 | 16 | 25 | 19 | 25 |
| 平均梅雨量(%) | 87 | 95 | 90 | 98 | 89 | 134 |
| 平均梅雨强度(M) | 860 | 949 | 859 | 854 | 825 | 1172 |

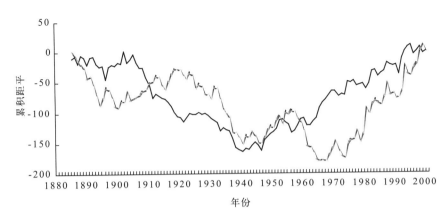

图 5.3　1885—2000 年入梅(虚线)和出梅(实线)日期的距平累积曲线

　　由图 5.3 可见,梅雨开始日期,在 1885—1940 年这 56 a 期间负距平占优势(偏早占优势),而在 1941—2000 年这 60 a 期间正距平占优势(偏迟占优势)。亦即 116 a 来,入梅日期的变化过程以 1940 年为界分为两个阶段,1940 年正是这两个阶段的转折点,入梅日期由偏早突然转变为偏迟。而在梅雨结束日期的距平累积曲线上则有五次转折,分别出现在 1900 年、1919 年、1940 年、1956 年和 1967 年。第一、三、五次转折,入梅日期均为由负距平占优势转为由正距平占优势,即由偏早转为偏迟;第二次和第四次转折,入梅日期均为由正距平占优势转为由负距平占优势,即由偏迟转为偏早。为了证实上述梅雨起迄日期的转折是否属于突变,我们用 Yamamoto 方法计算了入梅和出梅两个序列的信噪比(子序列长度取 10 a)。结果入梅日期信噪比高值年出现在 1940 年,与入梅日期距平累积曲线的阶段转折点完全一致。出梅日期的信噪比有六个高值年,分别出现在 1894 年、1900 年 1919 年、1942 年、1956 年和 1967 年。其中除 1894 年在出梅日期距平累积曲线上不明显和 1942 年这个突变点稍有漂移外,其余四个突变点与出梅日期距平累积曲线的阶段转折点完全一致。表 5.4—5.6 为根据上述突变点划分出的入梅和出梅各气候阶段及其统计量。可以看到,表中相同性质阶段的统计量相近,不同性质阶段的统计量则相差较大。为了验证各个阶段之间是否有显著性差异,以及各阶段内随机变量与其平均值的离散度,我们对各阶段的均值和方差分别进行了 $t$ 检验和 $F$ 检验。结果在 $t$ 检验中,各阶段之间的 $t$ 值,均大于相应自由度下显著性水平为 0.05 的 $t_a$ 值,而各阶段之间的 $F$ 值均小于各相应自由度下显著性水平为 0.05 的 $F_a$ 值(详见表 5.5～5.6 中括号中的数字)。说明各阶段之间的平均值有显著性的差异,而标准差则无显著性的差异,即各阶段内变量的变化幅度是差不多的。由此可见,根据距平累积曲线和 Yamamoto 方法所划分出的梅雨起迄日期的各个阶段是合理的。综合分析表 5.4 和表 5.5,长江中下游梅雨在近 116 a 期间共经历了六个气候阶段(详见表 5.6):

　　第一个阶段为 1885—1900 年。其特点是入梅和出梅都明显提前,梅期偏短,梅雨量偏少。特别是在 1890—1900 年的 11 a 中,雨量连续偏少,出现了四个空梅年(1892、1897、1898 和 1900 年)。

　　第二个阶段为 1901—1919 年。其特点是入梅提前,出梅推迟,梅期延长,梅雨量明显偏多。特别是其中 1906—1919 年的 14 a,是 116 a 中最集中的丰梅期,梅雨量竟比常年平均多

43%。14 a 中竟有 12 a 梅雨量偏多,其中有 7 a(1909、1910、1911、1916、1917、1918 和 1919 年)梅雨量比多年平均偏多 5 成以上。

第三个阶段为 1920—1940 年。其特点是入梅和出梅都提前,梅期稍偏短,梅雨量偏少。特别是其中 1928—1937 年的 10 a,梅雨量持续偏少,10 a 中有 7 a(1928、1930、1932、1933、1934、1936 和 1937 年)梅雨量偏少 3 成以上。

第四个阶段为 1941—1956 年。其特点是入梅偏早、出梅偏迟,梅期稍偏长,梅雨量正常偏多。

第五个阶段为 1957—1967 年。其特点是入梅迟、出梅明显偏早,梅期很短,梅雨量明显偏少。11 a 中有 6 a(1958、1959、1960、1963、1965 和 1967 年)梅雨量偏少 5 成以上,是近 116 a 中梅雨量最少时期。

第六个阶段为 1968—2000 年。其特点是入梅偏迟,出梅则更偏迟,梅期稍偏长,梅雨量虽偏多但变幅较大。如在 1979—1999 年的 21 a 中有 7 a(1980、1983、1991、1993、1996、1998 和 1999 年)梅雨异常偏多,但也出现了四个弱梅年(1981、1985、1988 和 1990 年)和两个空梅年(1992 和 1994 年)。

表 5.4　1885—2000 年长江中下游入梅日期各阶段的统计特征

| 起迄年代 | 1885—1940 | 1941—2000 |
|---|---|---|
| 趋　势 | 偏早 | 偏迟 |
| 持续年数(a) | 56 | 60 |
| 最迟日期 | 7 月 9 日 | 7 月 13 日 |
| 最早日期 | 5 月 26 日 | 6 月 2 日 |
| 平均日期 | 6 月 14 日 | 6 月 20 日 |
| 标准差 | 9.06 | 8.72 |
| 正距平百分率 | 17/56＝30% | 41/60＝68% |
| 负距平百分率 | 39/56＝70% | 19/60＝32% |
| $t$ 值 | 3.45(1.98) | |
| $F$ 值 | 1.03(1.54) | |

表 5.5　1885—2000 年长江中下游出梅日期各阶段的统计特征

| 起迄年代 | 1885—1900 | 1901—1919 | 1920—1940 | 1941—1956 | 1957—1967 | 1968—2000 |
|---|---|---|---|---|---|---|
| 趋　势 | 偏早 | 偏迟 | 偏早 | 偏迟 | 偏早 | 偏迟 |
| 持续年数(a) | 16 | 19 | 21 | 16 | 11 | 33 |
| 最迟日期 | 7 月 30 日 | 7 月 27 日 | 7 月 30 日 | 8 月 1 日 | 7 月 13 日 | 8 月 23 日 |
| 最早日期 | 6 月 24 日 | 6 月 27 日 | 6 月 18 日 | 6 月 29 日 | 6 月 16 日 | 6 月 23 日 |
| 平均日期 | 7 月 6 日 | 7 月 15 日 | 7 月 5 日 | 7 月 15 日 | 7 月 4 日 | 7 月 17 日 |
| 标准差 | 9.92 | 7.96 | 9.71 | 8.87 | 7.39 | 11.62 |
| 正距平百分率 | 3/16＝19% | 14/19＝74% | 3/21＝14% | 9/16＝56% | 1/11＝9% | 21/33＝64% |
| 负距平百分率 | 13/16＝81% | 5/19＝26% | 18/21＝86% | 7/16＝44% | 10/11＝91% | 12/33＝36% |
| $t$ 值 | 2.98(2.04) | 3.33(2.02) | 3.02(2.02) | 3.32(2.07) | 3.10(2.02) | |
| $F$ 值 | 1.55(2.21) | 1.49(2.11) | 1.19(2.25) | 1.44(2.99) | 2.47(2.16) | |

表 5.6　1885—2000 年长江中下游梅雨各阶段特征

| 阶段编号 | 年份 | 入梅距平 | 出梅距平 | 梅期距平 | 梅雨量距平 | 标准差 |
|---|---|---|---|---|---|---|
| 1 | 1885—1900 | −7 | −5 | −5 | 80 | 64.1 |
| 2 | 1901—1919 | −4 | 4 | 6 | 132 | 65.1 |
| 3 | 1920—1940 | −3 | −6 | −2 | 88 | 53.1 |
| 4 | 1941—1956 | −4 | 4 | 2 | 103 | 56.5 |
| 5 | 1957—1967 | 5 | −7 | −10 | 60 | 41.8 |
| 6 | 1968—2000 | 4 | 6 | 2 | 110 | 69.8 |

## 5.2　近百年长江中下游梅雨的年际和年代际振荡

上一节我们利用 1885—2000 年 116 a 长江中下游梅雨特征量资料,分析了近百年梅雨入梅的早晚、梅雨期的长短、梅雨的强弱的年际及年代际变化特征和相互关系,发现长江中下游梅雨出梅日期和梅雨期长度的年际变差很大,从而导致长江中下游夏季旱涝频繁发生,其中控制入梅、出梅和梅雨期长度的 5～6 a 周期变化的气候因素是相同的。分析还表明,长江中下游梅雨在近 116 a 中经历了六个异常气候阶段。这一工作是用统计方法从一个层次上对长江中下游梅雨特征量的年际和年代际变化特征进行分析的,且没有涉及梅雨的年际及年代际变化随时间演变的特征。事实上,气候系统存在多种尺度层次的变化,而且在不同时期振荡的强弱也可能存在差异,因此有必要从多层次的角度对近百年长江中下游梅雨的年际及年代际振荡及随时间演变特征进行研究。本节首先推导证明出 Morlet 小波系数通过零的点即为突变点,然后用小波变换和统计检验相结合的方法检测近百年来长江中下游梅雨强度变化的多尺度层次的气候突变点,进一步利用小波能量密度及其方差研究梅雨强度年际—年代际振荡的演变特征。

### 5.2.1　多尺度气候突变点的检测和气候振荡能量的计算

Morlet 小波变换的形式为

$$\psi(t') = a^{-1/2} e^{ict'} e^{-t'^2/2} \tag{5.2}$$

这里 $t'=(t-t_0)/a$,其中 $a>0$,为尺度参数;$t_0$ 为时间位置参数;$c$ 为常数。$\psi(t')$ 反映的是波长约为 $2a$ 的波动信号。对于任意要研究的一维信号 $f(t)$ 的小波变换可以表示为

$$\psi(t_0,a) = C^{-1} \int a^{-1/2} f(t) \tilde{\psi}(t') dt \tag{5.3}$$

其中 $\tilde{\psi}(t')$ 是 $\psi(t')$ 的复共轭,$C^{-1}$ 为比例常数,由实际序列与恢复序列的方差来确定。这里利用 Morlet 小波变换做以下两方面的分析:

**(1)多尺度气候突变点的检测和统计检验**

刘太中等(1995)证明墨西哥帽形式的小波系数穿过零的点即为 $f(t)$ 的突变点。Morlet 小波虽然形式上比墨西哥帽小波复杂,但是用同样的方法可以检测 $f(t)$ 各时刻的奇异性,得到多尺度层次的突变点。我们可以导出函数公式(5.2)是下列函数

$$\varphi(t) = e^{ict} \sqrt{\frac{\pi}{2}} \left[ e^{-\frac{t^2}{2}} \sqrt{\frac{2}{\pi}} + tErf\left(\frac{t}{\sqrt{2}}\right) \right]$$

$$(5.4)$$

的二阶导数。其中 $Erf(z)$ 是高斯分布的积分,由

$$Erf(z) = \frac{2}{\sqrt{\pi}} \int_0^z e^{-t^2} \mathrm{d}t$$

确定。由此同样可以证明,小波系数通过零的点即为 $f(t)$ 的突变点。据此我们可以检测长江中下游梅雨强度多尺度层次的气候突变点。检测出突变点后,利用 $t$ 检验对突变点前后两时段的梅雨强度变化是否达到统计显著性标准进行检验。由此可见,这里采取的是小波变换与统计检验相结合的方法来确定多尺度气候突变点的。

**(2)计算多尺度振荡的能量密度**

利用式(5.3)的小波变换可以计算 $f(t)$ 在尺度 $a$ 全域上的能量密度

$$E(a) = \frac{1}{C_\psi} \int |\psi(t_0, a)|^2 \frac{\mathrm{d}t_0}{a^2}$$

$$(5.5)$$

其中

$$C_\psi = 2\pi \int |\widetilde{\psi}(\omega)|^2 \frac{\mathrm{d}\omega}{\omega}$$

依据 $E(a)$ 我们可以考察 $f(t)$ 的小波能量密度随频率的变化。信号 $f(t)$ 在时间位置 $t_0$ 的能量密度为

$$E(t_0) = \frac{1}{C_\psi} \int |\psi(t_0, a)|^2 \frac{\mathrm{d}a}{a^2}$$

$$(5.6)$$

依据 $E(t_0)$ 可以分析 $f(t)$ 的小波能量密度随时间的变化。同样,我们可以计算 $f(t)$ 在某一尺度 $a_1 - a_2$ 上的能量密度

$$E(t_0, a_1, a_2) = \frac{1}{C_\psi} \int_{a_1}^{a_2} |\psi(t_0, a)^2| \frac{\mathrm{d}a}{a^2}$$

$$(5.7)$$

依据 $E(t_0 a_1, a_2)$ 可以研究各频率的能量密度随时间的变化。

## 5.2.2 梅雨强度的多尺度气候突变

从图 5.4 给出的 1885—2000 年长江中下游梅雨强度的距平变化看出,近百年的梅雨强度含有多尺度层次的变化。使用普通统计检验方法,例如 $t$ 检验、M-K 统计量等,仅能研究气候序列一个层次的突变。利用小波变换和统计检验相结合的方法,不但可以得到多尺度层次的谱系结构,也可以对谱系结构的突变点进行统计显著性检验。

图 5.5 为梅雨强度时间尺度 $a$ 取为 60 a 的小波变换,由图可以清楚地看出,在 1941 年处的小波系数通过零点,按照小波的奇异特性可知,梅雨强度在 1941 年发生了突变。经统计,发生突变的前一时段的 1885—1941 年的距平平均值为 22.31,后一时段的 1942—2000 年的距平平均值为 -21.55。突变前后两种状态分别对应非线性系统的梅雨强和弱的吸引子。从 1941 年起梅雨由强突变到弱,而且这种突变超过了显著性水平 $\alpha = 0.05$ 的检验,也就是说,从大尺度而言,近百年长江中下游梅雨强度以 1941 年为界分为强与弱两种状态。

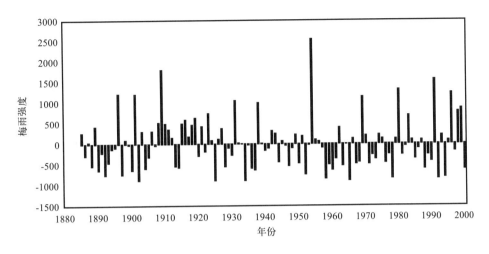

图 5.4　1885—2000 年长江中下游梅雨强度距平

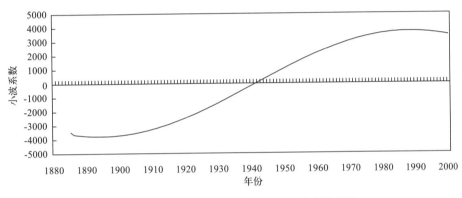

图 5.5　梅雨强度时间尺度 $a$ 为 60 a 的小波变换

　　时间尺度 $a$ 取为 40 a 时，小波系数通过零点的突变点有四个，梅雨强度的大尺度强和弱时段中均含有较小尺度强与弱的吸引子。时间尺度 $a$ 取为 20 a 时，小波系数通过零点的突变点增加到七个，若时间尺度 $a$ 取为 10 a 时，出现间隔更小尺度的数十个突变点，这样就构成了多尺度层次的谱系结构。表 5.7 列出了以时间尺度 60 a、40 a 和 20 a 的突变点划分出的时段、对应的距平平均值和突变点前后两时段的 $t$ 统计量值（括号内值为显著性水平 $\alpha=0.05$ 的 $t_a$ 值）。

　　由表 5.7 可见，就 40 a 的尺度而言，在 1885—1941 年期间的梅雨变化中含有两个相对弱和一个相对强的吸引子，即 1885—1903 年和 1928—1941 年期间处于梅雨较弱时期，1904—1927 年的 24 a 间梅雨处于比较强的时期；在 1942—2000 年期间的梅雨变化中含有一个相对弱和一个相对强的吸引子，即 1942—1990 年期间梅雨较弱，1991—2000 年期间处在近百年最强的时期。总之，以较大尺度来划分，近百年梅雨强度变化可分为以上五个阶段。

　　从 20 a 的尺度来看，1885—1941 年期间的梅雨变化中在原基础上又增加了一个较强的吸引子，即在 1904—1912 年期间的梅雨较强；1941—2000 年期间又增加了一个相对强和一个弱的吸引子，即 1942—1967 年期间梅雨较强，而在 1968—1985 年期间梅雨转变为较强，1986—1990 年又猛然回落，1991—2000 年这 10 a 处在近百年梅雨最强的时期。

**表 5.7　多尺度层次的突变点及其检验**

| | 60 a | | 40 a | | 20 a | |
|---|---|---|---|---|---|---|
| 时间(年份) | 1885—1941 | 1942—2000 | 1885—1903 | 1904—1927 | 1885—1903 | 1904—1912 |
| | | | 1928—1941 | 1942—1990 | 1913—1927 | 1928—1941 |
| | | | 1991—2000 | | 1942—1967 | 1968—1985 |
| | | | | | 1986—1990 | 1991—2000 |
| 平均值 | 22.31 | −21.55 | −95.21 | 178.80 | −95.21 | 295.82 |
| | | | −72.76 | 229.36 | 108.59 | −92.12 |
| | | | −86.45 | | −86.45 | 7.32 |
| | | | | | −260.34 | 229.36 |
| $|t|$ | 2.99(2.00) | | 7.69(2.02) | 5.48(2.02) | 4.69(2.06) | 2.96(2.08) |
| | | | 3.53(2.00) | | 3.96(2.06) | 2.33(2.02) |
| | | | | | 3.55(2.08) | 5.55(2.16) |

### 5.2.3　梅雨强度年际—年代际振荡的演变特征

图 5.6 给出了 1885—2000 年长江中下游梅雨强度在尺度 $a$ 全域上的能量密度图像。图中较深颜色的部分表示相应的频率的能量密度较强，颜色较浅部分表示对应的频率的能量密度较弱。依据这张图可以考察梅雨强度不同尺度振荡的变化特征。由图 5.6 可以看出，在 10 a 以上的年代际尺度上，20 世纪初—20 世纪 20 年代初、20 世纪 50 年代初—60 年代末以及 90 年代这三个时段在 10～20 a 时间尺度的能量密度较强，即振荡较强。对应 20～30 a 时间尺度，在 20 世纪 40 年代中期—70 年代初和 80 年代初—90 年代末梅雨的振荡较强。若从 30 a 以上的尺度上观察，梅雨的振荡在 20 世纪 50 年代以后的梅雨振荡比 50 年代以前明显加强。在 10 a 以下的时间尺度上，梅雨强度最强的年际尺度振荡出现在 20 世纪 50 年代，20 年代和 80 年代也曾出现了较强的年际振荡。

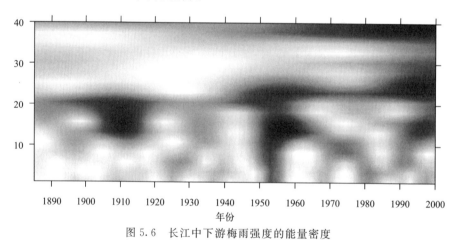

图 5.6　长江中下游梅雨强度的能量密度

这里我们利用(5.7)式得到 2～3 a、6～7 a、23～24 a 和 36～37 a 四个尺度频率上的能量密度随时间的演变(图 5.7)，研究梅雨强度年际—年代际振荡随时间的变化。

　　图 5.7a 是梅雨强度 2～3 a 振荡的能量密度随时间的演变。由此图可以看到,梅雨强度 2～3 a 尺度最强的振荡时段出现在 20 世纪 50 年代的前期,其次是 20 世纪 80 年代初也有较强的振荡,除此之外,在 1995—2000 年段、1966—1970 年段、1934—1942 年段、1923—1928 年段、1907—1916 年段的 2～3 a 振荡均表现得较强。由图 5.7b 可以看出,长江中下游近 100 a 来梅雨强度 6～7 a 尺度的振荡在 20 世纪 50 年代初最强。另外,在 20 世纪 20 年代中后期、90 年代初及 70 年代末 80 年代初三个时段 6～7 a 尺度的振荡也比较强。如果从年代际的 23～24 a 的尺度上来看(图 5.7c),振荡的强弱基本是以 20 世纪 40 年代末 50 年代初为界划分的,在此之前 23～24 a 尺度的振荡很弱,其后时段振荡明显增强,其中 20 世纪 90 年代 23～24 a 的振荡最强。若从更长的 36～37 a 尺度上分析(图 5.7(d)),梅雨强度变化呈现出随时间变化上升的趋势,即 36～37 a 尺度的振荡在 20 世纪初以来呈现逐渐增强的趋势。

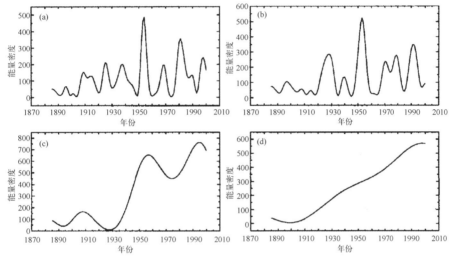

图 5.7　长江中下游梅雨强度不同尺度振荡的能量密度随时间的演变
(a)2～3 a;(b)6～7 a;(c)23～24 a;(d)36～37 a

　　我们用 2～3 a、6～7a 频率的能量密度与 1～10 a 总能量密度的比值代表这两个频率的振荡对年际振荡的方差贡献。用 23～24 a、36～37 a 频率的能量密度与 11～40 a 总能量密度的比值代表这两个频率的振荡对年代际振荡的方差贡献。图 5.8 为方差贡献随时间的演变,据此研究梅雨强度显著的年际和年代际振荡随时间的变化特征。

　　从图 5.8a 和 b 我们可以看出长江中下游梅雨强度的年际振荡有以下两个特点:①2～3 a 和 6～7 a 尺度的振荡对年际振荡有较大的方差贡献,特别是有些年份,这两个尺度的振荡对年际振荡的方差贡献在 30% 以上,这从另一角度证明,长江中下游梅雨强度存在较显著的 2～3 a 和 6～7 a 的年际振荡。②2～3 a 和 6～7 a 尺度的振荡的方差贡献的时间变化存在明显差异。由图 5.8a 可以看出,近百年来,1978—1987 和 1996—2000 年两个时段的 2～3 a 振荡的方差贡献最大。另外,1906—1918 年段、1934—1946 年段和 1963—1969 年段的 2～3 a 振荡的方差贡献也比较大。而图 5(b)显示,在 1920—1932 年较长时间段里,6～7 a 尺度的振荡方差贡献最大。其次在 1898—1905 和 1988—1995 年段 6～7 a 尺度振荡的方差贡献也较大。由此可见,长江中下游梅雨强度的年际振荡在某一时段是以 2～3 a 尺度振荡表现突出,而在另一时段是 6～7 a 尺度的振荡表现明显。

由图 5.8c 可以清楚地看出,在 1939 年以前长江中下游梅雨强度的 23～24 a 尺度的振荡对年代际振荡的方差贡献很小,23～24 a 尺度的振荡对年代际振荡的方差贡献主要集中在 1940 年以后的时段。从 36～37 a 尺度的振荡对年代际振荡的方差贡献曲线图(图 5.8d)看出,在 20 世纪 20 年代以前 36～37 a 尺度的振荡对年代际振荡的方差贡献最小,70 年代以后 36～37 a 尺度的振荡对年代际振荡的方差贡献最大。另外,20 年代初至 40 年代末这一时段的方差贡献也较显著,而 50 年代的方差贡献相对较弱。

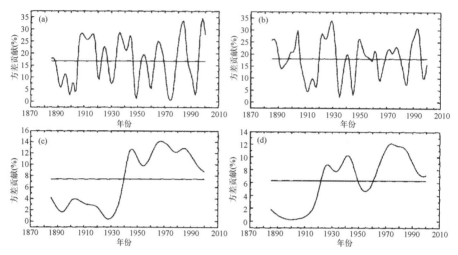

图 5.8　长江中下游梅雨强度不同尺度振荡对年际和年代际振荡的方差贡献
(a)2～3 a;(b) 6～7 a;(c) 23～24 a;(d) 36～37 a

## 5.3　全球海表温度年代际尺度的空间分布及其对长江中下游梅雨的影响

许多研究证实,大气和海洋变化均具有 10～20 a 乃至 65～70 a 时间尺度的年代际变化,北太平洋大气和海洋在 1976 年发生了显著的突变(Trenberth and Hurrell,1994),从而证实了年代际变化在太平洋地区存在的事实。Li (1998)使用功率谱方法证明了北太平洋海-气系统的准 10 a 振荡的存在,并证明中国气候的准 10 a 周期变化与北太平洋海表温度的准 10 a 振荡存在着明显的联系。对于气候年际变化产生的原因,研究得到的普遍认识是,它们是气候系统内部的行为和 ENSO 振荡的结果。而对于气候的年代际变化,一些学者认为它们可能是自然气候变化或较多地受到外强迫的影响。特别是对于 10 a 尺度的年代际变化,人们给予了许多解释,其中数值模拟结果证明,北太平洋的准 10 a 振荡是受热带海表温度的异常强迫所控制。也有研究工作指出,大气中 10 a 尺度变化可能是对海洋变化的响应(高登义和武炳义,1998)。本节将从近百年全球海表温度年代际尺度空间结构的角度来探讨与长江中下游梅雨的可能联系。首先使用三次样条函数拟合的方法将近百年全球海表温度场的年代际和年际尺度变化分量进行分离,分析了全球海表温度两种尺度变化的空间分布结构及演变特征,然后对海表温度场的年代际尺度变化对长江中下游梅雨的可能影响进行了分析。

### 5.3.1　全球海表温度的年代际尺度空间分布结构

使用三次样条函数拟合方法将 1885—2000 年全球海表温度场进行尺度分离,得到年代际尺度分量场。在全球海表温度场的年代际变化中,年际和季节间的差异很小,因此这里只给出 1885—2000 年 116 a 平均的夏季年代际尺度变化的空间分布特征(图 5.9a)。由图可以看出, 分离出的年代际尺度分量场可以清晰地表征海表温度大尺度变化的背景分布状态,就气候平 均而言,其海表温度随纬带沿南、北方向变化,20°N—20°S 范围海域的海表温度基本一致,并 向南、北两个方向递减。研究表明,北太平洋海表温度具有 25～35 a 的周期变化且在 1976 年 出现了一次显著的突变。为了验证我们分离出的年代际分量场的代表性,图 5.9b 给出突变后 时段 1977—2000 年与突变前时段 1950—1976 年年代际分量平均值之差的分布。由图可以看 出,两时段相比,太平洋海域的海表温度有了明显的差异,其中后一时段中太平洋的海表温度 比前一时段明显上升,特别是赤道东太平洋及黑潮、暖池附近的海表温度比 1976 年以前平均 上升了 1.4℃ 以上。而北太平洋西风漂流区的海表温度增暖不明显,甚至有所下降,表现出太 平洋年代际振荡(Pacific Decadal Oscillation,PDO)20 世纪 70 年代中期的突变现象。也就是 说,后一时段暖事件的背景呈增强趋势。同时,印度洋和大西洋的海表温度的差别也十分显 著。印度洋及大西洋中部的海表温度也比 1976 年以前明显上升。说明这种年代际尺度的变 化,不仅显现在 PDO 上,在全球范围均有表现。

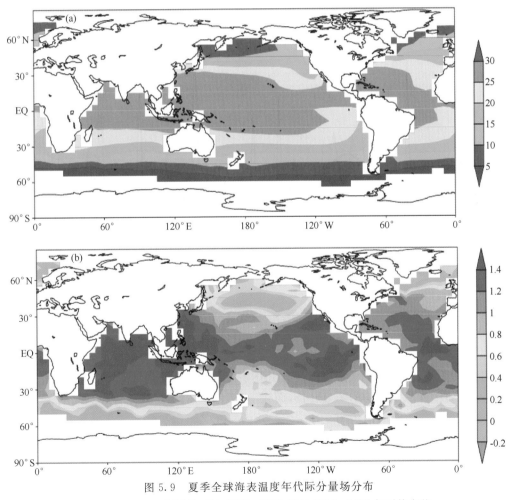

图 5.9　夏季全球海表温度年代际分量场分布

(a)1885—2000 年平均;(b) 1977—2000 年与 1950—1976 年平均之差

### 5.3.2　长江中下游梅雨的年代际变化特征

　　使用三次样条函数将 1885—2000 年近 116 a 长江中下游地区梅雨量百分比进行尺度分离,图 5.10 是长江中下游梅雨量百分比年代际尺度随时间的变化,其中直线表示多年平均值,光滑曲线为年代际分量,折线代表原梅雨量百分比数值。由图可以看出,长江中下游梅雨呈现出十分显著的年代际变化。在近 116 a 中,梅雨变化大致经历了以下几个阶段。第一阶段(1886—1902 年)是梅雨较少时期。在该时段的 17 a 中,有 12 a 为梅雨量偏少年,其中空梅年多达 5 a,分别为 1892,1897,1898,1900 和 1902 年,占近 116 a 中空梅年数的 40% 左右。因此,该阶段梅雨处于整体偏少时期。第二阶段(1903—1921 年),这一阶段是近 116 a 中最集中的丰梅期,在这一时期的 19 a 中,有 14 a 梅雨量偏多。第三阶段(1922—1974 年)是相对少梅期,这一时段梅雨的变化相对平缓,但梅雨量还是明显偏少的,其中 1955—1973 年时段干旱比较严重,第四阶段是从 1975—2000 年,梅雨又处在相对偏多时期,特别是 20 世纪的最后 10 a(1991—2000 年)梅雨量呈明显增多趋势。由此可见,长江中下游梅雨存在着显著的年代际变化。1885—2000 年近 116 a,长江中下游梅雨变化大致经历了偏少－偏多－偏少－偏多四个主要阶段。

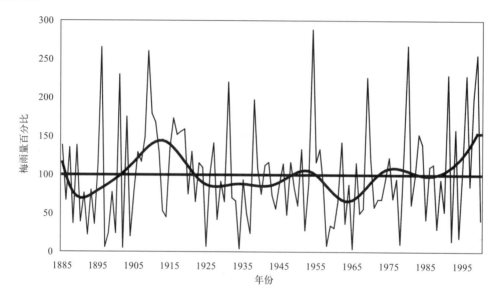

图 5.10　1885—2000 年长江中下游梅雨量百分比年代际变化
(图中光滑曲线为年代际分量,折线为原始梅雨量百分数,直线为 1885—2000 年平均值)

　　由上述分析可见,长江中下游梅雨具有十分显著的年代际变化特征,其中 20 世纪 20 年代初,梅雨经历了一次由多到少的明显转折,而在 70 年代中期,又经历了由少到多的转变。值得注意的是,这两次转变的时间均与全球气候变化的转变时间相一致。其中北半球的气候在 20 年代初发生过一次显著突变的事实得到许多人研究工作的证实。研究还表明,西太平洋海温和副热带高压等在 70 年代中期均经历了从持续减弱到持续增强的突变。因此,长江中下游梅雨的显著年代际变化可能受到全球气候系统年代际变化的支配。

### 5.3.3　全球海表温度和梅雨年代际尺度变化之间的关系

我们利用分离出的全球海表温度和长江中下游梅雨年代际尺度分量,研究它们之间的关系。从长江中下游梅雨的年代际变化趋势可知,1922—1974 年梅雨处在偏少阶段,其中1955—1973 年干旱严重,而 1975—2000 年梅雨则处于偏多时期。为了考察多梅期与少梅期对应的海洋背景,我们将长江中下游多梅期(1975—2000 年)和少梅期(1955—1973 年)的夏季全球海表温度年代际分量的距平值进行合成(见图 5.11)。从图 5.11a 中可以清晰地看到,当长江中下游处于多梅雨时期时,北太平洋大范围地区海表温度为负距平,而中东太平洋呈正距平,即太平洋呈现暖位相 PDO 的分布格局。同时,印度洋的海表温度也为显著的正距平。由图 5.11b 看出,当长江中下游处于少梅雨时期时,海表温度的分布结构与多梅期基本相反,即北太平洋大范围地区为显著的正距平,东太平洋为负距平,太平洋呈现冷位相 PDO 的分布格局。同时,印度洋也以负距平为主。可见,长江中下游夏季多梅雨期与少梅雨期的海洋背景存在明显差异,特别是与 PDO 冷暖位相有较好的对应关系。

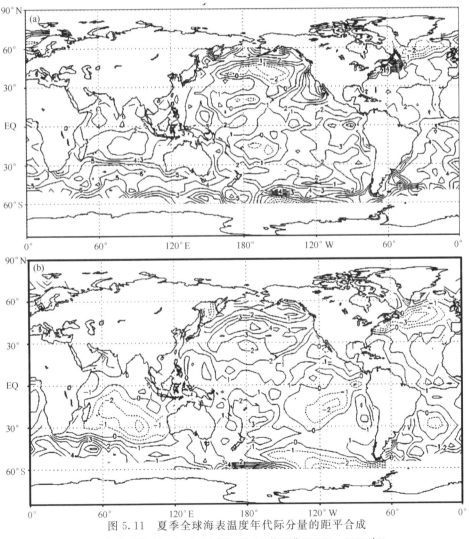

图 5.11　夏季全球海表温度年代际分量的距平合成

(a)多梅雨期(1975—2000 年);(b)少梅雨期(1955—1973 年)

　　计算出长江中下游梅雨量百分比的年代际变化分量与同期及前期海表温度的年代际分量场的相关,以此来研究梅雨与海表温度场年代际尺度异常变化的关系。为了进行比较,我们还计算了未进行尺度分离的梅雨量百分比与夏季全球海表温度的相关。由于计算使用 116 a 的资料,那么相关系数绝对值在 0.20 以上的区域就说明其相关程度超过了 0.05 的显著性水平,若在 0.25 以上表明其相关程度超过了 0.01 的显著性水平,若在 0.30 以上则是超过了 0.001 的显著性水平。下面我们对分离前年代际尺度分量的梅雨与全球海表温度场的相关分布结构进行描述。在未进行尺度分离的长江中下游梅雨量百分比序列与各季的全球海表温度的相关中,与前期冬季的相关是最好的(见图 5.12)。由图中可以看出,北太平洋的相关分布格局是:西部海域及西风漂流区为正相关,中东太平洋为负相关,但只有黑潮、暖池附近的较小范围的正相关及阿留申暖流东部小范围的负相关超过 0.05 显著性水平。北大西洋以正相关为主,其中亚速尔群岛附近的小范围区域相关超过 0.05 显著性水平。南太平洋及印度洋以正相关为主,但相关均没有超过显著性水平。由此可见,长江中下游梅雨原序列与原海表温度场之间除在小范围地区显露出较明显的相关关系外,其余地区的关系并不显著。

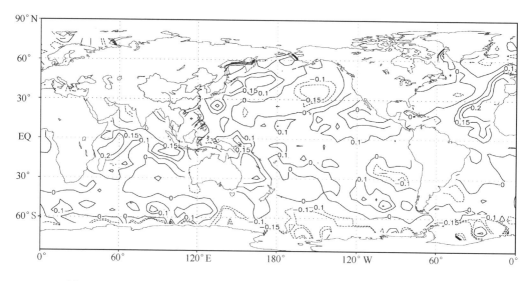

图 5.12　长江中下游梅雨量百分比原序列与全球冬季海表温度原场的相关分布

　　由于在年代际尺度变化中,季节和年际差异很小,前期一个或几个季度的海表温度与梅雨量的相关分布及强度与同期的相关分布及强度差别很小。因此这里仅给出长江中下游梅雨量百分比与全球夏季海表温度年代际分量场之间的相关分布(图 5.13)。由图 5.13 我们可以看到,从年代际的尺度考察,长江中下游梅雨与全球海表温度的相关要比原始场(图 5.12)显著得多。特别引人注意的是,在太平洋海域表现出典型的 PDO 形态,北太平洋大范围地区呈现显著的负相关,相关系数超过了 0.001 的显著性水平。而中太平洋海域为正相关,其中赤道东太平洋的 Nino3 区有一明显正相关区,相关系数超过了 0.05 的显著性水平。另外值得关注的是,南太平洋西风漂流区、印度洋中部也呈明显的正相关,相关系数超过了 0.05 的显著性水平。另外,在大西洋北部也有一较明显的负相关区域。这一相关分布说明,长江中下游梅雨年代际的趋势变化与太平洋年代际振荡 PDO 有关。不仅如此,还与印度洋海表温度的年代际振荡相联系。当 PDO 处在暖位相时,特别是当赤道东太平洋、南太平洋西风漂流区及印度洋中部海表温度偏高、北太平洋海域的海表温度偏低时,长江中下游易出现多梅雨的趋势。当 PDO 处在冷位相时,长江中下游易出现少梅雨的趋势。

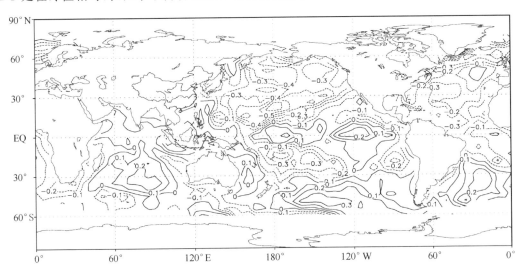

图 5.13　长江中下游梅雨量百分比年代际分量与夏季全球海表温度年代际分量场的相关分布

## 5.4　近百年北半球海平面气压分布结构及其对长江中下游梅雨异常的影响

　　上一节从近百年全球海表温度年代际尺度空间结构的角度探讨了与长江中下游梅雨异常变化的可能联系。结果表明,长江中下游梅雨年代际尺度变化趋势与全球海表温度年代际变化趋势基本一致,特别是与 PDO 典型分布型的变化趋势相协调,当 PDO 暖事件趋势较强时期时,长江中下游梅雨处在偏多的趋势,反之亦然。同时,印度洋、大西洋部分地区的海表温度的年代际变化与梅雨的年代际变化之间也有一定的关联。20 世纪 70 年代中期 PDO 出现暖位相增强的转变,对应长江中下游梅雨也转入增多的趋势。表征北半球低层大气环流特征的海平面气压的变化形势对区域气候的影响愈来愈得到人们的重视,研究发现,其大范围的特定模态与某些区域的气候存在显著的关系。本节首先分析近百年北半球海平面气压场的典型模态,然后利用三次样条函数尺度分离的手段得到海平面气压的年代际和年际尺度分布结构,进一步分析海平面气压年代际尺度的背景和年际尺度变化与长江中下游梅雨相应尺度变化的关系。

### 5.4.1　北半球海平面气压的典型空间分布模态

　　图 5.14 给出 1899—2003 年海平面气压场 EOF1 的空间分布模态。由于是用海平面气压距平场进行展开,因此空间分布模态代表了气压场的变率分布结构,其等值线代表变率的大小。由图 5.14 可以看出,尽管季节之间的正、负分量区域的具体位置存在一定差异,但基本都呈现出高纬地区与中纬地区分量的符号为相反的分布格局。从图 5.14a 显示的冬季分布图可以看出,正值覆盖了 50°N 以北的大范围地区,其大气活动中心靠近极地。在西北太平洋和东

北大西洋至欧洲大陆为两个负值区,并各存在一个大气活动中心。这一特征向量表征高纬地区的海平面气压与中纬地区的海平面气压变率呈相反趋势的典型分布结构,即呈现出近似北极涛动(Arctic Oscillation,AO)的分布型。春季(图 5.14b)的分布型与冬季十分相似,只是中心位置略有偏差,但中心强度比冬季明显加强.而夏季(图略)和秋季(图略)的分布格局不如冬、春季那样清晰。

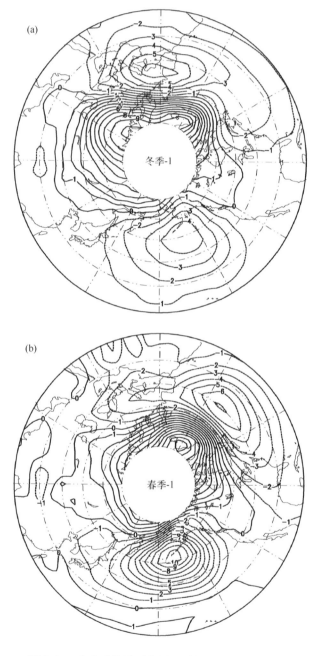

图 5.14　北半球海平面气压距平的 EOF1 空间分布
(a)冬季;(b) 春季

　　海平面气压距平场的 EOF2 的空间分布（图 5.15）与 EOF1 的情景类似，也是冬季（图 5.15a）、春季（图 5.15b）的分布格局清晰且两者基本相同。而夏季（图略）、秋季（图略）的空间分布型与冬、春季差别较大。由图 5.15a 和 b 可以看出，北太平洋、欧洲东部及北美大部均是大范围的正值区，最大正值中心位于北太平洋，但第二特征向量不存在符号与之相反的大片区域，只在北大西洋较小范围出现了负值。因此第二特征向量基本上反映了北半球大范围趋势一致的扰动特征。

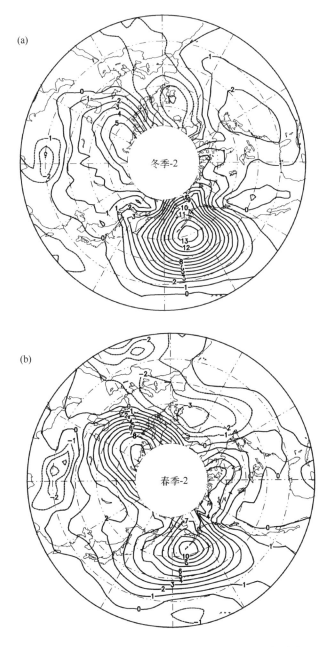

图 5.15　北半球海平面气压距平的 EOF2 的空间分布

(a)冬季；(b)春季

由上述可见,包括北极的高纬地区与中纬地区呈现显著相反位相变化是近百年北半球海平面气压场典型的分布结构,同时北半球大范围同位相变化也是常出现的另一种分布型。

### 5.4.2 北半球海平面气压年代际—年际尺度的空间分布结构

对北半球海平面气压场每个格点的序列采用三次样条函数的方法进行拟合,得到年代际尺度分量场,原气压场减去年代际尺度分量场即为年际尺度变量场。由于四个季节年代际的空间分布结构差异不大,因此图 5.16 仅给出 1899—2003 年平均的春季海平面气压年代际分量的分布结构图。图 5.14 给出的第一特征向量空间分布最大限度地表征了北半球海平面气压场典型的变率分布结构,图 5.16 显示的则是春季长期趋势变化的平均空间分布结构。由图 5.16 清楚地看出,高纬地区主要由低压所控制,在太平洋北部和大西洋北部分别存在一个低压中心,分别是阿留申低压和冰岛低压。而亚洲大陆的北部是高压,中心位于西伯利亚。中纬度的大部分地区为高压所控制,太平洋、大西洋上各有一个高压中心,分别位于夏威夷群岛和亚速尔群岛附近。由此可见,以高纬地区为中心沿纬圈呈环状的分布,是北半球海平面气压年代际尺度分量场基本的分布结构,也就是说,北半球中纬度和高纬度大气质量变化的带状跷跷板结构的北极涛动在较长时间尺度有明显表现,因此它可能会为北半球的区域气候变化提供重要的气候背景,当然也是长江中下游梅雨异常的年代际变化的背景条件。

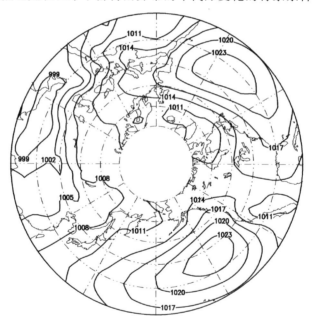

图 5.16  春季海平面气压的年代际尺度空间分布图

分离出的北半球海平面气压的年际尺度分量主要表征出不同年份的空间分布的年际差异。为了分析长江中下游梅雨异常偏多年和偏少年的海平面气压分布结构的差异,我们以长江中下游梅雨量相对数一个标准差为标准,确定出近百年 12 个梅雨偏多年(1901,1903,1909,1931,1938,1954,1962,1969,1980,1991,1996,1999)和 15 个梅雨偏少年(1900,1902,1904,1913,1914,1925,1934,1937,1952,1958,1965,1978,1988,1992,1994)。分别对夏季梅雨偏多年和偏少年的前期北半球海平面气压的年际分量进行合成。

　　图 5.17a,b 分别是长江中下游梅雨偏多年和偏少年的前期冬季海平面气压年际分量的合成。从图 5.17a 我们可以看出,在长江中下游夏季出现梅雨偏多的年份,前期冬季海平面气压年际分布在高纬地区为正异常,中纬地区则为负异常,正异常中心在北大西洋地区。但总体来看在出现多雨的前期,北半球高纬与中纬海平面气压的位相相反的分布结构不典型。在长江中下游梅雨出现偏少的年份,前期冬季海平面气压的分布型与多雨年基本相反(见图 5.17b),整个亚欧北部至北大西洋地区都为负距平,北太平洋副热带至北美地区为正距平。特别值得注意的是,高纬地区与中纬地区海平面气压趋势相反的结构十分显著。

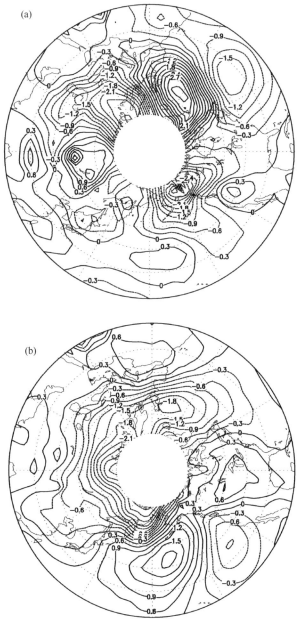

图 5.17　梅雨偏多年(a) 和偏少年(b)的前期冬季海平面气压年际分量合成

比较图 5.18a 和 b 两张图的分布结构可以清楚地看出,长江中下游夏季梅雨偏多年份的前期春季海平面气压的分布结构与梅雨偏少年份的分布结构也恰是相反的。由图 5.18a 看出,在梅雨偏多年的春季,海平面气压在北极地区以正值为主,正值区从冰岛西侧一直延伸到巴尔喀什湖,而北大西洋地区则是负值显著。从图 5.18b 显示的梅雨偏少年的海平面气压合成看出,北极及其附近地区为负值,冰岛附近是负值中心,而大西洋地区为显著的正值。

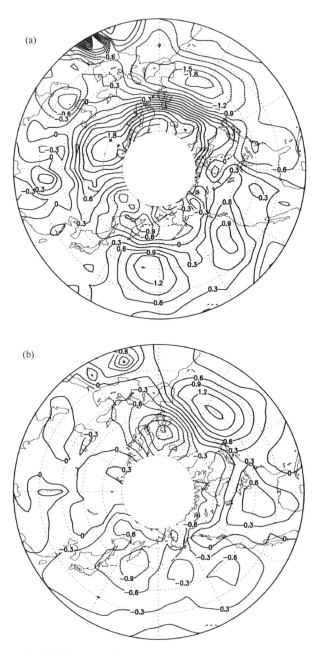

图 5.18　梅雨偏多年(a)和偏少年(b)的前期春季海平面气压年际分量合成

由图 5.17 和图 5.18 显示的信息可见,北半球高纬与中纬地区趋势相反的环流变化在年际尺度上也表现得很突出。

### 5.4.3　海平面气压场的年代际气候背景和年际信号对梅雨异常的影响

为了进一步深入地研究北半球海平面气压的年代际和年际尺度分布结构与长江中下游梅雨对应的尺度变化之间的关系,同样使用三次样条函数拟合的方法将 1885—2000 年长江中下游梅雨量相对数进行尺度分离,得到梅雨量相对数年代际和年际分量序列,然后再分别计算梅雨量相对数年代际、年际变化分量与海平面气压的年代际、年际分量场的相关。计算相关使用的是 1899—2000 年段的资料,样本量为 102,相关系数绝对值在 0.20 以上的区域,说明其相关程度超过了 0.05 的显著性水平,相关系数绝对值在 0.25 以上的区域,表明其相关程度超过了 0.01 的显著性水平。

图 5.19 为前期冬季海平面气压与夏季梅雨量相对数年代际分量之间的相关分布图,从图 5.19 中可以看出,长江中下游梅雨的年代际尺度变化与前期冬季北半球海平面气压年代际分量场有非常显著、清晰的相关关系,其中高纬地区,北大西洋至亚欧大陆的大部分地区为显著的负相关,冰岛附近的负相关系数达到了 0.60。中纬度地区主要以正相关为主,相关系数大多都超过 0.01 的显著性水平。这说明在高纬地区海平面气压处于偏低(偏高)、中纬地区海平面气压处于偏高(偏低)阶段时,长江中下游的梅雨处于偏多(偏少)时期的可能性很大。前期春季海平面气压和梅雨量相对数年代际分量之间的相关分布格局和相关程度与冬季相似(图略),夏季和前期秋季海平面气压和梅雨量相对数年代际分量之间的相关分布格局也与冬、春季相近(图略),但相关程度较弱。

图 5.19　冬季海平面气压与梅雨量相对数年代际尺度之间的相关分布

　　为了进一步说明海平面气压年代际尺度分布结构与长江中下游梅雨年代际分量的关系,我们取春季海平面气压活动中心 30°N 和 55°N 上的年代际分量的平均值进行标准化处理,用 30°N 与 55°N 标准化序列之差表示高纬与中纬度位相相反的年代际分布结构的强弱随时间的变化趋势,由此绘制出图 5.20。为了将分布结构的强弱与长江中下游梅雨年代际尺度变化进行对照,图 5.20 中也给出了梅雨量相对数的年代际分量的变化曲线。由图 5.20 我们看出,两者的年代际尺度变化在大多数时段呈现非常显著的一致趋势。使用 1899—2000 年 102 a 的样本计算两序列的相关,结果相关系数为 0.53,远远超过 0.001 的显著性水平。也就是说,北半球海平面气压与长江中下游梅雨两者年代际变化之间存在显著的正相关关系:在海平面气压场的高纬与中纬的位相呈相反分布结构处在较强(弱)的气候背景时,长江中下游的梅雨则通常处于偏多(少)的阶段。

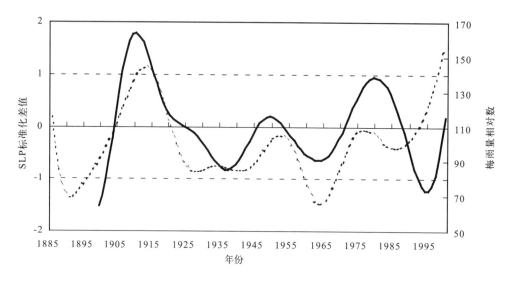

图 5.20　春季海平面气压年代际分布结构变化(实线)与梅雨量相对数的年代际变化(虚线)

　　前期秋季海平面气压年际尺度分量场与长江中下游梅雨量相对数年际尺度序列之间的相关分布(图略),呈现出高纬大部地区为正相关、中纬大部地区为负相关的格局,但几乎没有超过 0.05 显著性水平的区域.冬季两者的相关分布(图 5.21a)基本维持秋季的格局,但相关程度比秋季显著.值得特别注意的是,冬季海平面气压的年际分量场与长江中下游梅雨年际分量的相关分布结构恰与冬季年代际尺度的相关分布结构相反(图 5.19)。在高纬地区呈现正相关,其中冰岛及北欧地区的相关系数达到 0.05 显著性水平,而中纬地区是负相关,其中北大西洋,地中海和我国大陆地区的负相关系数达到 0.05 显著性水平。从图 5.21b 看出,春季仍维持着秋、冬季的相关分布格局,但相关程度比冬季还要显著,其中北大西洋的负相关达到了 0.01 的显著性水平。同期夏季两者的相关分布(图略)开始变得凌乱,没有显著的高相关区存在。这一结果与长江中下游梅雨偏多年和偏少年的前期冬季、春季海平面气压年际分量的合成结果(图 5.17,图 5.18)是一致的。

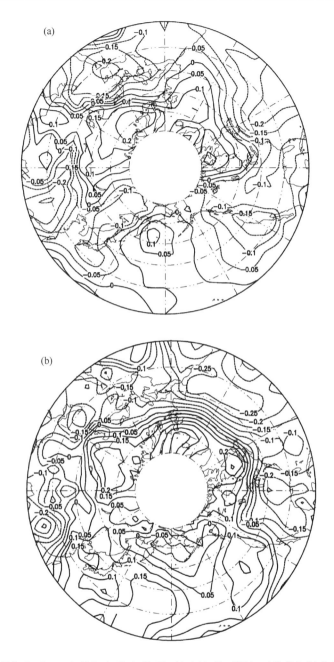

图 5.21　前期冬季(a) 和前期春季(b)海平面气压与梅雨量相对数的年际分量相关分布

与图 5.20 作法类似,我们计算了春季海平面气压年际分量 30°N 与 55°N 标准化之差序列与梅雨年际分量序列之间的相关,结果两者相关系数为－0.43,超过了 0.001 显著性水平。也就是说,前期春季北半球海平面气压与长江中下游梅雨两者年际变化之间存在显著的负相关关系,即前期春季海平面气压在高纬地区呈现正异常、中纬地区呈现负异常的年份,这一年夏季长江中下游降水容易偏多,反之亦然。这一统计结果表明,北半球海平面气压的异常年际变化对长江中下游梅雨有重要影响。

　　由上述分析可见,北半球海平面气压的年代际趋势变化和年际变化均与梅雨气候异常存在显著的相关关系.不过,两种尺度呈现出相反的相关分布格局.从年代际尺度考察,高纬地区呈负相关,中纬地区为正相关;而年际尺度恰恰相反,高纬地区呈现正相关,中纬地区为负相关.从年代际尺度而言,当高纬与中纬海平面气压位相的相反分布结构处在明显(不明显)时期时,长江中下游梅雨处在偏多(偏少)阶段;从年际尺度而言,在前期高纬与中纬的海平面气压位相的相反分布结构呈现较弱(强)的年份,这一年夏季长江中下游梅雨容易偏多(偏少).为了进一步证实这一结论的可靠性,我们再来考察在不同时间尺度因子的共同作用下各因子的贡献.利用冬、春、夏、秋季海平面气压年代际分量场和年际分量场30°N与55°N标准化纬向平均之差序列,构造出表征高纬与中纬海平面气压位相相反结构强弱的指数.以上述8个序列作为自变量,其中用 $x_1$,$x_2$ $x_3$,$x_4$ 表示冬、春、夏、秋季海平面气压年代际尺度的因子,$x_5$,$x_6$ $x_7$,$x_8$ 表示冬、春、夏、秋季年际尺度的因子,以长江中下游梅雨量相对数作为因变量 $y$,进行逐步回归筛选,用这种方式得到的回归系数是标准回归系数,已经消除量纲影响,可以直接用它们来分析哪些因子是影响长江中下游梅雨异常变化的主要因素.经过筛选得到最优回归方程是:

$$y = 114.2919 + 9.1656x_1 + 14.8766x_2 - 10.5550x_6$$

此方程的各项统计指标均满足检验标准.由方程可以看出,影响长江中下游梅雨异常的主要因素是前期冬、春季海平面气压的年代际变化和春季海平面气压年际变化,其中年代际变化分量与梅雨为正相关关系,而春季年际变化分量与梅雨是反相关关系.综合分析结果从另一角度佐证了上述相关分析结论的可靠性,即北半球海平面气压年代际变化为长江中下游梅雨异常变化提供背景条件,而前期春季海平面气压的前兆异常年际变化对梅雨异常起着十分重要的作用,例如,20世纪90年代以来的1991、1996、1998、1999等年长江中下游夏季梅雨异常偏多,并出现了严重的洪涝灾害.而这几年春季海平面气压年际分量30°N与55°N标准化纬向平均之差均为显著的负位相,即春季中纬地区气压呈负异常,高纬地区气压为正异常,表明中纬度副热带高压弱,高纬极地低压也弱,东亚经向环流发展,利于盛夏东亚阻塞形势的建立和维持,导致副热带高压位置偏南,长江中下游梅雨偏多.反之,在梅雨异常偏少的1992和1994年,前期春季海平面气压年际分量30°N与55°N标准化纬向平均之差为显著的正位相,环流形势利于夏季副热带高压位置偏北,长江中下游梅雨偏少.

## 5.5　长江中下游夏季降水异常变化与若干强迫因子的关系

### 5.5.1　长江中下游夏季降水量和各因子的年代际变化特征

　　选用国家气象中心提供的1905—2002年长江中下游地区10站平均的6—8月降水总量作为研究对象,以下简记为 $R$,10个站点的分布见图5.22.

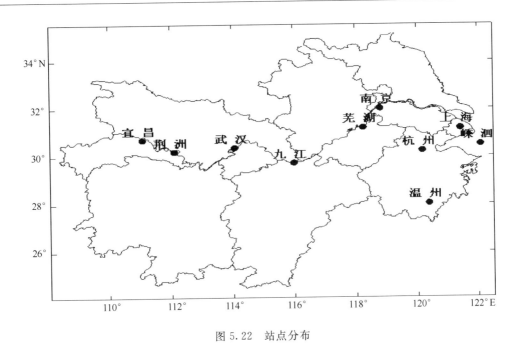

图 5.22　站点分布

选取影响因子时主要考虑两方面因素：一是要有长记录的因子；二是根据已有研究证明与长江中下游夏季降水关系密切的因子。其中选用了在年代际气候变化机制中起重要作用的太阳黑子、地球自转速率及在海-气相互作用中的重要成员——赤道东太平洋海温和北极涛动指数。因子的来源是：

(1)北京天文台提供的 1700—2003 年年平均太阳黑子相对数(Relative Sunspot Number, RSN)。

(2)国际地球自转参数服务中心提供的 1820—2003 年的地球自转速率(Earth's Rotation Speed, ERS)。

(3)1871—2000 年逐月赤道东太平洋海温指数(Sea Surface Temperature Index, SSTI)，这一指数是从 UKMO GISST 2.3 的全球月平均 $1°×1°$ 格点的海温资料中选取 $180°—90°W$，$0—10°$ 范围平均得到的。

(4)1899—2001 年逐月北极涛动(Arctic Oscillation, AO)指数，其中 1899—1957 年时段的指数由 Trenberth 和 Paolino 根据海平面气压资料定义的，1958 年以后时段的指数是根据 NCEP/NCAR 再分析海平面气压资料计算的。

计算时长江中下游降水量和物理因子资料均取为 1905—2000 年时段。太阳黑子相对数和地球自转速率用年平均序列，海温指数和北极涛动指数用秋季(前一年 9—11 月)、冬季(前一年 12 月—当年 2 月)、春季(当年 3—5 月)、夏季(当年 6—8 月)的平均序列。

应用三次样条函数方法，将长江中下游夏季降水量及各个因子序列进行年代际及年际尺度分离。图 5.23 中较光滑的曲线是用三次样条函数分段拟合分离出的长期趋势和 10 a 以上尺度的年代际变化。我们利用年代际分量曲线分析各因子与长江中下游夏季降水年代际尺度之间的位相变化。由于 SSTI 和 AO 的四个季节的年代际变化趋势的差异很小，因此这里只选冬季的年代际变化进行分析。

对照图 5.23a 和图 5.23b 中光滑曲线的变化趋势可以看出,当 1905—1920 年长江中下游夏季降水呈现多雨的正位相时,太阳黑子数则处在偏低的负位相,两者趋势相反;在 1921—1942 年长江中下游夏季降水处在少雨的负位相时,太阳黑子数仍处在偏低期,与降水的位相变化一致。进入 1943—1956 年时段,长江中下游夏季转为多雨,太阳黑子也转变为偏高期,位相变化趋于一致;1957—1984 年长江中下游夏季处于明显的少雨期,太阳黑子也经历了一个低值期,两者的位相同时出现转变;1985 以后至 2000 年长江中下游夏季又进入多雨期,但在此期间太阳黑子的位相出现过明显波动,位相关系变得不十分明朗。将图 5.23c 地球自转速率的年代际变化趋势与图 5.23a 进行对比发现,1942 年以前两者位相基本一致,1943 年以后两者变化的位相完全相反。从图 5.23d 看出,冬季赤道东太平洋海温的年代际分量变化比较平缓,主要反映了海温的气候平均状态,阶段性变化不甚显著,但 20 世纪 90 年代以后的显著增温趋势,与长江中下游夏季降水趋势的位相一致。将图 5.23e 中展示的冬季北极涛动的年代际变化趋势曲线与图 5.23a 比较看出,1942 年以前两者的位相变化基本相反,1943 年以后虽也有的时段两者位相相反,但大多时段两者的位相变化是一致的。

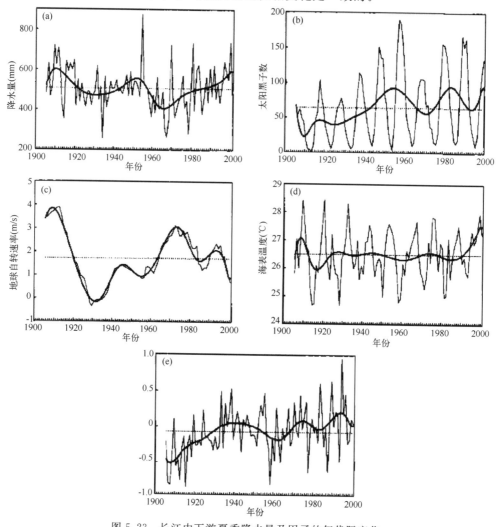

图 5.23　长江中下游夏季降水量及因子的年代际变化
(a)R;(b)RSN;(c)ERS;(d)冬季 SSTI;(e)冬季 AO

## 5.5.2　长江中下游夏季降水与各因子的相关随时间的变化

由上述分析可见,长江中下游夏季降水量及太阳活动、北极涛动等因子的年代际变化特征非常显著。为了分析降水量与这些因子的年代际趋势变化之间的相关,我们分别计算了 1905—2000 年长江中下游夏季降水量与上述四种物理因子之间的 30 a 滑动相关系数,以此来分析降水异常与各因子之间的相关随时间的变化特征。图 5.24 中实线是长江中下游夏季降水量($R$)与地球自转速率($ERS$)的滑动相关系数,由图可以看出,两者的相关系数随时间的变化十分显著,甚至出现了相关符号的改变。从 1905—1934 年段至 1934—1963 年段期间两者为正相关,在 1919—1948 年段以前的时期两者正相关处于较高水平,超过了 0.10($\alpha_{0.10} = \pm0.30$)的显著性水平。1919—1948 年段之后正相关逐渐减弱,到 1935—1964 年段,两者的相关性质发生了转变,由正相关转变为负相关,且负相关随时间变化逐渐加强,1937—1966 年段至 1950—1979 年段的负相关超过了 0.10 的显著性水平。1950—1979 年段以后负相关有所减弱,但直至 1971—2000 年段一直维持着负相关,且到 1970—1999 年段以后两者的负相关加强,相关系数超过了 0.05($\alpha_{0.05} = \pm0.35$)的显著性水平。相关系数的这种转化,对应的两者关系即是 1934—1964 年段以前时期地球自转速率较快(慢)的年份,长江中下游夏季易出现降水偏多(少),而在其后的时期地球自转速率较快(慢)的年份,长江中下游夏季降水反而偏少(多)。

从图 5.24 中的圆点线表示的长江中下游夏季降水量与太阳黑子相对数($RSN$)的滑动相关系数,我们可以看到,大多时段的相关系数均未超过 0.10 的显著性水平,但随时间的变化仍然是很显著的。1905—1934 年段至 1924—1953 年段两者呈正相关,从 1925—1954 年段起,相关位相由正转为负,并持续到 1954—1983 年段,1955—1984 年段相关符号又由负转为正。

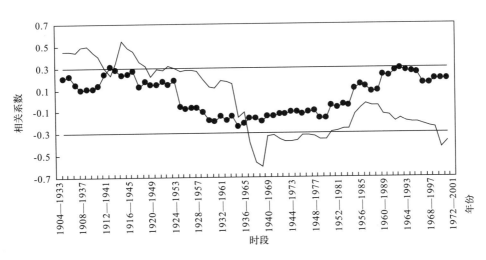

图 5.24　长江中下游夏季降水与地球自转速率之间 30 a 滑动相关系数

(实线为 $R$ 与 $ERS$ 的相关,圆点线为 $R$ 与 $RSN$ 的相关,直线为 $\alpha = 0.10$ 的显著性水平)

为了与滑动相关系数进行比较,我们还计算了 1905—2000 年整个时段长江中下游夏季降水与地球自转速率、太阳黑子相对数间的相关,相关系数分别为 0.0018 和 0.098,也就是说,从 1905—2000 年 96 年平均而言,这两个因子与长江中下游夏季降水关系不明显。但上述滑动相关结果显示,长江中下游夏季降水与地球自转速率、太阳黑子相对数间的相关随时间呈现显著的阶段性变化。

为了便于下面的分析,我们在表 5.8 中给出用 1905—2000 年 96 年样本计算的长江中下游夏季降水与四季的赤道东太平洋海温(SSTI)和北极涛动(AO)的相关系数。由表 5.8 可以看出,长江中下游夏季降水与前一年秋季的赤道东太平洋海温和春季北极涛动的相关达到或超过了 0.05 的显著性水平,其余季节的相关均不显著。下面我们来看一下长江中下游夏季降水与各因子相关随时间变化的情况。图 5.25 是长江中下游夏季降水量分别与前期秋季、冬季、春季和同期夏季 SSTI(图 5.25a)和 AO(图 5.25b)的 30 a 滑动相关系数。

表 5.8　R 与四季 SSTI 和 AO 的相关系数( 96 年样本,显著性水平 $\alpha_{0.05}=\pm 0.19$ )

|  | 秋季 | 冬季 | 春季 | 夏季 |
|---|---|---|---|---|
| SSTI | 0.19 | 0.04 | 0.03 | 0.11 |
| AO | −0.09 | 0.04 | −0.25 | 0.00 |

从图 5.25a 中长江中下游夏季降水量与前期秋季 SSTI 的滑动相关曲线可以看出,除 1914—1943 年段至 1924—1953 年段及 1960—1989 年段至 1966—1995 年段两者呈弱相关外,其余时段两者为正相关,但各个时期的相关程度差别很大,其中值得注意的是 1970 年以来两者呈现显著的正相关关系,也就是说,如果前一年秋季赤道东太平洋海温增暖,下一年夏季长江中下游降水可能偏多,反之亦然。遗憾的是,这种显著的正相关关系并不是稳定地贯穿我们所研究的整个时期。长江中下游夏季降水量与前期冬、春季 SSTI 的相关正、负状态交替频繁,且只有少数时段的相关系数接近 0.10 显著性水平。夏季降水量与同期夏季 SST 的关系也不太稳定,但在 1905—1934 年段至 1918—1947 年段的正相关非常显著,超过 0.10 的显著性水平,但这种关系没有持续下去。

图 5.25b 中长江中下游夏季降水与前期秋季 AO 滑动相关显示,1905—1934 年段至 1942—1971 年段为正相关,其中 1926—1955 年至 1939—1968 年段的正相关非常显著,但从 1940 年起两者关系骤然下降,到了 1943—1972 年段转变为负相关,负相关随时间推移逐渐显著,在 1967—1996 年段至 1971—2000 年段接近或超过 0.10 显著性水平。长江中下游夏季降水与前期冬季 AO 在 1905—1934 年段至 1919—1948 年段期间呈现非常显著的负相关关系,大多时段超过 0.10 的显著性水平,但到了 20 年代至 50 年代这种显著的负相关关系发生了变化,从 1929—1958 年段起转为正相关,并持续至今,但相关不显著。长江中下游夏季降水与春季 AO 的相关是四季中最稳定、最显著的。除 1916—1945 年段至 1939—1968 年段的相关性质不稳定且相关较弱外,其余时段均呈负相关,特别是 20 世纪 50 年代以后的近 50 a 一直保持着显著的负相关关系,相关系数均超过或接近 0.10 显著性水平。这说明在前期春季 AO 偏强的年份,长江中下游夏季降水容易出现偏少的情况,当

AO 偏弱时,降水则容易偏多。有趣的是,长江中下游夏季降水与同期夏季 AO 的关系与春季相反,在夏季降水与春季 AO 相关不稳定的 1916—1945 年段至 1939—1968 年段时期,同期两者却呈较明显的正相关,在春季相关显著的时段,同期相关反而不显著。

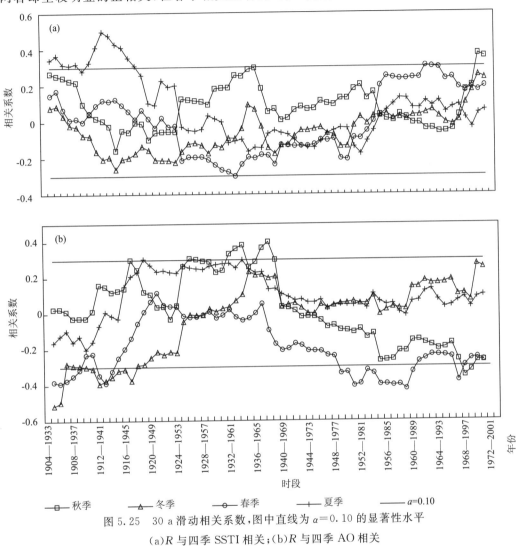

图 5.25　30 a 滑动相关系数,图中直线为 $\alpha = 0.10$ 的显著性水平

(a)$R$ 与四季 SSTI 相关;(b)$R$ 与四季 AO 相关

由上述分析可见,长江中下游夏季降水量与大多数因子间的相关存在不稳定性,其相关系数随时间变化呈现阶段性变化。这种现象表明长江中下游夏季降水异常与影响因子之间的关系错综复杂,不是简单的线性关系。相关系数随时间呈现出的阶段性变化或相关性质的改变,正是因子显著的年代际变化特性所致。

### 5.5.3　不同尺度因子潜在结构对长江中下游夏季降水的作用

为了进一步研究不同时间尺度因子对长江中下游夏季降水的作用,将影响长江中下游夏季降水异常的年代际及年际尺度的因子变量组成一组新的因子集,其中包括太阳黑子数、地球自转速率、海温和北极涛动四个年代际尺度变量,分别记为:RSN－ND、ERS－ND、SSTI－

ND、AO－ND；还包括太阳黑子数、地球自转速率、四季海温和四季北极涛动共 10 个年际尺度变量，分别记为：RSN－NJ、ERS－NJ、SSTI－QNJ、SSTI－DNJ、SSTI－CNJ、SSTI－XNJ、AO－QNJ、AO－DNJ、AO－CNJ、AO－XNJ，共计 14 个因子。

对上述因子集进行旋转因子分析，其中前二个旋转公共因子的累计方差为 73％，旋转公共因子的因子荷载值代表了因子变量与公共因子的密切程度，其方差的大小是解释降水异常物理意义和成因的重要依据。依据表 5.9 列出的两个公共因子的荷载方差来讨论不同尺度因子的潜在结构对长江中下游夏季降水异常形成的作用。由表 5.9 看到，公共因子 $f_1$ 中高荷载方差集中在年代际尺度因子 RSN－ND、ERS－ND、SSTI－ND、AO－ND 上，其中太阳黑子、地球自转速率和北极涛动的年代际荷载方差等于或接近 1，赤道东太平洋海温的年代际因子荷载相对小些，说明它对此公共因子的贡献不如其余三个显著。另外，年际尺度因子 AO－QNJ、AO－XNJ 的荷载也较大。由此可见，$f_1$ 主要是因子年代际变化的综合反映，说明年代际尺度的气候背景对长江中下游夏季降水异常有非常重要影响，这一综合指标大约解释 41％的方差贡献。第二旋转公共因子 $f_2$ 中的高荷载集中在赤道东太平洋海温和北极涛动年际尺度因子上，其中前期秋季赤道东太平洋海温和前期冬季北极涛动的年际尺度变量对此公共因子的贡献最大，同期夏季和前期冬季的海温及春季北极涛动的贡献也比较大。这一公共因子反映了海-气异常年际变化对长江中下游夏季降水的重要作用，这一综合指标大约解释 32％的方差贡献。

表 5.9　前两个公共因子的载荷方差及共性方差

| 因子变量 | $f_1{}^2$ | $f_2{}^2$ | $h^2$ |
|---|---|---|---|
| RSN－ND | 0.98 | 0.00 | 0.98 |
| ERS－ND | 0.98 | 0.00 | 0.98 |
| SSTI－ND | 0.65 | 0.19 | 0.84 |
| AO－ND | 1.00 | 0.00 | 1.00 |
| RSN－NJ | 0.00 | 0.14 | 0.14 |
| ERS－NJ | 0.19 | 0.04 | 0.23 |
| SSTI－QNJ | 0.00 | 1.00 | 1.00 |
| SSTI－DNJ | 0.00 | 0.56 | 0.56 |
| SSTI－CNJ | 0.00 | 0.03 | 0.03 |
| SSTI－XNJ | 0.00 | 0.81 | 0.81 |
| AO－QNJ | 0.96 | 0.00 | 0.96 |
| AO－DNJ | 0.12 | 0.88 | 1.00 |
| AO－CNJ | 0.00 | 0.58 | 0.58 |
| AO－XNJ | 0.81 | 0.15 | 0.96 |

根据因子得分函数，我们可以计算出前两个公共因子的逐年得分，据此分析公共因子对长江中下游夏季降水的贡献在时间分布上的差异。同时我们还计算了公共因子相应的时间序列与各因子之间的相关系数，以便了解它们变化的相似性。

图 5.26 给出了 1905—2000 年前两个公共因子的得分。由图 5.26a 可以看出，以年代际尺度为主的第一公共因子的得分呈现出明显的阶段性。有意思的是，第一公共因子得分的变化趋势与太阳黑子相对数的年代际变化趋势非常相似（图 5.26b），即 20 世纪 40 年代以前的得分很低，从 40 年代初开始得分明显提高，其中出现三个得分的高值时期，一个是 40 年代初

至 60 年代初,另一个是 1976 年至 90 年代初,从 1997 年起又出现了较高的得分。这表明在长江中下游夏季降水异常变化中,20 世纪 40 年代以前受年代际尺度因子的影响较小,而 40 年代以后年代际尺度因子对降水异常的作用明显增强,特别在三个得分高值时期,因子年代际变化的作用更显突出。第一公共因子序列与太阳黑子数年代际序列之间的相关系数为 0.98,这就进一步证实了两者变化的相似程度之高。另外,第一公共因子与北极涛动年代际序列的相似程度也非常高,其相关系数为 0.52。由图 5.26b 我们看到,以海-气年际尺度为主的第 2 公共因子的得分呈现出明显的年际周期变化。也就是说,长江中下游夏季降水受到海洋和大气年际尺度变化的显著影响。第二公共因子序列与秋季赤道东太平洋海温年际序列的相关系数为 0.43,说明两者的变化有较高的相似性,即前期海温的年际变化在年际综合指标中起重要作用。

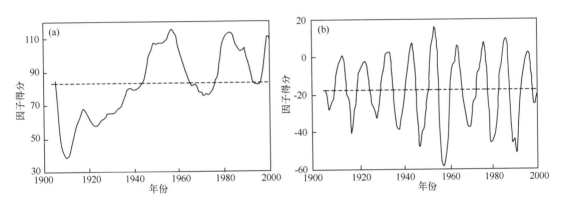

图 5.26　1905—2000 年前两个公共因子得分
(a)第一公共因子;(b)第二公共因子

## 参考文献

高登义,武炳义.1998.北半球海-冰-气系统的 10 年振荡及其振源初探.大气科学,**22**(2):137-144.

刘太中,荣平平,刘式达,等.1995.气候突变的子波分析.地球物理学报,**38**(2):158-162.

魏凤英,张京江.2004.1885—2000 年长江中下游梅雨特征量的统计分析.应用气象学报,**15**(3):313-321.

魏凤英,谢宇.2005.近百年长江中下游梅雨的年际及年代际振荡.应用气象学报,**16**(4):492-499.

魏凤英,宋巧云.2005.全球海表温度年代际尺度的空间分布及其对长江中下游梅雨的影响.气象学报,**63**(4):477-484.

周丽,魏凤英.2006.近百年全球海温异常变化与长江中下游梅雨.高原气象,**25**(6):1111-1119.

魏凤英,宋巧云,韩雪.2006.近百年北半球海平面气压分布结构及其对长江中下游梅雨异常的影响.自然科学进展,**16**(2):215-222.

魏凤英.2006.长江中下游夏季降水异常变化与若干强迫因子的关系.大气科学,**30**(2):202-211.

徐群.1965.近 80 年长江中下游的梅雨.气象学报,**35**(4):509-518.

徐群,杨义文,杨秋明.2001.长江中下游 116 年梅雨(一).暴雨·灾害,44-53.

杨义文,徐群,杨秋明.2001.长江中下游 116 年梅雨(二).暴雨·灾害,54-61.

Trenberth K E,J W Hurrell.1994.Decadal atmosphere-ocean variations in the Pacific. *Clim. Dyn.* **9**:303-319.

Li Chongyin.1998.The quasi-decadal oscillation of air-sea system in the northwestern Pacific region. *Adv. Atmos. Sci.* ,**15**:31-40.

# 第6章 淮河流域夏季降水的振荡特征及其 与气候背景的联系

淮河流域地处我国南北气候过渡带,淮河以南属亚热带区,淮河以北属暖温带区,由于其特殊地域特征,极易发生洪涝灾害。由于淮河流域空间尺度较小,以往研究大多将淮河流域与长江中下游视为江淮流域一个整体。影响江淮流域夏季降异常的因素十分复杂,迄今仍对其物理机制没有完全搞清。特别值得关注的是,21世纪以来,夏季多雨带频繁出现在淮河流域,2003、2005、2007年淮河流域更是发生了严重的暴雨洪涝灾害,给该地区的人民生命财产和经济造成了巨大损失。与此同时,长江中下游却是少水或干旱。说明淮河流域与长江中下游夏季降水的变化不完全同步,甚至可能存在明显的年代际位相差异,如果仍将淮河流域和长江中下游夏季降水作为一个整体研究难免以偏概全。因此,有必要对淮河流域夏季降水的年际和年代际变化及其气候背景进行单独细致地研究。年代际振荡是年际振荡的重要背景,对年际气候变化产生重要的调制作用。本章在分析淮河流域夏季降水年际和年代际振荡及其概率分布特征基础上,研究东亚夏季风环流、海洋背景及东亚遥相关与淮河流域夏季降水的年际和年代际变化的关系,并与长江中下游夏季降水的年代际变化及其气候背景进行比较(魏凤英和张婷,2009)。

## 6.1 淮河流域夏季降水不同时间尺度变化特征

利用墨西哥帽的小波变换对淮河流域平均的夏季降水量不同时间尺度变化进行剖析。小波变换将降水量序列在时间和频域两个方向展开,即可得到展现降水不同时间尺度振荡随时间变化的二维图像(图6.1a)。图中横坐标为时间参数,纵坐标为频域参数(周期),图中数值为能量密度,代表降水不同时间尺度振荡的强度。图的上半部分为低频,对应较长时间周期的振荡,下半部分为高频,对应较短时间周期的振荡,这样将降水量不同时间尺度的分量进行了客观的分离。从图6.1b给出的小波方差可以看出,2 a周期的方差最大,其次是30~40 a段周期,也就是说,淮河流域夏季降水存在显著的准2 a周期振荡(QBO)和30~40 a周期带的年代际振荡特征。另外,在6~8 a附近小波方差也比其周边周期突出。为了证实小波变换结果的可靠性,我们对淮河流域夏季降水序列进行功率谱分析。结果显示,谱密度第一峰值是2.25 a,第二峰值为8 a,第三峰值为36 a,且三个峰值均超过了0.05显著性水平。功率谱检测的显著周期与小波变换结果相似。由此可见,小波变换得到的准2 a振荡和30~40 a振荡的显著周期具有一定的可靠性。以往研究中国东部夏季主要降水型特征时,也发现了30 a左右的显著周期(顾微等,2005)。为了更准确地显示年代际突变年份和降水高频变化细节,分别提取周期长度40 a和2 a的小波系数随时间的变化(图6.1c和图6.1d),它们分别代表了淮河流域夏季降水量40 a振荡分量和QBO分量。图6.1c是降水年代际尺度振荡随时间的变化,按照系数通过零点确定突变点的原则,可以判断1922—2007年间降水序列含有两个强的和两个弱的吸引子,即 1922—1942 年和 1965—1997 年淮河流域夏季降水处于较弱时期,而 1943—1964 年和 1998—2007 年降水处于较强时期。图 6.1d 是降水 QBO 随时间的变化,对照图 6.1c 可以看出,QBO 最突出的特征是其振荡的强弱变化与年代际强弱变化一致,即当淮河流域夏季降水处在较强气候阶段时,降水的 QBO 亦强,反之,当降水处在较弱阶段时,降水的 QBO 亦弱。自 20 世纪 90 年代末以来,淮河流域夏季降水处在 1922 年以来最强盛时期,这期间的 QBO 也最突出。由此可见,淮河流域夏季降水的年际和年代际振荡之间存在一定联系,异常洪涝灾害不仅是大气准 2 a 振荡的表现,也与气候系统的年代际变化密切相关。

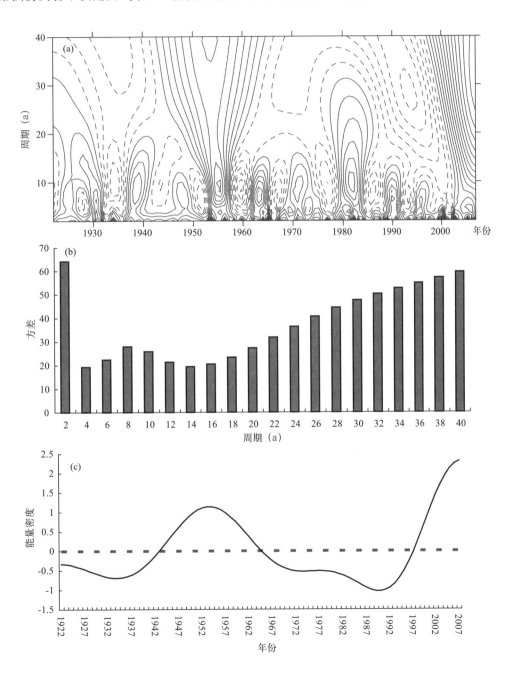

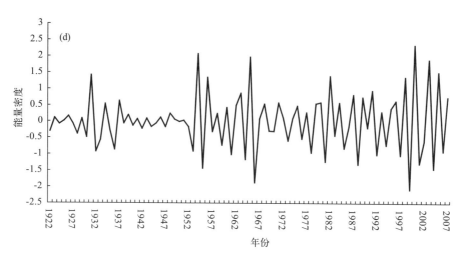

图 6.1　淮河流域夏季降水量小波变换
(a)小波变换;(b)小波方差;
(c)40 a 尺度能量密度随时间变化;(d)2 a 尺度能量密度随时间变化

## 6.2　淮河流域夏季降水量极值的概率分布特征

　　降水量是一随机变量,极值是这一随机变量的某种函数。借用统计推断的手段寻求气候极值的分布模型,可以推断一定重现期的可能极值。这里利用广义极值(General extreme value,GEV)分布,拟合淮河流域 6、7、8 月降水量重现期的可能极值,得到不同概率降水量的重现水平,以此研究降水量极值概率分布特征。表 6.1 列出淮河流域 6、7、8 月降水量出现各种概率的重现水平,表 6.2 是 1922—2007 年间不同概率级别强降水出现的年份。表中 100 a 一遇是指强降水概率为 1% 的可能最大降水量,50 a 一遇则是强降水概率为 2% 的可能最大降水量,依次类推。从表 6.1 看出,淮河流域 7 月的极端降水强度最大,100 a 一遇的最大降水量为 414.306 mm,而 6 月和 8 月 100 a 一遇最大降水量比 7 月约小 30%。8 月份 30 a 一遇以下级别概率的最大降水量比 6 月份略强。从表 6.2 可以看出,淮河流域出现 100 a 一遇大洪水的 1954 年和 2007 年均发生在 7 月。1956 年和 2000 年的 6 月及 1963 年的 8 月淮河流域的强降水也达到 100 a 一遇的水平,但它们的最大降水量比 1954 和 2007 年要小。

表 6.1　淮河流域夏季降水量的极值重现水平(单位:mm)

| 月份 | 100 a 一遇 | 50 a 一遇 | 30 a 一遇 | 20 a 一遇 | 10 a 一遇 | 5 a 一遇 |
|------|-----------|-----------|-----------|-----------|-----------|----------|
| 6 月 | 276.368 | 243.885 | 220.786 | 202.890 | 172.966 | 143.305 |
| 7 月 | 414.306 | 377.970 | 350.997 | 329.399 | 291.812 | 252.569 |
| 8 月 | 276.317 | 256.035 | 240.239 | 227.115 | 203.224 | 176.785 |

**表 6.2　淮河流域夏季出现极值降水量的年份**

| 月份 | 100 a 一遇 | 50 a 一遇 | 30 a 一遇 | 20 a 一遇 | 10 a 一遇 | 5 a 一遇 |
|------|-----------|-----------|-----------|-----------|-----------|----------|
| 6 月 | 1956,2000 | 1971 | 1991 | 1980,1996 | 2003 | 1959,1960,1972,1981,1989,2002 |
| 7 月 | 1954,2007 | 1965 | | 1982,2005 | 1957,1979,2003 | 1931,1968,1969,1977,2006 |
| 8 月 | 1963 | | 1982,2003,2005 | 1988 | 1956,1962,1965 | 1931, 1937, 1948, 1955, 1974, 1975, 1987,1995 |

　　由 6.1 节的分析可知,1922—2007 年间淮河流域夏季降水经历了 1922—1942 和 1965—1997 年两个偏少时段及 1943—1964 和 1998—2007 年两个偏多时段。为了比较不同气候时段强降水的概率分布特征,统计出四个气候时段发生 5 a 一遇以上级别强降水的概率(表 6.3)。从表 6.3 可以看出两点基本事实:(1)降水偏多时段极端强降水的概率比降水偏少时段大;(2)1965 年以来,无论降水处在偏少时段还是偏多时段,极端强降水的概率均比 1965 年以前明显增加。特别是近 10 a 来,淮河流域夏季出现强降水的概率更是高达 33.3%,比同样是降水偏多时段的 1943—1964 年概率明显高。由此可见,近年来淮河流域发生强降水极端气候事件的概率是显著增加的。

**表 6.3　不同时段淮河流域夏季强降水的概率**

| 时　段 | 1922—1942 年 | 1943—1964 年 | 1965—1997 年 | 1998—2007 年 |
|--------|-------------|-------------|-------------|-------------|
| 气候趋势 | 降水偏少 | 降水偏多 | 降水偏少 | 降水偏多 |
| 概率 | 4.8% | 18.3% | 18.2% | 33.3% |

## 6.3　淮河流域与长江中下游夏季降水年代际差异

　　20 世纪 80—90 年代我国夏季多雨带主要集中在长江中下游地区,淮河流域大部分地区的降水并不多。而 21 世纪以来,夏季多雨带却主要出现在淮河流域。那么,淮河流域与长江中下游夏季降水的年代际变化有哪些差异呢? 为此,我们绘制出 1922—2007 年长江中下游夏季降水量小波变换图(图 6.2),与淮河流域夏季降水的小波变换(图 6.1a)进行比较。由图 6.2 看出,与淮河流域夏季降水类似,长江中下游地区夏季降水也存在显著的 QBO 特征及 30～40 a 的年代际振荡,自 1922 年以来经历了与淮河流域相同的降水偏少、偏多、偏少和偏多的气候阶段,只是长江中下游的变化进程超前于淮河流域,目前淮河流域正处在多水期。为了更清晰地了解淮河流域与长江中下游夏季降水年代际位相变化的差异,我们将淮河流域与长江中下游夏季降水 40 a 分量的时间—纬度变化绘制在一张剖面图上(图 6.3)。从图 6.3 可以清楚地看出,淮河流域与长江中下游夏季降水的年代际变化进程存在明显差异。1936 年前后长江中下游夏季降水转入偏多阶段,这期间淮河流域夏季降水偏少,直至 1943 年才转为偏多趋势,之后的变化淮河流域总是落后于长江中下游,而且落后的时段越来越长,处在相同位相的时段越来越短。20 世纪 80 年代长江中下游降水进入偏多时期,而淮河流域却仍维持着 1965 年开始的少水,直至 90 年代末才转入多水,但降水趋势却是历史上最强的。

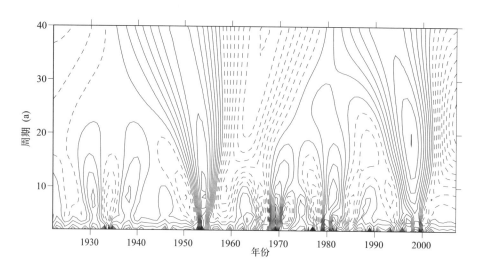

图 6.2 长江中下游夏季降水量小波变换

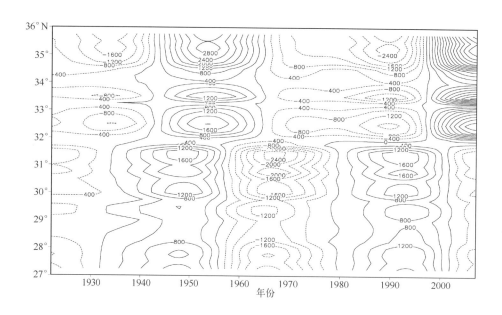

图 6.3 淮河流域与长江中下游夏季降水年代际振荡时间-纬度剖面图

通过以上分析可以得到以下统计事实:(1)淮河流域夏季降水具有显著的 QBO 特征,近年来这种特征尤为突出。淮河流域夏季降水还具有 30～40 a 的年代际振荡特征,且与 QBO 的强弱存在联系;(2)20 世纪 90 年代末以来,淮河流域夏季降水处在异常偏多时期,且极端强降水气候事件的概率显著增加;(3)淮河流域夏季降水的年代际变化进程落后于长江中下游地区。由以上统计事实引发出这样的科学问题:(1)东亚气候系统的年代际背景发生了怎样的异常变化,导致近年来淮河流域不断发生异常洪涝灾害?(2)淮河流域与长江中下游夏季降水的年代际气候背景有怎样的差异?以下几节就相关问题进行探讨。

## 6.4　东亚夏季风异常变化对淮河流域夏季降水的影响

东亚夏季风是影响我国夏季降水异常的重要系统。研究表明,东亚季风存在明显的准
2 a 振荡和年代际振荡特征(丁一汇等,1994;陈隆勋等,2006),其中准 2 a 振荡对东亚夏季
降水的准 2 a 振荡有很大影响(Miao and Lao,1990)。季风系统的形成主要是海陆分布热
力特征差异造成的,这里我们利用 1922—2007 年 6—8 月平均的 10°—50°N 的陆(110°E)与
海(160°E)两者海平面气压之差定义东亚夏季风强度指数,这种方法定义的季风指数物理
意义比较明确,它的强弱变化对我国夏季雨带分布类型有极其重要的影响。1922—2007 年
东亚夏季风强度指数小波变换结果显示,东亚夏季风也具有 30～40 a 周期的年代际振荡和
准 2 a 振荡特征。这一结果与郭其蕴等(2004)计算的 1873—2000 年季风指数功率谱结果
相似。

图 6.4 给出小波变换分离出的东亚夏季风强度指数 40 a 分量与淮河流域夏季降水 40 a
分量变化的比较。从图 6.4 可以看出,两者呈明显的反位相变化,两者相关系数高达－0.59,
远远超过 0.001 的显著性水平。特别是近 10 a 来,东亚季风显著减弱的趋势与淮河流域夏季
降水异常偏多趋势配合相当一致。说明东亚季风的年代际振荡对淮河流域夏季降水的影响关
系十分清楚,即东亚夏季风处在偏弱时段,淮河流域夏季降水易偏多。为进一步说明淮河流域
夏季降水与东亚夏季风环流系统年代际振荡的关系,图 6.5a 给出淮河流域夏季降水偏少时段
1965—1997 年与降水偏多时段 1943—1964 年夏季东亚地区海平面气压年代际分量平均值之
间的差值分布,图中阴影部分表示两时段平均值差值超过 0.001 显著性水平。我们知道,夏季
陆地上的气压低于海洋上的气压,陆地上的气压增强、海洋上的气压减弱,表明夏季风减弱。
从图 6.5a 可以看出,当大陆上的气压明显减弱,海洋上的气压明显增强,即当海陆气压差增强
时,淮河流域夏季降水呈现偏少趋势。反之,从图 6.5b 显示的降水偏多时段 1998—2007 年与
偏少时段 1965—1997 年的海平面气压年代际分量平均值的差值分布图看出,近 10 a 来东亚
陆地上夏季的气压明显增强,海洋上的气压明显减弱,即海陆气压差明显减弱,淮河流域夏季
降水呈现偏多趋势。

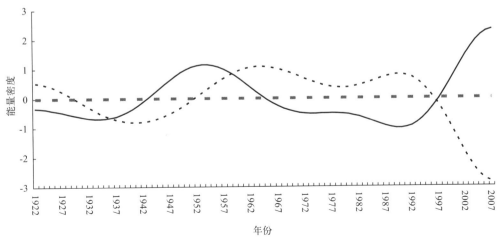

图 6.4　淮河流域夏季降水(实线)与夏季风强度(虚线)年代际变化

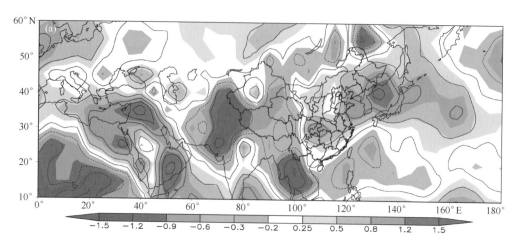

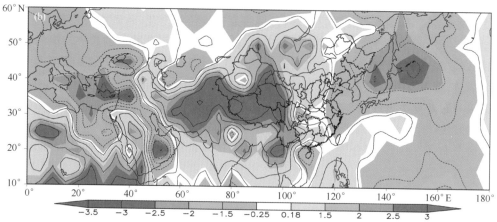

图 6.5　不同气候时段夏季海平面气压 40 a 振荡分量平均值的差值分布
(阴影部分表示差值超过 0.05 显著性水平)
(a)1965—1997 年与 1943—1964 年之差；(b)1998—2007 年与 1965—1997 年之差

　　东亚夏季风强度指数 QBO 分量与淮河流域夏季降水 QBO 分量之间也存在显著的相关关系,两者的相关系数为−0.31,超过了 0.01 显著性水平。图 6.6 是淮河流域夏季降水偏少时段 1965—1997 年和偏多时段 1998—2007 年 10°—60°N 范围陆地(110°E)与海洋(160°E)海平面气压 2 a 分量之间差值的纬度−时间剖面图。从图 6.6 可以看出,海陆气压差随时间变化呈现正、负、正交替的分布格局。降水偏多时段与降水偏少时段之间 QBO 的差异说明:淮河流域夏季降水偏多时段,海陆气压差的 QBO 是明显减弱的。由此得到这样的认识:东亚夏季风年代际和年际振荡与淮河流域夏季降水年代际和年际振荡均呈显著的反相关关系。表明在季风偏弱气候背景下淮河流域夏季不一定年年出现洪涝灾害,但洪涝灾害大多出现在季风偏弱气候背景下。

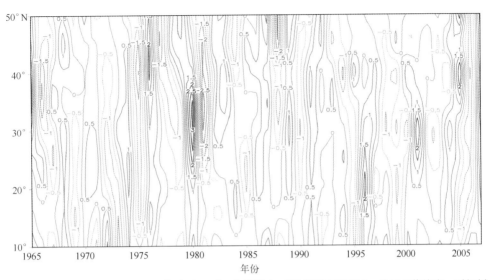

图 6.6　1965—1997 年和 1998—20007 年陆地(110°E)与海洋(160°E)海平面气压 2 a 分量差值纬度—时间剖面图

## 6.5　太平洋海温的年代际变化对淮河流域夏季降水的影响

　　研究表明,太平洋海表热力异常不仅是引起大气环流异常的重要因素,也是引起东亚夏季风异常的重要因素。考虑到海洋变化对中国夏季降水的影响有一定时间滞后效应,这里分析前期冬季海表温度对淮河流域夏季降水异常的可能影响。分别计算了 El Nino 信号最强的 Nino3.4(5°S—5°N,120°W—170°W) 区冬季 SST 距平序列小波变换分离出的年际分量与夏季风指数及淮河流域夏季降水年际分量之间的相关。结果表明,SST 年际分量与夏季风指数及降水年际分量的相关微弱,这与某些学者的研究结论是一致的。而 SST 40 a 分量与淮河流域夏季降水相应尺度分量的相关系数高达−0.59,超过 0.001 的显著性水平。表明热带中、东太平洋海温的年代际降温会导致淮河流域夏季降水的显著增强。图 6.7a 为淮河流域夏季多水时段 1943—1964 年与少水时段 1922—1942 年全球海表温度 40 a 分量的差值分布。正如图 6.7a 所示,太平洋呈现典型的年代际振荡 PDO 冷位相分布型。少水时段 1965—1997 年与多水时段 1943—1964 年的海表温度 40 a 分量的差值分布(图 6.7b)恰与图 6.7a 相反,呈现典型的 PDO 暖位相分布型。由图 6.7c 显示的 1998—2007 年时段与 1965—1997 年海表温度 40 a 分量的差值分布看出,太平洋又呈现 PDO 冷位相,但与多水时段的 1943—1964 年与少水时段 1922—1942 年差值分布不同的是,南太平洋海域的海温是增暖的。图 6.8 是淮河流域夏季降水与 PDO 指数 40 a 分量的年代际分量曲线,正如图 6.8 所示,淮河流域夏季降水的年代际变化与 PDO 的位相变化呈清晰的反位相关系,当 PDO 处在冷位相时,淮河流域夏季降水呈偏多趋势,反之亦然。这一工作从尺度分离的角度印证了杨修群等(2004)工作的结论,即东亚夏季风降水与太平洋海表温度异常之间的关系存在年代际变化特征。从图 6.8 中虚线可知,1998 年以来,PDO 呈明显冷位相。一些学者的研究证实,最近一次 PDO 年代际突变出现在 1997 年,1998 年以后进入冷位相时段。对照季风的变化可以看出,PDO 位相变化对季风降水的 QBO 起到调节作用。这一结果与以往有关 PDO 与 QBO 关系的研究结果一致,即 PDO 的循环过程对包括 QBO 在内的年际变化有重要影响。PDO 循环可能是通过西太平洋副热带高压年代际异常作用对淮河流域夏季降水 QBO 产生影响。

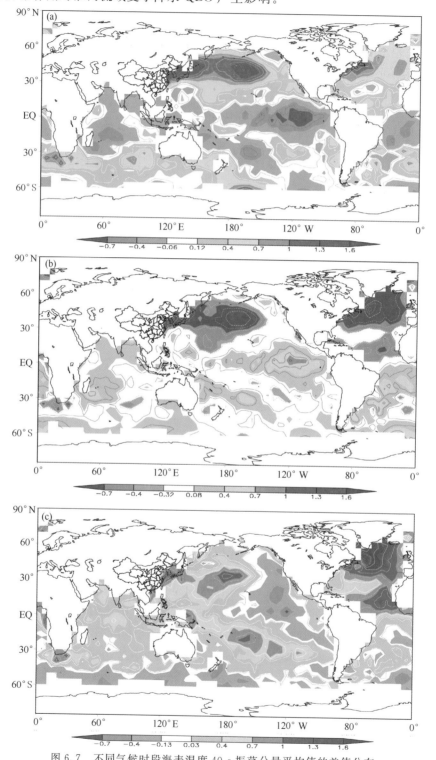

图 6.7　不同气候时段海表温度 40 a 振荡分量平均值的差值分布
（阴影部分表示差值超过 0.05 显著性水平）

(a)943—1964 与 1922—1942；(b)1965—1997 与 1943—1964；(c)1998—2007 与 1965—1997

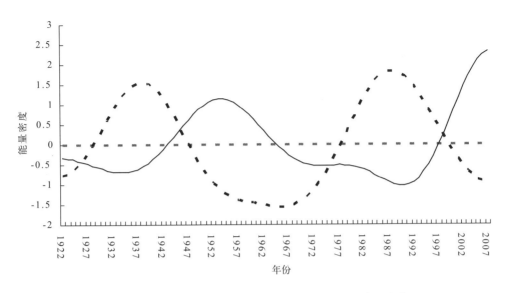

图 6.8　淮河流域夏季降水(实线)与 PDO(虚线)年代际变化

## 6.6　东亚环流系统配置与淮河流域夏季降水的影响

尽管影响淮河流域夏季降水异常的因素是多方面的,但大气环流的异常变化是最直接和最重要的因素。这里我们分析淮河流域夏季降水 QBO 和年代际振荡与相应尺度大气环流异常变化的关系。图 6.9a 和图 6.9b 分别为淮河流域夏季降水 QBO 分量和 40 a 分量与夏季北半球 500 hPa 位势高度相应尺度分量场的相关分布。比较图 6.9a 和 b 可以发现,两种尺度的相关场存在显著差异。从图 6.9a 相关系数超过 0.05 显著性水平的区域(阴影部分)看出,东亚地区从高纬至低纬呈"＋、－、＋"分布,鄂霍次克海区域是正相关,30°N 以北地区为负相关,30°N 以南为正相关。东亚环流系统的这一特定配置,代表了阻塞高压与副热带高压相关联的环流形势对淮河流域夏季降水的影响。就年际尺度而言,当东亚地区出现"＋、－、＋"遥相关型结构时,西太平洋副高加强,副高位置相对偏南且鄂霍次克海阻塞高压形势发展,导致淮河流域夏季出现强降水。从年代际分量的相关分布图(图 6.9b)看出,东亚地区的相关分布与年际分量的相关分布有很大不同,中高纬度是显著的正相关,其中乌拉尔山附近及鄂霍次克海附近正相关显著,中低纬度由负相关控制。从图 6.10a 给出的淮河流域夏季少水时段 1965—1997 年与多水时段 1943—1964 年 500 hPa 高度 40 a 分量的差值分布看出,少水时段淮河流域及其以南大范围地区为较强的高压控制,以北地区为低压。从图 6.10b 多水时段 1998—2007 年与少水时段 1965—1997 年 500 hPa 高度 40 a 分量的差值分布图看出,在淮河流域夏季多水时段环流分布形势与少水时段恰相反,淮河流域及其以南大范围地区高度明显减弱,而以北地区的高度显著增强。

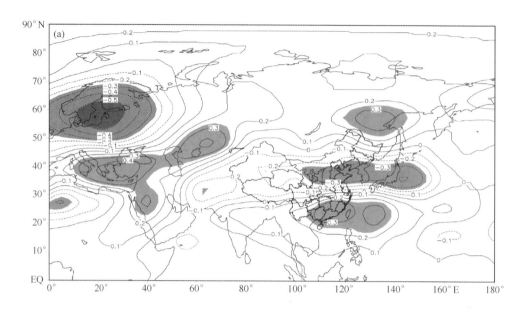

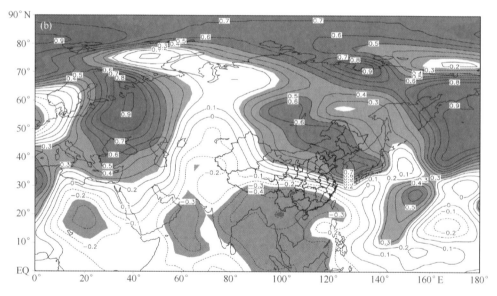

图 6.9　淮河流域夏季降水 QBO 分量(a)和 40 a 振荡分量(b)与 500 hPa 高度相应尺度振荡的相关分布
(阴影部分表示相关系数通过 0.05 显著性水平)

　　以上分析表明与淮河流域夏季降水年际和年代际时间尺度相关联的大气环流具有不同表现。其他学者在分析中国其他地区夏季降水环流特征时也得到类似的结果(陆日宇,2003;杨秋明,2006),说明影响两种不同时间尺度变化的物理原因可能是不同的。

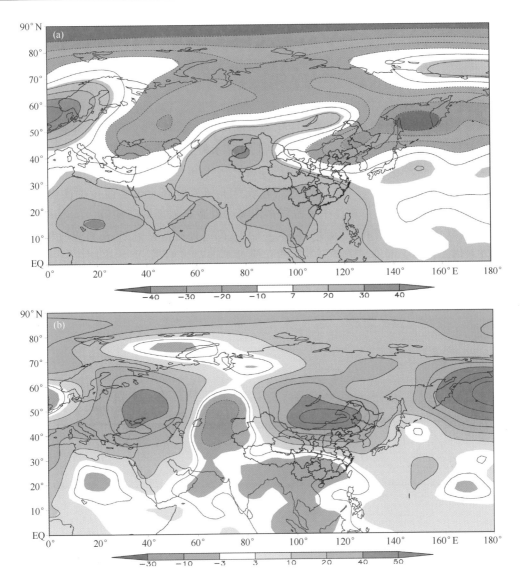

图 6.10　不同气候时段 500 hPa 高度 40 a 振荡分量平均值的差值分布

（阴影部分表示差值超过 0.05 显著性水平）

（a）1965—1997 与 1943—1964；(b)1998—2007 与 1965—1997

## 6.7　淮河流域与长江中下游夏季降水年代际气候背景的异同

　　众多研究证实，东亚夏季风强度偏弱对应我国夏季多雨带位置偏南。统计表明，东亚夏季风环流弱的年份，江淮流域降水偏多的概率大于 60%，而北方地区降水偏少的概率在 70% 以上。另有研究表明（张庆云等，2007），图 6.10a 显示的淮河流域夏季降水偏多的环流形势，即东亚地区"＋、－、＋"遥相关型结构，也是长江中下游夏季降水偏多的环流形势。也就是说，东亚夏季风环流偏弱和东亚地区"＋、－、＋"遥相关结构是淮河流域和长江中下游夏季降水偏多的共同气候背景。正因如此,以往研究常将两地区作为江淮流域一个整体看待。

　　那么,是什么因素导致最近时期夏季淮河流域频繁出现洪涝灾害,而长江中下游降水持续偏少呢?我们知道,东亚夏季风及东亚地区的遥相关环流型均与西太平洋副热带高压密切相关。西太平洋副热带高压作为北半球副热带地区的大气活动中心,不仅对副热带地区的环流有重要调整作用,也对西风带环流有重要影响。图 6.11 给出 1951 年以来夏季 6—8 月西北太平洋副热带高压强度和脊线位置的逐年变化和不同降水气候时段的平均值,可能可以部分地解释最近时期淮河流域持续降水偏多、长江中下游降水持续偏少的原因。图 6.11a 中直线是副高强度的多年平均(1971—2000 年),图中 1965—1997 年段的点直线是淮河流域降水偏少时段副高强度平均值,1998—2005 年段的点直线是淮河流域降水偏多时段副高强度的平均值,1980—1997 年段的虚线是长江中下游降水偏多时段副高强度的平均值。从图 6.11a 可以看出,副高处在偏弱时期,淮河流域夏季降水易偏少;副高处在偏强时期,淮河流域和长江中下游夏季降水均易偏多。而淮河流域夏季降水持续偏多的最近时期,副高强度比长江中下游降水偏多时段还稍许强些。图 6.11b 中直线为副高脊线位置的多年平均(24.5°N),图中 1965—

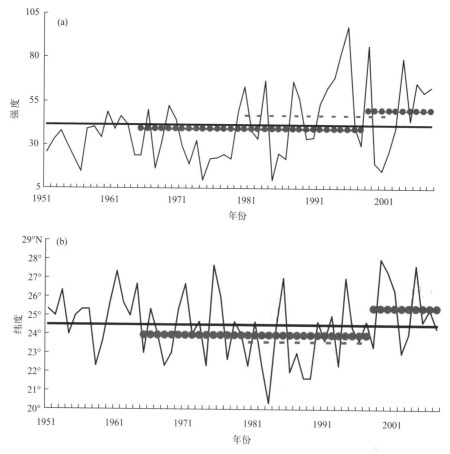

图 6.11　夏季西太平洋副热带高压强度(a)和脊线位置(b)变化
(图中直线为 1971—2000 年平均值,两条点线为淮河流域降水偏多
和偏少时段平均值,虚线为长江中下游降水偏多时段平均值)

1997年段的点直线是淮河流域降水偏少时段副高脊线位置的平均值(23.95°N)，比平均值偏南0.55°，1998—2005年段的点直线是淮河流域降水偏多时段副高脊线位置的平均值(25.4°N)，比平均值偏北0.9°。而虚线表示的长江中下游处在降水偏多的1980—1997年段，副高脊线位置平均值是23.59°N，比淮河流域降水偏多时段的1998—2005年偏南1.8°。由此可见，最近时期淮河流域夏季降水持续偏多，长江中下游降水持续偏少，即雨带位置滞留在长江中下游以北的位置，是与西太平洋副热带高压强度增强、脊线位置些许地北移、停滞有关。

## 6.8　小结

(1)淮河流域夏季降水具有显著的年代际振荡特征。20世纪90年代末以来，淮河流域夏季降水处在异常偏多期，且极端强降水事件的概率显著增加。淮河流域夏季降水还具有显著的QBO特征，其振荡强弱与年代际振荡的强弱变化一致。

(2)淮河流域夏季降水显著的年代际振荡与东亚夏季风环流的年代际振荡密切相关，东亚夏季风年代际偏弱，淮河流域夏季降水年代际偏强。20世纪90年代末以来淮河流域夏季降水的年代际增强，与东亚夏季风环流出现的年代际的显著减弱有关。太平洋年代际振荡(PDO)与淮河流域夏季降水年代际的显著反位相关系表明，PDO的冷、暖位相变化引起东亚夏季风环流年代际振荡，进一步影响淮河流域夏季降水的年代际变化。此外，北半球中高纬与中低纬环流的反向年代际振荡也是淮河流域夏季降水年代际振荡的重要气候背景。

(3)淮河流域夏季降水的QBO特征与东亚夏季风的QBO关系与年代际尺度的关系一致，即东亚夏季风偏弱，淮河流域夏季降水偏强。东亚环流系统的特定配置与淮河流域夏季降水的QBO密切相关，当东亚地区呈现"＋、－、＋"特定配置时，即中高纬阻塞高压与低纬西太平洋副高处同位相时，淮河流域夏季降水偏多。其影响的物理过程是，在中高纬鄂霍次克海阻高控制下，有利于高纬的冷空气南下，中纬度冷空气偏强，低压扰动加强，东亚夏季风环流弱，造成淮河流域降水多。

(4)淮河流域与长江中下游夏季降水的年代际位相变化存在差异。东亚夏季风环流和东亚"＋、－、＋"环流特定配置对两地区夏季降水的影响和作用是一致的。西太平洋副热带高压强度和位置的年代际些许差异是造成两地区夏季降水年代际位相差异的一个因素。对于副高产生些许差异的深层次原因还不清楚，仍需进一步研究。

**参考文献**

魏凤英，张婷.2009.淮河流域夏季降水的振荡特征及其与气候背景的联系.中国科学,**39**(10):1360-1374.

顾微，李崇银，杨辉.2005.中国东部夏季主要降水型的年代际变化及趋势分析.气象学报,**63**(6):728-739.

丁一汇，陈隆勋，Murakami M.1994.亚洲季风.北京:气象出版社,1-293.

陈隆勋，张博，张瑛.2006.东亚季风研究的进展.应用气象学报,**17**(6):711-723.

Miao J H,Lao K M.1990.Interannual variability of East Asian monsoon rainfall.*Q. J. Appl. Meteor.*,**1**:377-382.

郭其蕴，蔡静宁，邵雪梅，等.2004.1873—2000年东亚夏季风变化的研究.大气科学,**28**(2):206-216.

杨修群,朱益民,谢倩,等.2004.太平洋年代际振荡的研究进展.大气科学,**28**(6):979-992.

陆日宇.2003.华北汛期降水量年代际和年际变化之间的线性关系.科学通报,(7):18-722.

杨秋明.2006.中国降水准 2 年主振荡模态与全球 500 hPa 环流联系的年代际变化.大气科学,**30**(1):131-145.

张庆云,吕俊梅,杨莲梅,等.2007.夏季中国降水型的年代际变化与大气内部动力过程及外强迫因子关系.大气科学,**31**(6):1290-1300.

# 第 7 章　华南地区汛期降水与南半球关键<br>环流系统演变的联系

华南地区位于欧亚大陆的东南边缘,季风气候极为显著。由于季风进退和强度的年际差异,使得华南地区的降水变率很大。华南地区年降水量分布呈双峰型,峰值分别出现在 4—6 月和 7—9 月,称为前汛期和后汛期,这两个汛期的降水量占全年总降水量的 70% 以上。华南地区又是我国发生雨涝最严重的地区之一,其中 1959、1962、1968、1973、1994、1997 等年夏季华南地区出现了范围较大的严重洪涝。20 世纪 90 年代末以来,华南地区又接连遭受持续性的干旱。极端强降水的频率和强度的变化,直接导致洪涝灾害的发生。对于极端降水事件的研究引起越来越多学者的关注。另外,由于华南地处热带和亚热带的地理位置,这一地区的降水异常更易受到南半球系统的影响。已有研究从多方面揭示了南半球环流系统通过影响东亚夏季风环流强弱,进而影响华南的旱涝。南半球副热带到中纬地区的强冷空气活动可触动北半球夏季风的建立和演进,而从区域性环流系统来看,澳大利亚高压和马斯克林高压(分别简称澳高和马高)作为南半球的两个重要环流系统,对东亚夏季风环流的影响尤为重要。本章首先借助于 Le Page 检验和广义极值分布等统计诊断方法,研究华南地区前、后汛期极端降水量、日最大降水量极值、暴雨日数等变量的时空概率分布特征(张婷和魏凤英,2009)。在此基础上分析南半球关键环流系统与华南汛期极端降水的关系(张婷等,2011)。并进一步使用统计诊断和数值试验的方法,探讨南半球环流系统影响华南汛期降水异常的物理机制(韩雪和魏凤英,2015)。

## 7.1　华南汛期降水量的气候特征

为了对华南降水的气候特征有一总体了解,我们利用 Le Page 统计检验对华南地区的逐年降水量进行了突变分析。由图 7.1 可以看出,Le Page 统计值在 1992 年出现了最大值,并且超过了 0.05 的显著性水平。表明:华南地区降水趋势在 1992 年经历了一次比较明显的突变,年降水量由减少的趋势突变到增加的趋势。这不仅与全国大范围气候变暖的大背景相一致,也与钱维宏等(2007)所研究的华南在 1991 年出现了转湿突变的结论基本一致。

由于理论极值是实际极值的数学期望,而实际的极值只是理论的一次抽样。因此,理论极值特征反映了序列极值的平均特征。50 a 一遇、100 a 一遇极值指的是强降水概率为 1/50、和 1/100 的可能最大降水量。我们利用广义极值分布(GEV)拟合降水量重现期的可能极值,得到华南汛期降水量的重现水平,以此研究前汛期(4—6 月)和后汛期(7—9 月)降水量极值的概率分布特征。从表 7.1 汛期降水量极值的重现水平可以看出,前汛期各级别重现水平间的差异显著低于后汛期,并且 50 a 一遇和 100 a 一遇极值的重现水平在后汛期明显高于前汛期,而 20 a 、10 a 和 5 a 一遇极值的重现水平后汛期明显要低于前汛期。表明:前汛期降水量的年际变率较小于后汛期；最强降水量主要发生在后汛期，可能是强台风登陆东南沿海带来的强降水造成的，台风带来的降水比前汛期的季风环流降水更集中，强度更大。

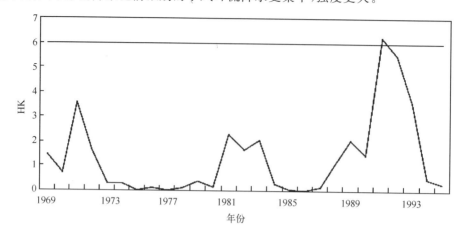

图 7.1　华南地区年降水量的 Le Page 检验（直线代表 0.05 的显著性水平）

**表 7.1　华南汛期降水量极值的重现水平（单位：mm）**

|  | 100 a 一遇 | 50 a 一遇 | 20 a 一遇 | 10 a 一遇 | 5 a 一遇 |
|---|---|---|---|---|---|
| 前汛期 | 878.9989 | 861.1088 | 829.6695 | 797.6772 | 754.9844 |
| 后汛期 | 961.5294 | 893.1581 | 806.0171 | 741.7644 | 677.5024 |

从前面的分析可知，华南地区的降水趋势在 1992 年发生了气候突变，降水趋势的变化必然导致极值重现水平的变化。因此，我们将降水趋势突变前的 1960—1991 年和突变后 1992—2005 年两个时段前、后汛期降水量的各级极值重现水平进行对比分析（图 7.2）。由图 7.2a 可以看出，前汛期 1992—2005 年时段 100 a、50 a、20 a 一遇降水量极值的重现水平与 1960—1991 年同级别的重现水平相比有所下降，10 a 和 5 a 一遇极值的重现水平有所增加；而后汛期（图 7.2b）1992—2005 年时段各级别降水量极值的重现水平与 1960—1991 年相比均有了显著提高。由此可知：20 世纪 90 年代以来就汛期降水量而言，前汛期极端降水的强度有所下降，后汛期极端降水的强度显著增强；发生突变后前、后汛期极端降水量强度的差异变大。

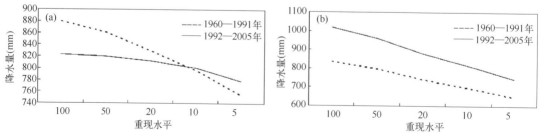

图 7.2　突变前后华南地区汛期降水量的重现水平
(a)前汛期；(b)后汛期

## 7.2　华南汛期极端降水量的时空分布特征

研究发现,极端强降水的频次和强度对汛期旱涝的形成起到重要作用。因此,了解华南地区极端强降水的变化规律是十分必要的。

### 7.2.1　华南汛期日最大降水量概率分布特征

采用 GEV 分布拟合出华南地区前汛期(4—6 月)和后汛期(7—9 月)71 个测站平均的日最大降水量出现 100 a 一遇、50 a 一遇、20 a 一遇、10 a 一遇、5 a 一遇极值的重现水平(表 7.2)。由表 7.2 可以看到,华南地区前、后汛期平均的日最大降水量极值各级别重现水平之间的差异非常小,后汛期各级别的重现水平均略大于前汛期的重现水平,说明就华南地区整体而言,后汛期日极端降水强度略大于前汛期。

**表 7.2　华南日最大降水量极值的重现水平(单位:mm)**

|  | 100 a 一遇 | 50 a 一遇 | 20 a 一遇 | 10 a 一遇 | 5 a 一遇 |
|---|---|---|---|---|---|
| 前汛期 | 118.9088 | 117.2673 | 114.323 | 111.2631 | 107.1119 |
| 后汛期 | 121.7763 | 119.9442 | 116.7895 | 113.6436 | 109.5212 |

我们仍以降水趋势发生突变的 1992 年为分界点,对 1960—1991 年和 1992—2005 年两时段华南地区平均的汛期日最大降水量极值的重现水平进行对比分析(图 7.3)。由图 7.3a 可以看出,突变后的 1992—2005 年时段平均日最大降水量 100 a、50 a、20 a 一遇极值的重现水平与 1960—1991 年时段同级别极值的重现水平相比有所下降,10 a 和 5 a 一遇的重现水平有所增加;而后汛期(图 7.3b)突变后的 1992—2005 年时段平均日最大降水量各级别极值的重现水平与 1960—1991 年时段相比有了显著提高,表明突变后的 20 世纪 90 年代以来华南平均日最大降水量极值的强度在前汛期有所下降,后汛期则显著增强。

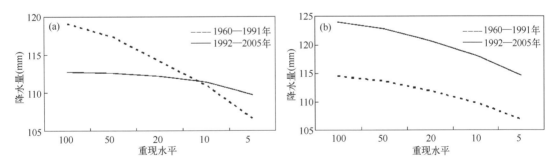

图 7.3　突变前后华南汛期日最大降水量的重现水平
(a)前汛期;(b)后汛期

### 7.2.2　华南汛期日最大降水量的空间分布特征

图 7.4 是华南汛期日最大降水量空间分布图。由图 7.4a 前汛期日最大降水量空间分布可以看出,前汛期近 46 a 平均日最大降水量自海南—两广沿海地区—福建及两广内陆呈"低—高—低"的分布趋势。高值区由广西南部的桂林—东兴—钦州延伸至广东南部沿海的阳江—上川岛—汕尾—惠来的狭长地带,这一区域的年平均最大日降水量在 120 mm 以上,其中

广东的阳江近 46 a 平均日最大降水量最大,接近 180 mm。其次,广西的东兴和广东的上川岛
年平均日最大降水量也比较大,达到 160 mm。均明显高于前汛期华南地区平均日最大降水
量 100 a 一遇极值的重现水平 119 mm。其余地区的年平均日最大降水量在 50~100 mm 之
间,其中福建东北部的福鼎、福州、九仙山,广东西北部内陆的罗定、东北部的玉华、梅县,广西
的那坡、南宁、百色以及海南的东方、儋州年平均日最大降水量较小,低于 80 mm。图 7.4b
是前汛期日最大降水量 1992—2005 年时段的平均减去 1960—1991 年时段平均的差值空
间分布图。由图 7.4b 可以看出,自 20 世纪 90 年代以来日最大降水量年平均强度在两广南
部的阳江、桂林和广东北部韶关及福建的南平呈显著增加趋势,尤其是广东的阳江地区,年
平均日最大降水量增加多,超过了 60 mm;而广东东南部沿海的汕头和佛冈以及海南的西
沙年平均日最大降水量强度减少趋势明显,减少近 25 mm 以上,海南的西沙减小最显著,减
小了近50 mm。这些区域的差值通过了 0.05 的显著性水平(图中阴影部分)(差值图中的阴影是
通过检验的 $U$ 值,1.6、2.3、3 分别对应 0.05、0.01、0.001 的显著性水平的 $U$ 值,以下差值图
同上)。

　　后汛期(图 7.4c)近 46 a 平均的日最大降水量呈自南部海南及两广沿海向北部内陆逐渐
减少的分布格局,广西南部沿海的东兴年平均日最大降水量最大,超过 190 mm。两广及福建
北部大部地区的年平均日最大降水量较小,在 80 mm 以下,尤其是福建北部地区,甚至不到

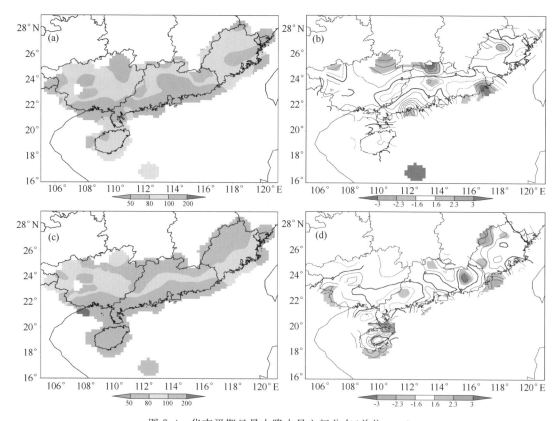

图 7.4　华南汛期日最大降水量空间分布(单位:mm)
(a)前汛期;(b)前汛期两时段差值;(c)后汛期;(d)后汛期两时段差值

50 mm。图 7.4d 是后汛期日最大降水量 1992—2005 年时段平均减去 1960—1991 年时段平均的差值空间分布图。由图 5d 可以看出,自发生突变后的 20 世纪 90 年代以来,后汛期华南沿海地区特别是海南沿海,年平均日最大降水量呈明显增加趋势。另外,福建偏西地区、广东北部的韶关附近和广西西部靖西地区也出现增加趋势,但不及沿海地区显著,海南的海口增加最明显,增加了近 60 mm。华南中部的玉华、罗定是年平均日最大降水量明显减少的区域。

### 7.2.3　华南汛期日最大降水量 50 a 一遇降水极值的空间分布

图 7.5 是华南汛期日最大降水量 50 a 一遇降水极值的空间分布图,我们以此来分析华南日降水极值的分布。由图 7.5a 华南地区前汛期日最大降水量 50 a 一遇降水极值的空间分布图可见,同日最大降水量的分布类似,总体上仍呈现海南沿海小,两广及福建沿海大,内陆小的"低—高—低"的分布趋势,且地区差异较大。尤其广东阳江地区为日降水极值中心,甚至超过了 500 mm。两广沿海地区的日降水极值也在 300 mm 以上。海南及内陆地区 50 a 一遇的日降水极值相对较小,特别是广西的那坡、南宁,广东西北内陆的罗定、连州,福建的福鼎、九仙山日降水极值甚至在 150 mm 以下。图 7.5b 是华南地区后汛期日最大降水量 50 a 一遇降水极值的空间分布图,总体呈现沿海大,内陆小的"高—低"的分布趋势,南北极值差异较大。日最大降水极值中心为海南西部的儋州、东方地区,超过了 500 mm. 其次广西东部沿海的北海、东兴日最大降水极值也较大,其他沿海地区日降水极值也在 300 mm 以上。福建地区日降水极值相对较小,福建北部内陆地区和广西西部地区甚至不到 150 mm。

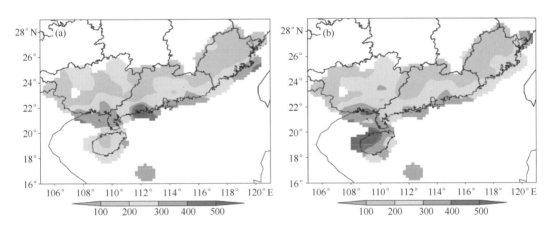

图 7.5　华南汛期日最大降水量 50 a 一遇降水极值的空间分布(单位:mm)

(a)前汛期;(b)后汛期

### 7.2.4　华南汛期暴雨日数的分布特征

极端强降水的日数是研究极端强降水的另一个重要指标。为此,我们计算出华南各站逐年前汛期(4—6 月)和后汛期(7—9 月)发生暴雨的总日数。图 7.6 为华南汛期年平均的暴雨日数空间分布图。由图 7.6a 前汛期近 46 a 平均的暴雨日数分布可见:年平均暴雨日数整体上自南向北也呈现"低—高—低"的分布趋势,但广东南部的阳江及广西的东兴为暴雨日数最大的两个中心,暴雨日数均在 2.5 d 以上;另外,广东中部及南部的大部分出现暴雨日数也较多,均在 1.5 d 以上;广西西北沿海、两广交界处的罗定、那坡,广东北部年平均暴雨日数较少,平均不到 0.5 d;福建的福州、福鼎年平均暴雨日数最少,还不到 0.3 d。图 7.6b 是前汛期 1992—2005 年时段年平均暴雨日数减去 1960—1991 年时段年平均暴雨日数的差值分布图,可以看出:20 世纪 90 年代以来广东南部的阳江、增城增加趋势最为明显,接近 1 d;广东北部的韶关、广西北部的蒙山和福建的南平也是年平均暴雨日数增加比较明显的地区;广东的惠来是年平均暴雨日数减小最明显的地区,减少日数接近了 1.5 d,其次是海南的西沙地区减小 0.66 d。

　　从图 7.6c 后汛期年平均暴雨日数的空间分布图可以看出:后汛期年平均暴雨日数自东南沿海向西北内陆递减,广西的东兴—钦州—北海-涠洲岛地区和广东南部的阳江—上川岛—深圳—汕尾—惠来两个狭长的沿海地区是年平均暴雨日数大值中心,均在 2 d 以上;广州北部的南雄、韶关及福建北部地区年平均暴雨日数最少,均在 0.25 d 以下。图 7.6d 是后汛期 1992—2005 年时段年平均暴雨日数减去 1960—1991 年时段年平均暴雨日数的差值分布图,可见后汛期降水趋势发生突变后华南的海南及两广沿海地区暴雨日数都呈现增加的趋势,特别是广西沿海地区的东兴、广东的汕头以及海南的三亚地区增加的趋势十分明显;广东的玉华、梅县年平均暴雨日数减少最为明显,接近 0.5 d。

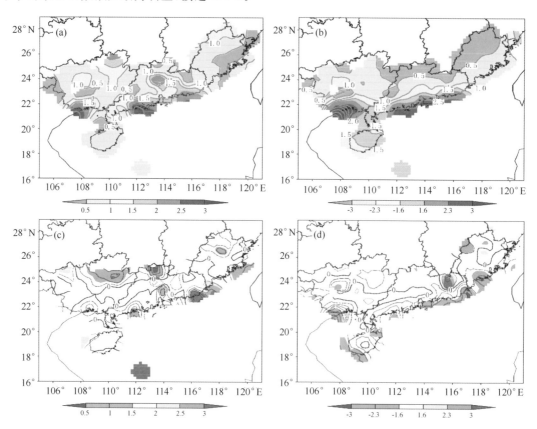

图 7.6　华南汛期年平均暴雨日数的空间分布(单位:d)

(a)前汛期;(b)前汛期两时段差值;(c)后汛期;(d)后汛期两时段差值

## 7.3　南半球环流年代际变化对华南汛期极端降水的影响

　　研究表明,南半球环流系统的异常活动对我国降水异常有很大的影响(何敏等 2006;施能等 1995)。华南地处北半球低纬,属副热带季风气候区,其气候变化受到南半球大气环流的影响。这里首先考察华南降水趋势发生突变的 1992 年前后两时段南半球环流形势的差异。以 1992 年为分界点,绘制出降水趋势突变后的 1992—2005 年时段减去突变前 1960—1991 年段的南半球标准化海平面气压场(Sea Level Pressure,SLP)的差值分布如图 7.7 所示。由图 7.7a 前汛期 SLP 差值场分布可以看出,前汛期突变后南半球中低纬 SLP 显著增强,两个强度中心分别位于澳大利亚地区及其东侧的南太平洋和西侧的南非副热带大陆及马斯克林群岛附近,SLP 增强趋势最为明显,U－检验结果表明,这些区域的差值均超过 0.05 的显著性水平,甚至达到了 0.001 的显著性水平。由图 7.7b 后汛期 SLP 差值场分布可见,同前汛期的 SLP 差值分布类似,在中低纬也有两个 SLP 显著增强的区域,但中心位置略有变化。一个中心由前汛期的澳大利亚地区向北转移到后汛期的印度尼西亚到澳大利亚北部地区,另一个位于南非副热带大陆及马斯克林群岛附近的 SLP 增强中心位置没有变化,但中心强度更强,增加趋势更加明显。

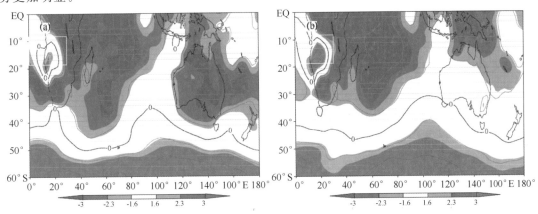

图 7.7　华南降水突变前后两时段南半球标准化 SLP 差值图(单位:hPa)
(阴影区为通过 0.05 显著性水平的区域)(a)前汛期;(b)后汛期

　　上述分析表明,澳大利亚高压和马斯克林高压强度的年代际变化,与华南汛期降水的年代际变化有一定的联系。我们分别选取 120°—150°E,25°—35°S 和 40°—90°E,25°—35°S 格点范围内的海平面气压区域平均值,用其标准化后的数值代表澳大利亚高压(澳高)和马斯克林高压(马高)强度指数(薛峰等,2003)。华南地区的暴雨日数和日最大降水量间有很好的相关关系,前、后汛期两者的相关系数均为 0.96。因此我们以暴雨日数来代表极端降水。

　　利用潜在非平稳气候序列趋势分析方法,分别提取华南前、后汛期暴雨日数以及同期马高和澳高强度指数的年代际分量。分别计算前、后汛期暴雨日数的年代际分量与同期马高和澳高强度指数年代际分量的相关系数(表 7.3)。由表 7.3 可以清楚地看出,华南暴雨日数与马高和澳高强度指数序列的年代际变量在前汛期存在显著的负相关关系,后汛期存在显著的正相关关系,相关系数均超过了 0.05 的显著性水平,甚至有的超过了 0.001 的显著性水平。即当马高和澳高强度处在明显增强的年代际背景下,华南前汛期极端降水处在明显减少时期,后汛期极端降水增加。

表 7.3　华南汛期暴雨日数与马高和澳高强度年代际分量的相关系数

| | 马斯克林高压 | 澳大利亚高压 |
|---|---|---|
| 前汛期 | −0.5974 | −0.4480 |
| 后汛期 | 0.6803 | 0.3235 |

# 7.4　华南前汛期降水异常与环流异常特征

南半球大气环流对东亚夏季风降水有显著影响,特别是马斯克林高压($25°—35°$S,$40°—90°$E)和澳大利亚高压($25°—35°$S,$120°—150°$E)的异常对东亚夏季风环流有重要影响。为找出影响华南前汛期降水的南半球关键环流系统及其型特征,我们采用合成分析的方法,从多个大气环流要素出发,探讨南半球环流系统影响华南前汛期降水异常的物理机制。

将华南地区 71 个站平均的 4—6 月降水量序列进行标准化处理,以此值来表征 1960—2008 年华南前汛期降水的逐年变化,将标准化值大于 1 的年份定义为降水偏多年,分别为 1965、1973、1975、1993、1998、2001、2005、2006、2008 年,共计 9 a;将标准化值小于 −1 的年份定义为降水偏少年,分别为 1963、1967、1985、1991、1995、2002、2004 年,共计 7 a。

## 7.4.1　华南前汛期降水异常的 SLP 场特征

根据华南前汛期降水偏多年和偏少年的定义,我们分别计算了华南前汛期降水偏多年及偏少年对应的海平面气压(SLP)距平场。图 7.8 为华南前汛期降水偏多年、偏少年同期 SLP 的距平合成图。从降水偏多年的海平面气压场异常分布特征可见(图 7.8a),南半球的正距平中心位于澳大利亚的东南侧及其以东的洋面上;南半球的高纬度地区为大范围的负距平所控制;北半球的正距平中心位于菲律宾以东的洋面上。华南前汛期降水偏少年(图 7.8b),南半球澳大利亚西侧洋面上有一个显著的负距平中心,负距平中心位于 $25°—35°$S,$90°—110°$E,即马斯克林高压以东;澳大利亚南侧洋面有一个正距平中心;而在北半球菲律宾以东洋面为负距平。为进一步说明华南前汛期降水偏多年和偏少年的南北半球环流特征,我们计算了华南前汛期降水偏多年和偏少年 SLP 距平场的差值,并应用 U 检验方法,检验对华南前汛期降水有显著影响的环流异常关键区域。图 7.8c 为华南前汛期降水偏多年与偏少年 SLP 场的差值分布,图中阴影区为超过 0.05 显著性水平的 U 检验区域,即表征对华南前汛期降水的多寡有显著影响的关键区域。分析发现通过显著性检验的正值中心分别位于南半球马斯克林高压的东侧和菲律宾以东洋面上,此外在澳大利亚高压东侧有一个通过检验的正值中心,在其南侧有一个负值中心。这一结果说明对华南前汛期降水有影响的海平面气压场异常关键区域并不是位于马斯克林高压和澳大利亚的正上方,即不是与传统定义的马高及澳高所在的位置一致(薛峰等,2003),而是位于两个高压系统的东侧位置,其中南半球马斯克林高压东侧及菲律宾以东洋面上的海平面气压异常对华南前汛期降水多寡有显著影响。当马斯克林高压东侧的海平面气压较常年同期异常偏低时,华南前汛期降水较常年偏少;当菲律宾以东洋面及澳大利亚东侧的海平面气压场较常年偏高时,往往对应着华南前汛期降水较常年偏多。

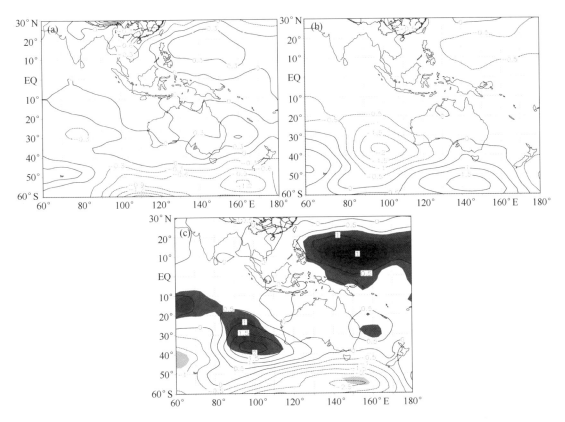

图 7.8　华南前汛期降水偏多、偏少年同期 SLP 距平场合成

(a)偏多年；(b)偏少年；(c)差值 $U$ 检验图阴影为通过 0.05 显著性水平的区域

## 7.4.2　华南前汛期降水异常的高度场特征

为进一步探讨南北半球对华南前汛期降水有重要影响的大气环流因子,分别将华南前汛期降水偏多年和偏少年的同期各层位势高度距平场的合成。合成分析发现在华南前汛期降水偏多年或偏少年,从对流层低层 1000 hPa 到对流层中上层 200 hPa 上均表现为一致的高度场异常分布型。图 7.9 中分别给出的是 850 hPa、500 hPa 位势高度场距平的合成分析结果。由图可见,当华南前汛期降水偏多时,在对流层低层的 850 hPa 上(图 7.9a1),澳大利亚高压及其东侧为大范围的正距平;马斯克林高压有一个小范围的正距平;北半球菲律宾以东洋面也为大范围的正距平。南半球偏强的马斯克林高压和澳大利亚高压表现为逆时针方向较强的气旋式环流形势,有利于南半球的水汽越过赤道一路向北输送,南半球的两个高压系统偏强的配置有利于华南前汛期降水偏多。而当华南前汛期降水偏少时,850 hPa 上大范围的高度场负距平位于马斯克林高压东侧(图 7.9b1),此外还有一个正距平中心位于澳大利亚以南洋面 55°S,135°E 附近,澳大利亚东侧和菲律宾以东洋面均为负距平。这说明南半球的两个高压系统偏弱时,不利于南半球的水汽向北半球输送。从华南前汛期降水偏多年减去偏少年得到的 850 hPa 位势高度场差值图(图 7.9c1)上可以看出,通过 $U$ 检验的关键区主要位于马斯克林高压的东侧以及菲律宾以东洋面上,此外在澳大利亚东侧也存在一个小范围的关键区。而在 500 hPa 位势高度场上,合成分析的华南前汛期降水偏多年、偏少年对应的 500 hPa 高度距平

场上的位势高度异常分布形势(图 7.9a2 和图 7.9b2)与 850 hPa 上的分布特征基本一致。通过 $U$ 检验的差值图(图 7.9c2)上的关键区也与 850 hPa 相似,关键区分别位于马斯克林高压东侧及菲律宾以东洋面上。同时我们发现在 500 hPa 位势高度上马斯克林高压东侧通过 $U$ 检验的关键区位置较 850 hPa 偏西,更为接近马斯克林高压所在位置。为了进一步了解与华南前汛期降水密切关联的马斯克林高压东侧关键区的空间结构,我们作了降水偏多年与偏少年的差值 $U$ 检验系数在 30°S 上的经度－高度剖面图(图 7.10),阴影区为超过 0.05 显著性水平的 $U$ 检验区域,即对华南前汛期降水有显著影响的关键区域。由图 7.10 可见,从 1000 hPa 到

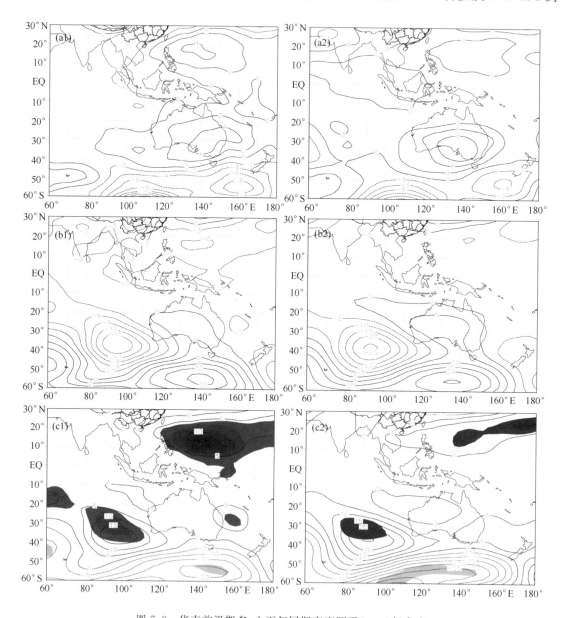

图 7.9　华南前汛期多、少雨年同期高度距平(gpm)场合成

(a1) 多雨年 850 hPa;(b1) 少雨年 850 hPa;(c1)850 hPa 差值 $U$ 检验;
(a2) 多雨年 500 hPa;(b2) 少雨年 500 hPa;(c1)500 hPa 差值 $U$ 检验,阴影为通过 0.05 显著性水平的区域

200 hPa 高度上,马斯克林高压东侧的显著关键区基本呈现准斜压结构,随着高度的上升,关键区的位置逐渐向西倾斜,在对流层中、低层,通过显著性检验的关键区的位置位于马斯克林高压的偏东一点的位置,而不是位于马斯克林高压的正上方,即不是与马斯克林高压相吻合。此外,在对流层低层,中心位于 160°E 附近也有一个小范围的关键区,该关键区位于澳大利亚高压的东侧。这进一步说明,并不是传统定义的马斯克林高压强度与华南前汛期降水相关最为显著,而是马斯克林高压系统的东移(或东扩)对华南前汛期降水的影响更为显著。为此,参考马斯克林高压的定义,我们选取了通过 U 检验的关键区域(25°—35°S,90°—110°E)海平面气压场的区域平均,标准化之后作为表征马斯克林高压东移(或东扩)时的强度指数 IEMH(Index of east of Mascarene high),IEMH 指数偏大(小)时,对应马斯克林高压的东移或东扩(西缩)。因此,IEMH 指数在一定程度上反映华南前汛期的旱涝,该指数大,华南前汛期降水偏多,反之,当该指数小时,华南前汛期降水偏少。

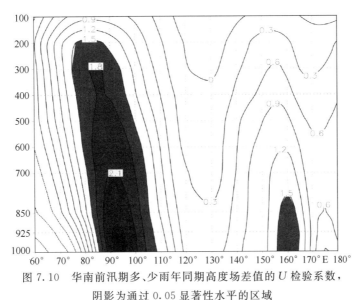

图 7.10　华南前汛期多、少雨年同期高度场差值的 U 检验系数,
阴影为通过 0.05 显著性水平的区域

### 7.4.3　华南前汛期降水异常的 850 hPa 经向风场特征

华南前汛期多、少雨年 850 hPa 经向风距平场也存在着明显的差别,我们同样对华南前汛期降水偏多年与偏少年的差值进行了 U 检验(图 7.11),图中等值线为正值,代表华南前汛期降水偏多年较偏少年有较强的偏南风;等值线为负值,则代表降水偏少年较偏多年有较强的偏南风;阴影区域为超过 0.05 显著性水平的关键区域。从图中可以看出,有两个通过显著性检验的正值中心分别位于南半球马斯克林高压东侧(25°—35°S,90°—110°E),及北半球的中国南海海域(10°—20°N,110°—130°E),这表明在华南前汛期降水偏多年,马斯克林高压东移(或东扩),形成一股较强的偏南风,同时南海夏季风也偏强。850 hPa 经向风场异常分布与高度场的异常配置也相吻合,在多雨年,低层的马斯克林高压位置偏东偏强,高压东侧的偏南气流活跃,经 105°E 附近越过赤道,同时在菲律宾以东洋面偏强的高压配合下,沿高压西侧的偏南风气流汇聚于南海海域,使得南海夏季风偏强,有利于华南前汛期的降水偏多。在少雨年,低层马斯克林高压与菲律宾以东洋面上的高压偏弱,使得马斯克林高压东侧及中国南海均为偏

北风气流,不利于华南前汛期降水。

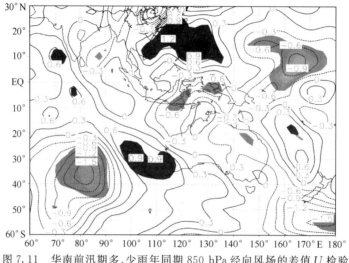

图 7.11　华南前汛期多、少雨年同期 850 hPa 经向风场的差值 U 检验

阴影为通过 0.05 显著性水平的区域

## 7.4.4　华南前汛期降水异常的经向水汽通量特征

为分析华南前汛期南北半球之间的水汽输送特征,我们计算得到 1960—2008 年前汛期 1000 hPa 至 300 hPa 整层的经向水汽通量。图 7.12 为合成分析的华南前汛期降水偏多年和偏少年的经向整层水汽通量距平差值分布图,图中等值线为正值,代表华南前汛期降水偏多年较偏少年有较强的由南向北的水气输送;等值线为负值,则代表降水偏少年较偏多年有较强的由南向北的水汽输送;阴影区域为超过 0.05 显著性水平的关键区域。从差值图上可以看出,在多雨年,马斯克林高压东侧及中国南海均有较强的由南向北输送的水汽;而在少雨年则为由北向南的水汽输送。

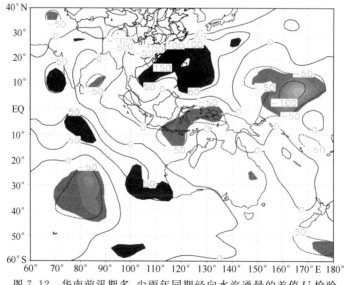

图 7.12　华南前汛期多、少雨年同期经向水汽通量的差值 U 检验

阴影为通过 0.05 显著性水平的区域

## 7.5　海表温度变化对南半球大气环流异常的可能影响及其数值试验

### 7.5.1　海表温度对南半球大气环流异常的可能影响分析

综上所述,南半球马斯克林高压作为一个高压系统,它的强度、位置等形态异常是影响华南前汛期降水异常的重要原因之一。当南半球的马斯克林高压东移(或东扩)时,有利于华南前汛期降水偏多。那么马斯克林高压的东移(或东扩)是受到何种机制产生的呢?为进一步探讨影响马斯克林高压异常的外强迫源,我们计算了代表马斯克林高压东移强度的 IEMH 指数与前期冬季全球海温场的相关关系(图 7.13),图中阴影区为通过 0.05 显著性水平的关键区域。由图可见,对 IEMH 指数有显著影响的正相关区主要位于赤道中东太平洋海域、中纬度西太平洋、热带赤道印度洋海域以及澳大利亚西侧海域。值得我们注意的是澳大利亚西侧海域的正相关区正是马斯克林高压东移(或东扩)时所在位置,且通过了 0.01 的显著性水平。这说明,前期冬季澳大利亚西侧局地海温的异常变化与厄尔尼诺(拉尼娜)现象关键海域的海温变化是一致的。为此,计算了冬季澳大利亚西侧局地海温与全球海温场的相关系数(图 7.14),从图中可以看到澳大利亚西侧局地海温与赤道中东太平洋、热带印度洋的相关系数均为 0.4 以上,通过了 0.01 的显著性水平,这进一步表明,澳大利亚西侧局地海温异常与厄尔尼诺(拉尼娜)现象关键海域的海温变化密切相关。也就是说,马斯克林高压(以下简称马高)系统的东移或东扩与 ENSO 现象有关。当冬季赤道中东太平洋发生厄尔尼诺(拉尼娜)现象,同时热带印度洋海温异常偏高(低)时,澳大利亚西侧局地海温异常偏高(低),IEMH 指数偏大(小),即马斯克林高压的东移或东扩(西缩),从而有利于华南地区前汛期降水偏多(少)。

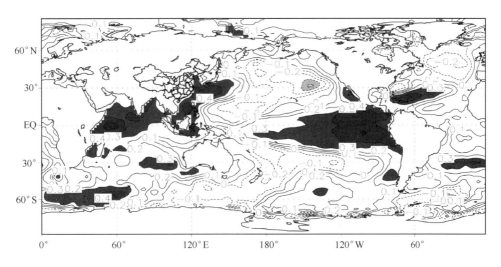

图 7.13　IEM 指数与前期冬季海温场的相关分析
阴影为通过 0.05 显著性水平的区域

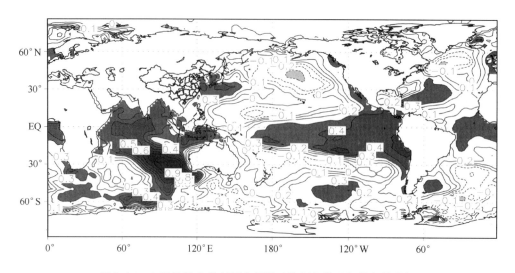

图 7.14　冬季马斯克林高压东侧局地海温与海温场的相关分析
阴影为通过 0.05 显著性水平的区域

### 7.5.2　海温异常影响南半球环流异常的数值试验

基于上述分析结果,为进一步探讨赤道太平洋海温和南印度洋海温外强迫因子对南半球环流系统的影响,应用全球大气环流模式 CAM3.1 进行数值敏感性试验。

控制实验(S—0)的设计:应用气候态的月海温数据作为下边界条件,CAM3.1 模式运行 20 a,选取后 10 a 的每年 4—6 月的平均作为模式模拟的前汛期气候态。四个敏感性试验则分别考虑 ENSO 和 SIOD 的四类海温异常型:敏感性试验一(S—1),选取从前期冬季到前汛期均为显著海温正异常的 El Nino 年(1957,1968,1982,1991 和 1997 年)的(30°S—30°N,160°E—80°W)区域内的平均海温异常;敏感性试验二(S—2),选取从前期冬季到前汛期均为显著海温正异常的 El Nino 年(1954,1955,1970,1973,1974,1975,1984,1988,1998,1999 和 2007 年)的(30°S—30°N,160°E—80°W)区域内的平均海温异常;敏感性试验三(S—3),选取从前期冬季到前汛期均为显著 PSIOD 海温异常分布型的(1952,1954,1992,1999 和 2010 年)的(60°S—30°N,30°—130°E)区域内的平均海温异常;敏感性试验四(S—4),选取从前期冬季到前汛期均为显著 NSIOD 海温异常分布型的(1957,1961,1962,1969 和 1987 年)的(60°S—30°N,30°—130°E)区域内的平均海温异常。上述敏感性试验中,将关键海区 9 月至次年 8 月的多年平均的观测海温异常值加在气候态海温数据上作为各个敏感性试验的海温下边界条件,不改变模式的其他参数。每个敏感性试验中均为相同的大气初始场(控制实验中的 9 月 1 日初始场),在各自海温下边界强迫下,运行 12 个月(9 月 1 日—次年 8 月 31 日),结果通过与控制实验(S—0)的结果相减得到各个情景平均的大气环流异常结果。

图 7.15a 和图 7.15b 分别为敏感性实验(S—1)模拟的 SLP 距平和 850 hPa 风场距平。SLP 场正异常中心位于澳大利亚东侧,结果与相关分析的结果相一致(图 7.11)。这表明 El Nino 事件的发生对于澳大利亚高压(以下简称澳高)的东移或东扩有重要影响。另一个 SLP 场的正异常中心位于(50°——30°S,50°—90°E)海域,表明 El Nino 事件对与马高强度的异常有一定的影响。这个模拟结果证明了崔锦和杨修群(2005)的分析结果,即在 El Nino 事件发

生期间,马高的强度有所增强。图 7.15b 中从澳大利亚中部到中国南海的偏南风异常基本重现了诊断分析的结果,模拟得到的位于 105°E 和 130°E 附近偏强的越赤道气流与第 7.4.3 节中分析的一致。图 7.15c 为敏感性实验(S—2)模拟的 SLP 距平。除了位于澳大利亚西南的 SLP 场正异常外,南半球大部地区均为 SLP 负异常。这表明当 La Nina 事件发生时,马高强度偏弱,同时澳高则呈现出异常分布型。图 7.15d 为敏感性试验 S—1 与 S—2 的 850 hPa 经向风场距平的差值,阴影区域位于澳大利亚的东侧和北侧,近赤道的 100°—150°E 附近,以及中国南海海域。这表明 S—1 试验模拟的 850 hPa 经向风场较 S—2 试验显著偏强。通过两组敏感性试验对比发现,关于 ENSO 事件的敏感性试验能够较好的模拟出前汛期澳高和马高的异常,进一步证明了赤道中东太平洋的海温异常是澳高发生型态和强度异常、马高发生强度异常的关键外强迫因子。

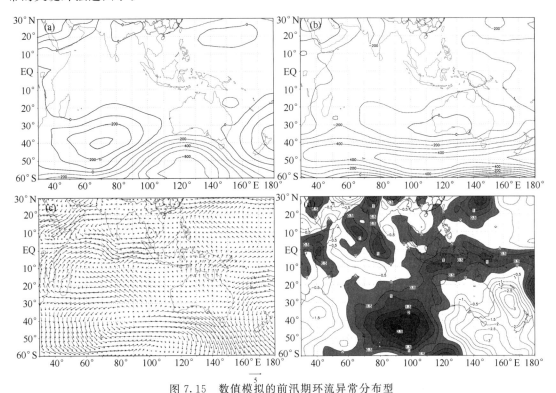

图 7.15　数值模拟的前汛期环流异常分布型

(a)S—1 试验模拟的 SLP 距平;(c)S—2 试验模拟的 SLP 距平;(b)S—1 试验模拟的 850 hPa 风场距平;
(d)S—1 与 S—2 试验模拟的 850 hPa 经向风场差值(阴影区表明值大于 0)

　　图 7.16a 和图 7.16b 分别为敏感性实验(S—3)模拟的 SLP 距平和 850 hPa 风场距平。从图 7.16a 可以看出,南半球只有一个显著的 SLP 正异常中心位于 50°—30°S,70°—110°E 海域,表征了马高的东移且强度偏强;而在澳大利亚附近并没有异常的环流。数值模拟的结果与相关分析相一致。图 7.16b 中由马高东移产生的气旋式环流东北边缘的较强的东南风异常,进一步加强了索马里越赤道气流,位于 45°E 附近较强的索马里越赤道气流在越过赤道于 10°N 附近转向东南,穿过孟加拉湾,最终进入中国南海海域。敏感性试验 S—3 的模拟结果与第 7.4.3 节中的分析相一致,能够在一定程度上解释 IEMH 指数对于华南前汛期异常的影响。敏感性试验(S—4)模拟的 SLP 距平场在南印度洋的西南海域有一个正值中心

(图 7.16c),这说明 NSIOD 海温分布异常对马高向西移动或西扩有一定影响。比较敏感性试验 S－3 和 S－4 的结果,不同的南印度洋海温异常分布型对应着不同的 SLP 场异常分布。如图 7.16d 所示,阴影区位于马高东移后的北侧边缘,索马里越赤道气流以及中国南海海域。这表明敏感性试验 S－3 模拟的 850 hPa 经向风异常显著强于 S－4 的模拟结果。关于南印度洋偶极子 SIOD 的敏感性试验表明,SIOD 对马高异常有显著影响。当南印度洋偶极子处于正位相,即当前期冬季开始发生 PSIOD 时,南印度洋的西南部海域作为热源,通过海-气相互作用,改变局地大气环流,引起马高的东移,从而加强了索马里越赤道气流,有利于华南前汛期降水;而当 NSIOD 发生时,在南印度洋西北部海域的热强迫作用下,马高向西南方向移动。

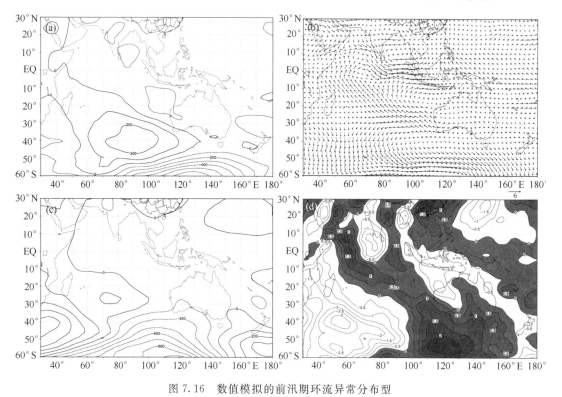

图 7.16　数值模拟的前汛期环流异常分布型

(a)S－3 试验模拟的 SLP 距平;(c)S－4 试验模拟的 SLP 距平;(b)S－3 试验模拟的 850 hPa 风场距平;
(d)S－3 与 S－4 试验模拟的 850 hPa 经向风场差值(阴影区表明值大于 0)

综上所述,华南前汛期降水呈显著的准 2 a 变化周期,具有典型的季风性降水特征。诊断分析结果表明,南半球环流系统中的马斯克林高压和澳大利亚高压的形态异常是影响华南前汛期降水的关键因子,马高和澳高异常,东移或东扩,对华南前汛期降水有重要影响。当澳高东移或东扩时,澳高东侧的偏南风较活跃,加强了 130°E 附近的越赤道气流,使得进入中国南海海域的 850 hPa 经向风偏强,有利于华南前汛期降水偏多。而当马高东移或东扩时,马高东侧较强的偏南风携带丰沛的水汽,通过加强索马里越赤道气流,将南半球大量的水汽带入中国东南地区,从而有利于华南前汛期降水。

相关分析和数值模拟的结果均表明海温异常是影响南半球大气环流系统的关键因子。作为大气环流的外强迫,ENSO 对澳高型态的异常有持续的影响,并影响马高强度的异常;然而,ENSO 并不是引起马高形态异常的前兆信号。南印度洋偶极子 SIOD 的不同位相变化则是影响马高形态异常的重要外强迫。当 PSIOD 发生时,局地环流受下边界热强迫的影响,引起马高的东移或东扩,加强了索马里越赤道气流,从而有利于华南前汛期降水。本项工作中设计的数值试验并没有考虑海-气相互作用中的大气对海洋的反馈作用,因此,为进一步证实本研究工作的结果,更透彻地了解海温异常对大气环流的影响,还需要对南半球的海-气-冰气候系统之间的相互作用进行更深入的探讨。

## 参考文献

崔锦,杨修群.2005.马斯克林高压的变化及其与 ENSO 的关系.气象科学,**25**(5):441-449.

韩雪,魏凤英.2015.华南前汛期降水异常与南半球环流异常特征分析.待发表.

何敏,孙林海,艾婉秀.2006.南半球环流异常与我国夏季旱涝分布关系及其影响机制.应用气象学报,**8**(17):394-402.

钱维宏,符娇兰,张玮玮,等.2007.近 40 年中国平均气候与极值气候变化的概述.地球科学进展,**7**(22):673-684.

施能,朱乾根.1995.南半球澳大利亚、马斯克林高压气候特征及其对我国东部夏季降水的影响.气象科学,**15**(1):20-27.

薛峰,王会军,何金海.2003.马斯克林高压与澳大利亚高压的年际变化及其对东亚夏季风降水的影响.科学通报,**48**(3):287-291.

张婷,魏凤英.2009.华南地区汛期极端降水的概率分布特征.气象学报,**67**(3):442-451.

张婷,魏凤英,韩雪.2011.华南汛期降水与南半球关键系统低频演变特征.应用气象学报,**22**(3):265-274.

# 第8章　中国冬季气温的变化特征及其影响因子研究

　　20 世纪 80 年代全球及中国气候变暖已成为不争的事实,进入 90 年代增暖趋势日益加剧。但是,进入 21 世纪,我国冬季冷空气活跃、暴雪增多、冬季气温偏低的年份逐渐增多(魏凤英,2008a;魏凤英,2008b)。在全球气候变暖的大背景下,中国冬季气温的变化特征及其影响因子值得密切关注和研究。我国地处东亚季风气候区,季风环流系统异常对我国天气气候的变化有着重要影响,东亚夏季风的强弱主要影响我国夏半年的雨带位置,而东亚冬季风则主要影响我国冬季气温。尽管季风系统变异的成因非常复杂,但不外乎是大气内部或外界强迫的动力过程有关。就东亚冬季气温异常而言,目前的研究大多关注北半球大尺度环流背景,如极涡、西伯利亚高压、欧亚遥相关型和北极涛动(AO),以及海洋、陆面、冰雪等热力变化的外强迫作用,如热带西太平洋的热力变化、热带太平洋的 ENSO 循环、热带印度洋海表的温度热力状况、青藏高原、欧亚大陆积雪及北极海冰等外强迫因子。

　　对于中国冬季气温变化的模态及其变化特征的研究越来越受到重视,研究发现,中国冬季气温主要表现为全国一致型和南北相反型两个主要模态,并具有显著的年代际尺度和年际尺度变化特征。本章首先分析我国冬季气温异常的典型模态及其趋势变化特征(韩雪等,2015),利用统计诊断方法探讨对我国冬季气温异常变化趋势有显著影响的关键环流因子,进一步揭示海洋(冰)外强迫因子及环流因子之间的相互配置对我国冬季气温异常趋势变化的影响。并进一步在揭示近 50 年冬半年最低气温突变事实基础上,给出了气候变暖前后时段最低气温的概率分布及空间分布的差异(魏凤英,2008b)。

## 8.1　中国冬季气温的变化特征及其影响因子

### 8.1.1　中国冬季气温的主要时空分布特征

　　将中国 160 个测站 1951—2011 年的冬季气温距平场进行经验正交函数(EOF)分解,得到中国冬季气温距平场的特征向量及其对应的时间系数。特征向量表征了冬季气温异常的空间变率分布模态,其中第一特征向量(EOF1)解释总方差的 62.8%(图略),基本上概括了中国冬季气温异常的主要空间分布特征,即冬季我国大部地区基本为一致的正值,也就是全国一致的增温或降温,温度的变化幅度从南向北增加。将其代表的气温异常分布型称为全国一致型。图 8.1 为标准化的第一特征向量对应的时间系数(SCT1),它代表了一致型气温异常分布型随时间的变化特征。当其为负值时,表征全国大范围气温偏低,并呈现气温负异常由北向南逐渐递减的变化趋势;为正值时,表征全国大范围地区气温偏高,且北方大部地区气温偏高显著。从图中可以看出,全国一致型气温异常呈现显著的趋势变化特征。通过三次样条函数对 SCT1 进行分段拟合的方式,来反映其本身真实的变化趋势。图 8.1 中实线即为三次样条函数拟合的趋势曲线,可以看出,我国冬季气温在 20 世纪 80 年代中期以前主要为负异常,全国一致偏冷;而 80 年代中期以后转为正异常,全国冬季气温升高趋势明显,自 1986 年开始连续出现 13 个暖冬;进入 21 世纪以后,2004 年冬季气温开始出现偏冷特征,趋势曲线呈下降趋势,2009 年以后转为负异常,冷冬持续出现。

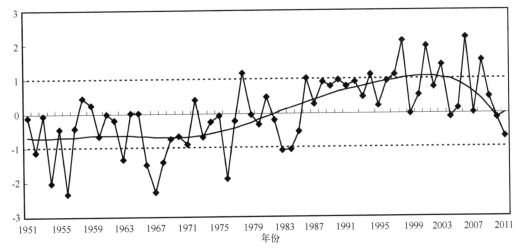

图 8.1　中国冬季气温距平场的第一个特征向量 EOF1 对应的时间系数 SCT1
(虚线为一个标准差实线为三次样条函数拟合曲线)

　　中国冬季气温距平场的第二特征向量(EOF 2,图略)的空间分布特征主要表现以 40°N 为界的北方地区,包括新疆北部、东北及华北地区为正值,40°N 以南大部地区为负值。EOF2 解释了总方差的 11.1%,其代表冬季气温变化呈南北相反的两种分布型,即新疆北部、东北及华北地区气温偏低时,其他大部地区气温偏高或是新疆北部、东北及华北地区气温偏高,其他大部地区气温偏低,我们将其代表的气温异常分布型称为南北相反型。图 8.2 为进行标准化计算的 EOF2 对应的时间系数(SCT2),实线为三次样条函数拟合的变化趋势曲线,可以看出,冬季气温的南北相反型在 20 世纪 70 年代中期以前为正位相,冬季气温呈新疆北部、东北及华北地区气温偏低,40°N 以南地区气温偏高;70 年代中期至 90 年代转为负位相,冬季气温呈北高南低分布特征;进入 21 世纪以来转为正位相,冬季气温呈北低南高分布。

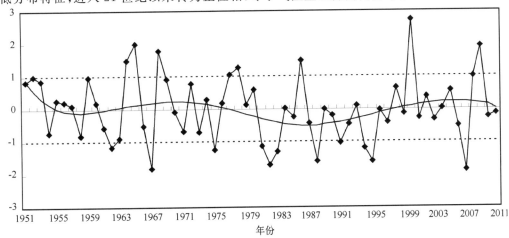

图 8.2　同图 8.1,但为第二特征向量 EOF2

## 8.1.2　大气环流异常对我国冬季气温趋势变化的影响

北极涛动(AO)是冬半年北半球中高纬度地区大气环流尺度最大、最重要的模态,AO从地面到平流层低层都存在,接近正压结构,表征了中纬度西风的强度和位置,它的变化对冬季北半球天气气候有着十分显著的影响,AO处于正位相时,东亚冬季风偏弱,平均气温偏高(Gong et al.,2001)。同时,研究表明冬季影响和控制亚洲低层的最大和最强的环流系统是西伯利亚高压(Siberian High)(龚道溢等,2002),因此这里主要分析比较 AO、西伯利亚高压、东亚冬季风对我国冬季气温的影响。以标准化后的 AO 指数记为 $I_{AO}$;西伯利亚高压强度指数(Siberian High Index,$I_{SH}$)定义为标准化的 $40°—60°N,80°—60°E$ 范围内冬季平均的海平面气压;利用 Shi 等(1996)定义的东亚冬季风指数(East Asia Winter Monsoon Index,$I_{EAWM}$)来表征冬季风强弱的变化。

图 8.3a 给出的是 $I_{AO}$ 与 SCT1、SCT2 的三次样条函数趋势拟合曲线,由图可见,$I_{AO}$ 具有显著的趋势变化特征,其与 SCT1 具有较一致的变化趋势,两者趋势拟合曲线的相关系数为 0.78,通过了 $\alpha=0.001$ 显著性水平,为显著的正相关关系。20 世纪 80 年代以前,$I_{AO}$ 位于负位相,对应着全国冬季气温一致偏低;80 年代以后,$I_{AO}$ 转为正位相,暖冬持续出现;2004 年以后,$I_{AO}$ 转为负位相,相应的冬季气温出现偏冷特征。$I_{AO}$ 与 SCT2 的趋势拟合曲线的相关系数为 $-0.51$,通过了 $\alpha=0.001$ 显著性水平,两者的趋势拟合曲线具有显著的反位相变化特征。20 世纪 80 年代以前 $I_{AO}$ 处于负位相时,冬季气温为北低南高的分布特征;20 世纪 80—90 年代 $I_{AO}$ 处于正位相时,冬季气温呈北高南低分布;21 世纪以来随着 $I_{AO}$ 再次转为负位相,冬季气温亦转为相反位相分布。分析结果表明,AO 对我国冬季气温异常的变化趋势有显著影响,AO指数的趋势变化是冬季气温趋势变化的重要指示信号,当 AO 位于负位相时,我国冬季气温呈偏低趋势,其中北方地区气温偏低更为显著;而当 AO 位于正位相时,我国冬季气温呈偏高趋势,北方地区气温偏高显著。

图 8.3b 给出了 $I_{SH}$ 与 SCT1、SCT2 的三次样条函数趋势拟合曲线,可以看出,$I_{SH}$ 的趋势变化特征显著,$I_{SH}$ 与 SCT1 的趋势曲线相关系数为 $-0.41$,通过了 $\alpha=0.001$ 显著性水平,为显著的反相关关系。20 世纪 60 年代中期前 $I_{SH}$ 偏强,冬季气温一致偏冷;60 年代中期以后 $I_{SH}$ 转为负位相;80 年代中期至 2004 年,$I_{SH}$ 呈整体偏弱的趋势,暖冬持续出现;2004 年以后 $I_{SH}$ 转为正位相,冬季气温呈现偏冷特征。$I_{SH}$ 与 SCT2 没有较好的趋势变化特征。由此可见,西伯利亚高压强度对于冬季气温一致型的趋势变化具有重要的指示作用,当 $I_{SH}$ 为正位相,西伯利亚高压偏强时,冬季气温呈偏低趋势;当 $I_{SH}$ 为负位相,西伯利亚高压偏弱时,冬季气温偏高。

图 8.3c 为 $I_{EAWM}$ 与 SCT1、SCT2 的三次样条函数趋势拟合曲线。从图中可以看出 $I_{EAWM}$ 与 SCT2 具有较好的反位相变化特征,20 世纪 60—70 年代 $I_{EAWM}$ 处于负位相时,冬季气温为北低南高的分布特征;80—90 年代 $I_{EAWM}$ 处于正位相时,冬季气温呈北高南低分布;21 世纪以来随着 $I_{EAWM}$ 再次转为负位相,冬季气温亦转为北低南高的分布特征。这说明,东亚冬季风指数对于冬季气温南北型分布的趋势变化具有较好的指示意义。当 $I_{EAWM}$ 偏强时,我国 $40°N$ 以北地区气温偏高,以南地区气温呈偏低趋势;反之亦然。

综上所述,三种大气环流指数均对冬季气温的趋势变化具有显著的指示意义。$I_{AO}$ 与冬季气温一致型变化具有同位相的趋势变化特征,与冬季气温南北型变化具有反位相的趋势变化特征;而 $I_{SH}$ 仅与冬季气温一致型变化具有显著的反位相的变化特征;$I_{EAWM}$ 与冬季气温南北型变化具有较好的反位相变化特征。

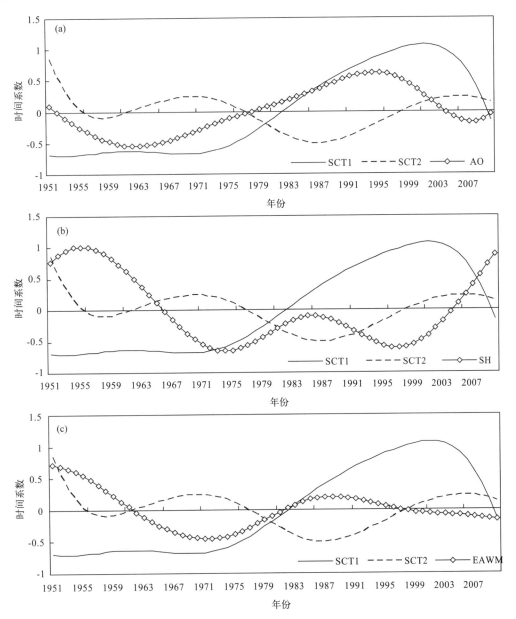

图 8.3　北极涛动指数(a)、西伯利亚高压(b)及东亚冬季风指数(c)与冬季气温时间系数的三次样条函数拟合趋势曲线

## 8.1.3　外强迫因子异常对我国冬季气温趋势变化的影响

热带海洋作为海-气相互作用最活跃的地区,下边界海表面温度的异常往往会伴随着大气环流的异常,并由低纬传播到中高纬度地区,影响中高纬地区的环流场。许多已有研究揭示了赤道中东太平洋海温异常对北半球冬季大气环流的影响(陶诗言和张庆云 1998)。从 Nino3

指数的趋势拟合曲线可以看出(图 8.4a),20 世纪 80 年代以前,Nino3 指数为负位相,拉尼娜事件发生频繁,对应着我国冬季气温一致偏低;80 年代至 2007 年,Nino3 指数处于正位相,我国冬季气温持续偏暖;之后随着 Nino3 指数转为负位相,冷冬频繁出现。同时,可以看出在 20 世纪 60、70 年代,Nino3 为负位相时,对应着 SCT2 为正位相,我国冬季气温呈北低南高趋势分布;80、90 年代,Nino3 为正位相时,对应着 SCT2 为负位相,我国冬季气温呈北高南低趋势分布。Nino3 与 SCT1、SCT2 趋势拟合曲线的相关系数分别为 0.69、-0.59,通过了 $\alpha=0.001$ 显著性水平。这说明 Nino.3 区海温异常的趋势变化对冬季气温一致型、南北相反型均具有显著的指示意义,厄尔尼诺期间易出现暖冬,北方地区显著偏暖;拉尼娜期间易出现冷冬,北方地区显著偏冷。

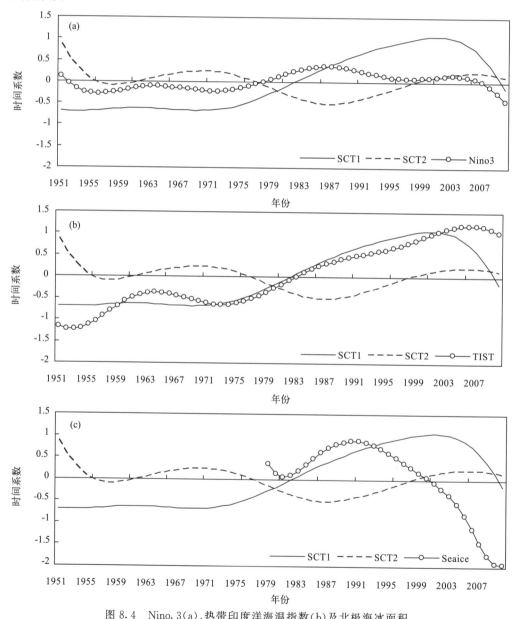

图 8.4　Nino.3(a)、热带印度洋海温指数(b)及北极海冰面积
(c)和冬季气温时间系数的三次样条函数拟合趋势曲线

选取热带地区(-10°S—10°N,50°—100°E)范围内标准化的区域平均海表温度值表征热带印度洋海温指数(Tropical Indian Sea Surface Temperature Index,$I_{TIST}$)。热带印度洋海温指数 $I_{TIST}$ 代表了整个热带印度洋海盆表面海温的变化特征。$I_{TIST}$ 的三次样条函数趋势拟合曲线表明(图 8.4b),$I_{TIST}$ 与 SCT1 具有极为显著的一致变化趋势,在 20 世纪 50 年代至 70 年代期间,$I_{TIST}$ 与 SCT1 均处于负位相,20 世纪 80 年代初两者同时发生了转折,趋势线均转为正位相,并呈明显的上升趋势,2007 年起 $I_{TIST}$ 开始下降,冷冬频繁出现。同时,计算了冬季 $I_{TIST}$ 与 SCT1 趋势拟合曲线的相关系数为 0.90,通过了 $\alpha=0.001$ 显著性水平。这表明与赤道中东太平洋相比,热带印度洋海温的趋势变化对我国冬季气温的冷暖变化趋势具有更为显著的影响,当热带印度洋海温偏高时,中国大部地区冬季气温呈偏高趋势;当热带印度洋海温偏低时,中国大部地区冬季气温亦呈偏低趋势。

近年来,海冰作为气候系统的重要组成部分,其在气候变化中的重要性日益受到人们的关注,海冰不仅强烈影响北极地区的天气和气候,它的存在和变化对全球气候都有潜在的重要作用。通过计算当年 9 月份海冰面积月平均数据作为参考数据,9 月份海冰面积是北极海冰面积的最小值,在全球气候变暖、北极海冰逐渐减少的背景下,代表着北极地区海冰受气候因素影响而发生变化的程度。从近 30 年的 9 月北极海冰面积的趋势拟合曲线来看(图 8.4c),海冰面积在 20 世纪 80—90 年代为正位相,我国冬季持续出现暖冬;21 世纪转为负位相,2004 年以后海冰面积开始迅速减少,我国冬季气温也呈下降趋势,冷冬频繁出现。同时,海冰面积的变化趋势与 $I_{AO}$、$I_{EAWM}$ 的变化趋势也基本一致,这说明北极海冰对北极涛动、东亚冬季风环流系统有着重要影响,特别是近年来的冬季气温偏低,北极海冰的作用不容忽视。

## 8.1.4　影响我国冬季气温趋势变化的因子综合分析

上述分析表明,冬季气温异常的趋势变化除了受到大气环流系统的变化影响,海洋(冰)等外强迫因子的趋势变化对我国冬季气温异常变化也起到重要作用。为了进一步综合分析各影响因子的趋势变化对冬季气温异常变化的贡献率及其相互配置,我们以上述 6 个影响因子的三次样条拟合序列作为自变量,分别以时间系数 SCT1、SCT2 的三次样条拟合序列作为因变量,建立冬季气温变化趋势的标准化回归方程。用这种方式得到的回归系数是标准回归系数,已经消除了量纲影响,系数的符号可以解释各个影响因子之间的配置情况,系数的大小可以直接解释各个影响因子对冬季气温趋势变化的贡献大小(表 8.1)。从表 8.1 中可以看出,在冬季气温趋势变化的影响因子配置中,作为外强迫的热带印度洋海温贡献率最大,其次是赤道中东太平洋海温。当热带印度洋与赤道中东太平洋海温同时偏高(低)时,冬季西伯利亚高压强度偏弱(强),AO 处于正(负)位相,东亚冬季风强度偏弱(强),这种外强迫及大气环流因子的变化趋势是冬季气温呈一致偏高(低)变化的影响因子典型配置。而当热带海洋外强迫因子处于不同位相变化,热带印度洋海温偏高(低),赤道中东太平洋海温为拉尼娜(厄尔尼诺)状态时,东亚冬季风强度偏弱(强),AO 指数为负(正)位相,西伯利亚高压偏弱(强)的配置时,冬季气温易呈北冷(暖)南暖(冷)趋势变化。综合分析结果表明,热带海温的异常变化是影响冬季东亚大气环流及冬季气温变化的主要外强迫因子,当热带海洋呈现较强的异常信号时,同样作为外强迫的北极海冰的贡献较小,其对东亚环流及冬季气温的影响要弱于热带海洋。因此,当赤道中东太平洋和热带印度洋出现明显的海温异常时,可依据表 8.1 中的影响因子配置,对冬季东亚大气环流的异常变化做出判断,从而预测冬季气温的变化趋势。而当热带海洋没有明显的异常信号时,则主要考虑北极海冰对东亚大气环流及冬季气温变化的显著影响。

表 8.1　冬季气温与各因子间的标准化回归系数

| | $I_{AO}$ | $I_{SH}$ | $I_{EAWM}$ | Nino 3 | $I_{TIST}$ | $Seaice$ |
|---|---|---|---|---|---|---|
| SCT1 | 0.159 | −0.621 | −0.118 | 0.687 | 0.959 | 0.022 |
| SCT2 | −0.423 | −0.297 | −0.786 | −0.306 | 0.359 | 0.010 |

　　上述分析表明,我国冬季气温异常主要呈现两种典型的空间分布型。EOF 分解的第一模态为全国一致型,主要表现为我国大部地区一致偏暖或偏冷,这种分布型具有明显的趋势变化特征,在 20 世纪 80 年代由负位相的全国一致偏冷转为正位相的全国一致偏暖,2004 年以后又呈下降趋势;第二模态为南北相反型,主要表现以 40°N 为界的北方地区,包括新疆北部、东北及华北地区与 40°N 以南大部地区相反的空间部分型,在 20 世纪 70 年代中期以前为正位相,冬季气温呈北低南高趋势;70 年代中期至 90 年代转为负位相,冬季气温呈北高南低变化;进入 21 世纪以来转为正位相,冬季气温再次转为北低南高变化趋势。

　　北极涛动 AO、西伯利亚高压和东亚冬季风等三种大气环流因子均对冬季气温的两种典型空间分布型的趋势变化具有显著的指示意义。AO 与冬季气温一致型具有同位相的趋势变化特征,与冬季气温南北型具有反位相的趋势变化特征;而西伯利亚高压与冬季气温一致型则在 AO 位相变化的大背景下,具有反位相的变化特征;东亚冬季风与冬季气温南北型具有较好的反位相变化特征。Nino3 指数与冬季气温一致型具有同位相的趋势变化特征,与冬季气温南北型具有反位相的趋势变化特征;作为外强迫因子的热带印度洋海温异常与冬季气温一致型具有一致的趋势变化,且较 ENSO 具有更显著的指示意义。同时,北极海冰的变化趋势对冬季气温冷暖趋势及东亚冬季风环流系统亦有着重要影响。

　　通过构建冬季气温与各因子间的标准化回归方程,综合分析大气环流和外强迫影响因子的相互配置及其对冬季气温趋势变化的贡献,结果表明,赤道中东太平洋及热带印度洋海温偏高(低),AO 为正(负)位相、西伯利亚高压和东亚冬季风偏弱(强),是冬季气温一致偏暖(冷)变化的最典型的因子配置型。而热带印度洋海温偏高(低)、赤道中东太平洋海温偏低(高)、AO 为负(正)位相、东亚冬季风偏弱(强)、西伯利亚高压强度偏弱(强),则是冬季气温呈北低(高)南高(低)变化的最典型因子配置型。综合分析结果还显示,当热带海洋信号很强时,北极海冰对东亚环流系统及冬季气温冷暖趋势的作用不及海温大。由此得到的外强迫因子与大气环流因子之间的相互配置及贡献大小,可以为冬季气温的气候预测提供依据,但各因子之间的相互配置影响冬季气温空间分布型变化的物理机制还有待进一步探讨。

# 8.2　中国冬半年最低气温概率分布特征

## 8.2.1　冬半年最低气温正态性检验

　　选用国家气象信息中心提供的 1955—2005 年我国 160 站的均一化月平均最低气温资料,以此资料统计出 160 站 1955/1956 至 2004/2005 年冬半年(当年 11 月至翌年 4 月)平均的最低气温。另外,统计计算出全国 160 站平均的 1955/1956 至 2004/2005 年冬半年平均最低气温序列。

在研究中国冬半年最低气温的概率分布特征之前,需要对其正态性进行检验,即提出遵从正态分布的原假设,对计算出的标准偏态系数和峰度系数作检验。标准偏度系数为:

$$g_1 = \sqrt{\frac{1}{6n} \sum_{i=1}^{n} \left( \frac{x_i - \overline{x}}{s} \right)} \tag{8.1}$$

标准峰度系数为:

$$g_2 = \sqrt{\frac{n}{24} \left[ \frac{1}{n} \sum_{i=1}^{n} \left( \frac{x_i - \overline{x}}{s} \right)^4 - 3 \right]} \tag{8.2}$$

其中 $n$ 为序列的样本量,$\overline{x}$ 为序列的平均值,$s$ 为序列的标准差。

提出原假设:中国冬半年最低气温服从正态分布。计算出最低气温序列的标准偏系数和峰度系数 $g_1 = -0.06$,$g_2 = -0.75$,这表明最低气温分布形式近似对称,坡度平缓。给定显著性水平 $\alpha = 0.05$,由于 $g_1 = <1.96$,$|g_2| < 1.96$,因此,接受原假设,认为在 0.05 的显著性水平下,中国冬半年最低气温遵从正态分布。

## 8.2.2　冬半年最低气温变化趋势

使用 Mann−Kendall 非参数统计检验方法,检测 1955/1956—2004/2005 年冬半年平均最低气温序列的突变。给定显著性水平 $\alpha = 0.05$,计算结果见图 8.5。由图 8.5 中的 UF(实线)曲线可以看出,自 20 世纪 70 年代中期我国冬半年最低气温呈现上升趋势,80 年代末以后上升趋势显著增强,并超过 0.05 显著性水平的临界线,这表明,80 年代末以来中国最低气温的上升趋势十分显著。根据 UF 和 UB(虚线)曲线交点的位置,确定在 1989/1990 年冬半年最低气温发生了突变,即进入异常增暖时期。

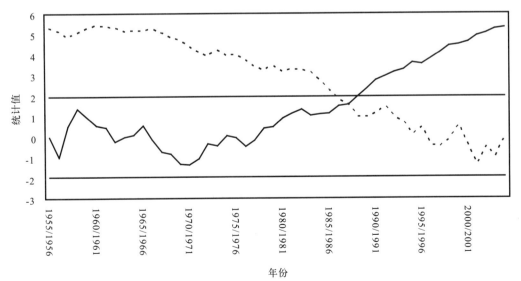

图 8.5　中国冬半年最低气温 Mann−Kendall 统计量

(图中实线代表 UF,虚线代表 UB,直线为 0.05 显著性水平)

　　图 8.6 中虚线显示的冬半年最低气温距平的线性趋势。最低气温的线性倾向值 0.4℃/10a,相关系数 0.7167,说明近 50 a 中国最低气温的上升趋势是十分显著的。图中两条直线分别为显著变暖前 1955/1956—1988/1989 年段和变暖后 1989/1990—2004/2005 年段最低气温距平的平均值。1955/1956—1988/1989 年冬半年最低气温距平的平均值为 $-0.51℃$, 1989/1990—2004/2005 年冬半年最低气温距平的平均值为 0.69℃。我们使用 $u-$ 检验对两时段的最低气温距平平均值的显著性差异进行检验,这里取显著性水平 $\alpha=0.001, u_a=3.09$。由计算可知,两时段的 $|u|$ 值为 7.68,远远超过 0.001 的显著性水平。因此从严格的统计意义上讲,我国冬半年最低气温是在 20 世纪 80 年代末开始出现剧烈的增暖,增暖后时段的距平平均值比增暖前时段的距平平均值高出 1.2℃。为了比较,我们对全国 160 站平均的冬半年平均气温也进行了线性趋势分析并统计了变暖前后两时段冬半年平均气温的平均值。结果表明,平均气温的线性倾向值为 0.3℃/10a,相关系数为 0.6375,气候变暖后的 20 世纪 90 年代至今中国的气温距平平均值比变暖前气温距平平均值高出 1.0℃。可见,中国最低气温的增温速率和程度都比平均气温还要严重。

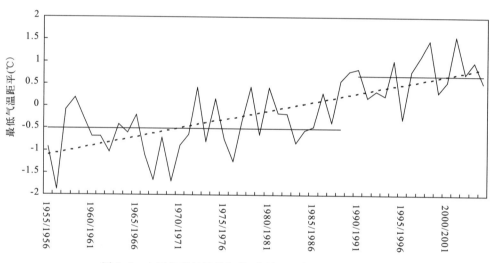

图 8.6　中国冬半年最低气温(曲线)及其线性趋势(虚线)

(图中两条直线分别为变暖前后平均值)

### 8.2.3　冬半年最低气温概率分布

　　由上述 8.2.1 的分析可知,中国冬半年最低气温遵从正态分布。其分布密度为:

$$\varphi(u) = \frac{1}{\sqrt{2\pi}} e^{-\frac{\mu^2}{2}} \tag{8.3}$$

分布函数为:

$$\varphi(u) = \frac{1}{\sqrt{2\pi}} \int_{-\infty}^{u} e^{-\frac{\mu^2}{2}} \, du \tag{8.4}$$

其中 $\mu$ 为冬半年最低气温 $x$ 的数学期望,近似地取为 $x$ 的平均值 $\bar{x}$,$u$ 是 $x$ 的标准化序列

$$u = \frac{x-\mu}{\sigma} \cong \frac{x-\bar{x}}{s} \tag{8.5}$$

其中 $s$ 为 $x$ 的标准差。

按照正态理论,我们可以利用式(8.5)和标准正态分布函数表得到中国最低气温出现在 $\bar{x}, \bar{x} \pm s, \bar{x} \pm 2s, \bar{x} \pm 3s$ 内的概率,其中最低气温序列的平均值 $\bar{x} = -1.25℃$,标准差 $s = 7.97℃$。为了比较变暖前后时段最低气温概率分布的差异,我们还分别计算了 1955/1956 至 1988/1989 年段和 1989/1990—2004/2005 年段最低气温出现 $\bar{x}, \bar{x} \pm s, \bar{x} \pm 2s, \bar{x} \pm 3s$ 内的概率,同时绘制在图 8.7。从图 8.7 可以看出,就近 50 a 总体而言,最低气温出现大于一个标准差和小于一个标准差的概率比较接近,概率分别为 18.1% 和 16.6%;最低气温出现大于 2～3 个标准差和小于 2～3 个标准差的概率也十分接近。而变暖前的 1955/1956 至 1988/1989 年段,最低气温出现平均值和大于一个标准差的概率大大减小,而出现小于一个标准差的概率显著增大。变暖后的 1989/1990—2004/2005 年段,最低气温的概率峰值明显向左偏移,出现平均值的概率已非常小,而出现小于 1～2 个标准差的偏冷情景的概率更是显著地减小。同时最低气温出现大于 1～2 个标准差的偏暖情景的概率明显增大,特别是大于一个标准差的概率几乎接近整段平均值出现的概率。由此可见,20 世纪 80 年代末以来,中国最低气温增暖的程度是相当严重的。

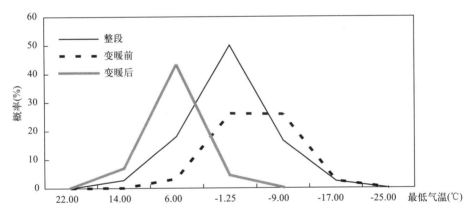

图 8.7　中国冬半年最低气温的概率分布

上述是全国平均最低气温的状况,下面我们具体看一下气候变暖前后全国 11 月—次年 4 月最低气温空间分布的差异。图 8.8 是全国各站变暖后 1989/1990—2004/2005 年段与变暖前 1955/1956—1988/1989 年段最低气温距平的差值分布。由图 8.8 可以看出,气候变暖后,我国除四川南部、贵州大部及广西西部的部分地区最低气温上升幅度不明显外,其余地区的最低气温距平的差值均超过 0.5℃,其中长江中下游以北大部地区的距平差值超过 1.0℃,东北的北部及内蒙古大部的距平差值更是超过 2℃。为了检验图 8.8 显示的变暖前后时段最低气温距平差异是否显著,我们使用 $u-$ 检验对全国各站的两时段平均值的显著性差异逐一进行检验,图 8.8 阴影部分代表 $u-$ 统计值超过 0.05 的显著性水平。从图上可以看出,除西南部分地区两时段距平平均值的差异没有超过显著性检验外,其余地区均超过了 0.05 的显著性水平,说明气候变暖后全国大部分地区的最低气温呈现显著性上升趋势。

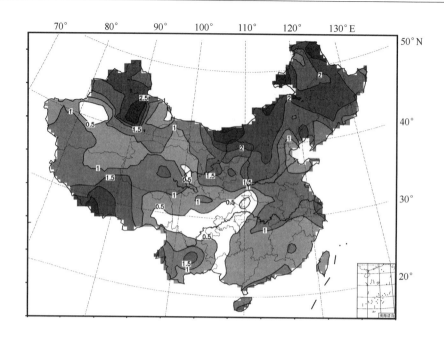

图 8.8　变暖后与变暖前最低气温距平差值分布(℃)及 $u$ 统计值分布
（图中阴影部分为超过 0.05 显著性水平的 $u$ 值）

## 参考文献

魏凤英. 2008a. 气候变暖背景下我国寒潮灾害的变化特征. 自然科学进展,**18**(3):289-295.

魏凤英. 2008b. 中国冬半年最低气温概率分布特征. 气候变化研究进展,**4**(1):8-11.

韩雪,陈幸荣,李荣滨. 2015. 我国冬季气温的趋势变化特征及其影响因子分析. 高原气象,待发表.

龚道溢,朱锦红,王绍武. 2002. 西伯利亚高压对亚洲大陆的气候影响分析. 高原气象,**21**(1):8-14.

陶诗言,张庆云. 1998. 亚洲冬夏季风对 ENSO 事件的响应. 大气科学,**22**(4):399-407.

Gong D Y,Wang S W,Zhu J H. 2001. East Asian winter monsoon and Arctic Oscillation. *Geophys. Res. Lett.*,**28**(10):2073−2076,doi:10.1029/2000GL012311.

Shi Neng,Lu Jianjun,Zhu Qiangen. 1996. East Asian winter/summer monsoon intensity indices with their climatic change in 1873—1989. *Journal of Nanjing Institute of Meteorology* (in Chinese),**19**(2):168-177.

# 第 9 章　基于统计学方法的中国夏季降水趋势分布预测模型

　　第 2 章对近些年发展的预测中国夏季降水趋势分布的新方法和新技术做了比较全面的介绍。本章重点介绍我们 2011 年以后进行的相关研究的一些结果,主要包括两部分内容:一是在分析北太平洋和印度洋海表温度(SST)与我国东部地区夏季降水场之间的关系基础上,基于关键区 SST 异常信号建立的我国东部夏季降水的统计预测模型(袁杰等,2013);二是在分析中国夏季降水典型模态与前期春季对流层中上层温度主要分布类型、北大西洋涛动(NAO)之间关系的基础上,构建的基于前春对流层温度和 NAO 的中国夏季降水统计预测模型(冯蕾等,2011)。

## 9.1　基于关键区 SST 异常信号的我国东部夏季降水的统计预测模型

　　首先采用旋转经验正交函数(REOF)展开对我国东部夏季降水雨带类型进行分型。对 96 个测站 1931—2010 年夏季(6—8 月)降水量标准化处理后,进行 REOF 分析。通过 North 检验发现,前四个特征向量通过了 0.05 显著性水平,图 9.1a、b、c、d 为前四个旋转空间模态。REOF1(图 9.1a)显示的是以华南地区为高载荷中心的降水分布模态。REOF2(图 9.1b)显示的是以黄河中下游及其以北的北方地区为高载荷中心的降水分布模态。REOF3(图 9.1c)显示的是以黄河和淮河流域之间为高载荷中心的降水分布模态。REOF4(图 9.1d)显示的是以长江中下游及其以南部分地区为高载荷中心的降水分布模态。基于上述四个旋转空间模态的高载荷区分布特征并以绝对值超过 0.50 为标准,将我国东部地区夏季雨带划分为四个类型,即 REOF2 表示的北方型(记为Ⅰ型),共 36 个站点;REOF3 表示的黄淮型(记为Ⅱ型),共 19 个站点;REOF4 表示的长江型(记为Ⅲ型),共 23 个站点;REOF1 表示的华南型(记为Ⅳ型),共 18 个站点,具体划分情况如图 9.1e 所示。根据划分出的四个雨带类型及其所属台站,计算出 1931—2010 年我国东部四个雨带类型指数的时间序列。

### 9.1.1　北太平洋和印度洋 SST 与我国东部夏季降水的关系

　　将 1931—2010 年北太平洋、印度洋冬季 SST 场和我国东部夏季降水场分别进行奇异值分解(SVD),以此寻找影响我国东部夏季降水的前期海洋信号。

　　北太平洋冬季 SST 场和我国东部夏季降水场 SVD 的前两个模态 SVD1 和 SVD2 分别解释了总方差的 32.72% 和 19.97%。图 9.2 为前两个模态的左、右奇异向量的空间分布型。第一对左、右奇异向量的空间分布型(图 9.2a、b)反映的主要信号是 El Nino 典型分布型与我国东部夏季降水的关系,赤道东太平洋冬季 SST 场的空间分布呈典型 El Nino 分布型,我国东部

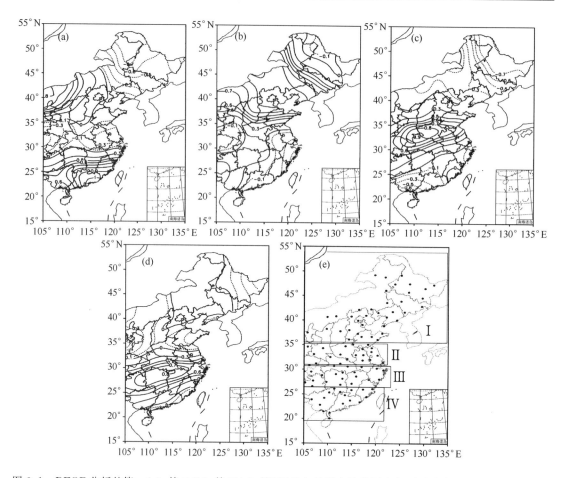

图 9.1 REOF 分析的第一(a)、第二(b)、第三(c)、第四(d)空间模态及我国东部夏季降水雨带类型的划分(e)

夏季降水场的空间分布上正极值中心位于长江中游和北方地区。SVD1 左、右奇异向量对应的时间系数的相关系数为 0.61,超过了 0.01 的显著性水平,可以认为,当赤道东太平洋冬季 SST 出现 El Nino 分布型时,夏季长江中游及北方地区降水偏多;反之当赤道东太平洋冬季 SST 呈现 La Nina 分布型时,长江中游及北方地区降水偏少,这与前人研究结果相同。第二对空间耦合分布型(图 9.2c、d)反映的主要信号是黑潮海域 SST 与我国东部夏季降水的关系,北太平洋冬季 SST 场的空间分布上负极值中心位于黑潮区,我国东部夏季降水场的空间分布上负极值中心位于长江中下游地区。SVD2 左、右奇异向量的时间系数之间的相关系数为 0.56,超过了 0.01 的显著性水平,这一耦合分布型表示,当黑潮海域冬季 SST 出现冷位相时,长江中下游地区夏季降水将可能偏少;反之亦然。

印度洋冬季 SST 场和我国东部夏季降水场 SVD 的前两个模态 SVD1 和 SVD2 分别解释了总方差的 38.10% 和 16.99%,第一对空间耦合分布型(图 9.3a、b)反映的主要信号是印度洋单极子型(Indian Ocean Unipole,IOU)与我国东部夏季降水的关系。印度洋冬季 SST 场的空间分布上整个海盆呈一致负异常变化,我国东部夏季降水场的空间分布上负极值中心位于长江流域。SVD1 左、右奇异向量的时间系数之间的相关系数为 0.46,超过了 0.01 的显著性水平。这一耦合分布型表示,当冬季印度洋全海盆 SST 出现一致负异常时,夏季长江中下游地区降水偏少,北方和华南地区降水偏多,反之亦然。第二对空间耦合分布型(图 9.3c、d)反映的是南印度洋偶极子型(Southern Indian Ocean Dipole,SIOD)与我国东部夏季降水分布的关系(肖子牛,2006;贾小龙和李崇银,2005)。南印度洋冬季 SST 场的空间分布上呈西南一东北向的正偶极子(Positive Southern Indian Ocean Dipole,PSIOD)特征(西南印度洋 SST 为正异常、其东北部 SST 为负异常),我国东部夏季降水场的空间分布上正极值中心位于华南和东南沿海地区。SVD2 左、右奇异向量的时间系数之间的相关系数为 0.64,超过了 0.01 的显著性水平,表示当冬季南印度洋出现 SIOD 时,夏季华南和东南沿海地区降水偏多,北方降水偏少,反之亦然。

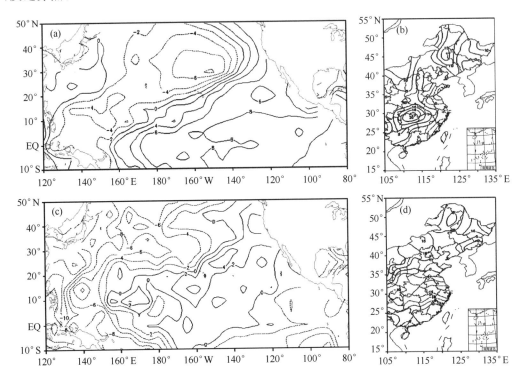

图 9.2　北太平洋冬季 SST 与我国东部夏季降水量 SVD 的前二对耦合空间分布型

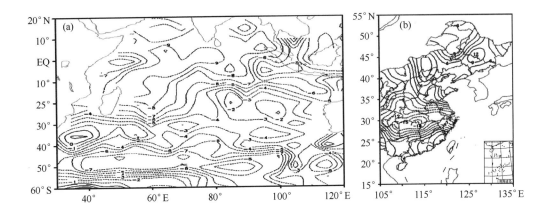

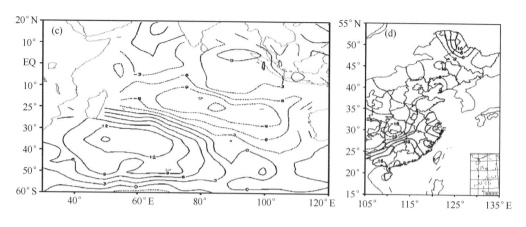

图 9.3　与图 9.2 相同,但为印度洋

## 9.1.2　关键海区 SST 年代际异常背景下的降水和环流特征

根据上述 SVD 分析,挑选出对降水有显著影响的四个关键海区,并构造出 SST 指数,分别为:Nino3 区(5°N—5°S,150°E—90°W,记为 Nino3 指数)、黑潮区(23°—33°N,125°—145°E,记为黑潮指数)、印度洋单极子(20°N—60°S,30°—120°E,记为 IOUI)、南印度洋偶极子(30°—45°S,40°—70°E;10°—20°S,70°—100°E,记为 SIODI)。计算出这四个指数 1931—2010 年的时间序列,其中前三个指数为所选范围的 SST 区域平均值,SIODI 为所选范围的西南印度洋 SSTA 与东北印度洋 SSTA 之差。这四个指数序列与我国东部夏季四个雨带指数序列的相关系数如表 9.1 所示,标有"﹡"的相关系数表示超过了 $\alpha=0.05$ 的显著性水平。由表 9.1 可以看出,黑潮指数、IOUI 和 SIODI 与我国东部夏季雨带的相关性较好,其中黑潮指数及 IOUI 主要与Ⅲ类雨型关系密切,SIODI 则与Ⅰ型及Ⅳ类雨型有较明显的关系。

表 9.1　海温指数与四个雨带指数序列的相关系数

| | 指数 | Ⅰ型 | Ⅱ型 | Ⅲ型 | Ⅳ型 |
|---|---|---|---|---|---|
| 北太平洋 | Nino3 指数 | 0.116 | −0.033 | 0.119 | −0.118 |
| | 黑潮指数 | −0.210 | 0.113 | 0.333﹡ | 0.041 |
| 印度洋 | IOUI | −0.152 | 0.049 | 0.241﹡ | −0.013 |
| | SIODI | −0.218﹡ | −0.121 | −0.004 | 0.248﹡ |

注:标有"﹡"的相关系数表示通过了 $\alpha=0.05$ 的显著性水平

图 9.4 为黑潮指数和 SIODI 随时间的变化及其 10 a 滑动平均值。根据图 9.4 中滑动平均曲线可以看出,黑潮指数和 SIODI 分别在 20 世纪 80 年代初和 70 年代初经历了由负位相向正位相的转变。为了进一步证实年代际变化特征,分别计算了两个指数的功率谱。结果表明,黑潮指数具有显著的 18 a、24 a 和 36 a 的年代际尺度的变化特征,SIODI 也具有显著的 24 a 和 36 a 的年代际尺度的变化特征。下面分别对黑潮指数及 SIODI 年代际异常处于不同位相时我国东部夏季降水的特征及对应的东亚环流特征进行分析。

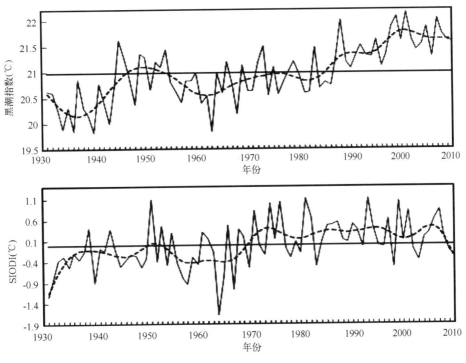

图 9.4　黑潮和 SIOD 指数随时间变化及其 10 a 势滑动平均值

　　我们选取黑潮区 SST 年代际变化处于正位相的 1987—2002 年和负位相的 1931—1944 年进行分析,样本容量分别为 16 a 和 14 a。为了更加直观地看出黑潮区 SST 年代际变化处于不同位相时我国东部夏季降水特征之间的差异,我们将其对应的夏季降水距平百分率进行合成分析(图略)。可以看出,当冬季黑潮区 SST 年代际变化处于正位相时,多雨带主要位于长江中下游及其以南部分地区,即出现Ⅲ型雨带;负位相时,长江中下游地区降水偏少。

　　尽管影响我国东部夏季降水异常分布的因素是多方面的,但大气环流的异常变化是最直接和最重要的因素。作为对流层中、低层大气环流的代表,500 hPa 高度场和 850 hPa 风场可以清晰地反映出关键区 SST 年代际异常背景下的大气环流特征。这里分别给出黑潮区 SST 处在正、负位相气候阶段时夏季 500 hPa 高度场距平合成图(图 9.5a、b)和 850 hPa 风场(图 9.5c、d)的距平合成图,以此分析不同背景下东亚环流形势配置的差异及其对我国东部夏季雨带类型的影响。从图 9.5a、c 可以看出,当冬季黑潮区 SST 处于正位相气候阶段时,夏季 500 hPa 高度距平场呈以下分布特点:乌拉尔山和鄂霍次克海附近为正距平中心,贝加尔湖东侧为负距平中心,中高纬度呈"＋－＋"的距平分布,说明西风带有阻塞形势发展,经向环流盛行,冷空气势力较强;西太平洋副热带高压加强,西伸;850 hPa 风场上我国北方和朝鲜半岛上空为一强大的反气旋性异常,在其作用之下异常强的偏北气流吹向长江中下游地区,孟加拉湾为一气旋性异常,南海上空有偏南气流吹向我国。这样的环流形势使得冷暖空气交汇于长江中下游及其以南地区,有利于我国出现Ⅲ型雨带,即多雨带出现在长江中下游及其以南地区。这与其他学者的研究结果相似。反之,当冬季黑潮区 SST 处于负位相气候阶段时(图 9.5b、d),除贝加尔湖附近小范围的正距平中心外,中高纬度地区主体为负距平分布,西风带以纬向环流为主;西太平洋副热带高压强度偏弱,位置偏北、偏东;850 hPa 风场上我国北方呈近似气旋性异常,南海上空有异常偏西风,华南上空为气旋性异常,而长江中下游地区则无明显的冷暖气流汇合和水汽辐合。这样的环流形势表明副热带锋区偏北,夏季主雨带落于北方,江淮流域降水偏少。

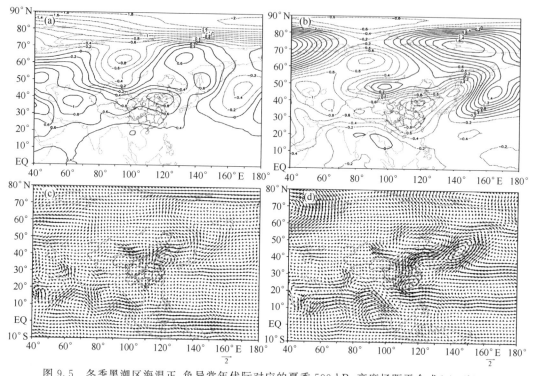

图 9.5　冬季黑潮区海温正、负异常年代际对应的夏季 500 hPa 高度场距平合成(a)、(b)),
(单位:10 gpm)和 850 hPa 风场距平合成((c)、(d)),(单位:m/s)

分别选取 SIOD 年代际变化处于正、负位相的 1991—2008 和 1954—1970 进行分析,样本容量分别为 18 a 和 17 a。通过比较 SIOD 正、负位相时我国东部夏季降水距平百分率合成图(图略)后发现,不同位相时,我国东部夏季降水的差异主要表现在北方和南方地区。

同样给出 SIOD 处在正、负位相时的夏季 500 hPa 高度场(图 9.6a、b)和 850 hPa 风场(图9.6c、d)的距平合成图,以此分析不同背景下的对流层中、低层大气环流特征及其对我国东部夏季降水的影响。从图 9.6a、c 可以看出,当 SIOD 处于正位相气候阶段时,500 hPa 高度距平场呈以下分布特点:乌拉尔山经贝加尔湖至鄂霍次克海为正距平分布,说明西风带有阻塞形势发展,导致西风带出现分支,经向环流盛行;西太平洋副热带高压偏强,北界位置略偏南,西伸脊点偏西;850 hPa 风场上我国北方为一反气旋性异常控制,在其作用下异常的偏北气流经长江中下游地区吹向我国南方地区,同时索马里越赤道气流偏强使得南海上空有较强的偏南气流,冷暖气流相交汇于南方地区。这样的环流形势表明副热带锋区位置偏南,我国北方大部分地区降水偏少,长江下游和华南地区降水偏多。反之,当 SIOD 处于负位相气候阶段时(图9.6b、d),500 hPa 高度距平场上中纬度地区为负距平分布,西风带以纬向环流为主;西太平洋副热带高压略偏北、偏东;850 hPa 风场上蒙古高原为一气旋性异常控制,冷空气吹向我国北方,黄海上空亦为一气旋性异常,经华南上空吹向我国的西南气流汇入其中,两个气旋性异常环流在我国北方地区相交汇。这样的环流形势使得我国北方地区降水偏多,长江下游和华南等南方地区降水偏少。

为了进一步说明印度洋偶极子异常变化对我国东部夏季降水影响物理过程,我们计算了冬季 SIODI 与冬季马斯克林高压强度指数的相关,结果显示,相关系数为 0.45,说明两者有显著的相关关系。前人研究表明,马斯克林高压本身从冬至夏有着很好的持续性。冬季 SIOD 的异常变化通过影响马斯克林高压的强弱变化影响索马里越赤道气流的强弱变化,从而对我国东部地区夏季降水的异常变化产生一定的影响。

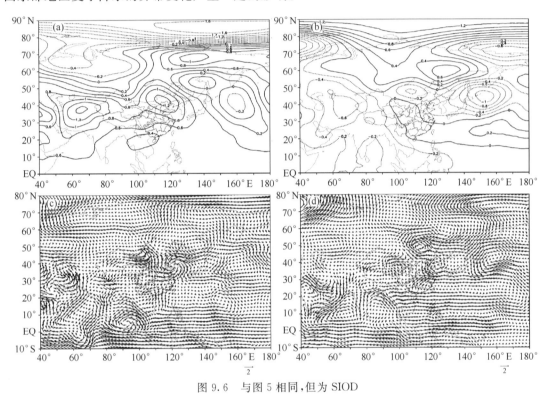

图 9.6　与图 5 相同,但为 SIOD

### 9.1.3　基于关键区海表温度异常信号的我国东部夏季降水预测模型

以代表我国东部夏季降水的雨带类型的四个特征向量对应的时间系数序列作为预报量,建立预报方程,预报出未来一年的这四个时间系数的数值,再乘以相应的特征向量,就可以得到我国东部夏季降水的预报值。以前文构造的五个关键区 SST 指数作为预报因子。五个海温指数分别为:Nino3 指数、黑潮指数、西漂指数、IOUI、SIODI。应用小波分析提取出上述五个海温指数的显著周期变化分量,共计 17 个周期变化分量时间序列作为预报因子。利用 1931—2000 年资料建立预报模型,进行 2001—2010 年独立样本的预报试验。整个预报流程如图 9.7 所示。

根据上述预报流程分别对 2001—2010 年逐年的我国东部夏季降水量进行预报,采用距平相关系数(ACC)作为指标评估模型的预报效果。表 9.2 为这 10 a 的独立样本预报的效果检验。从表 9.2 可以看出,这 10 a 里共有 7 a ACC 为正值,2 a 为负值,1 a 为 0,ACC 平均值为 0.13,总体来看预测效果较好,说明基于关键区海表温度异常信号所建立的预报方案对我国东部夏季降水具有较好的预报技巧。

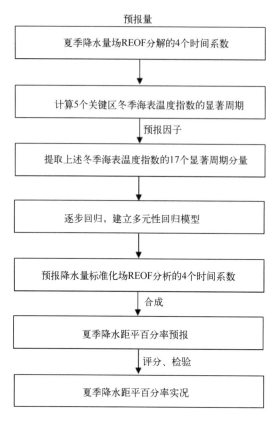

预报量

夏季降水量场REOF分解的4个时间系数

计算5个关键区冬季海表温度指数的显著周期

预报因子

提取上述冬季海表温度指数的17个显著周期分量

逐步回归，建立多元性回归模型

预报降水量标准化场REOF分析的4个时间系数

合成

夏季降水距平百分率预报

评分、检验

夏季降水距平百分率实况

图 9.7　我国东部夏季降水预测模型的预报流程图

**表 9.2　2001—2010 年我国东部夏季降水预测效果检验**

| 年份 | ACC |
|------|------|
| 2001 | 0.06 |
| 2002 | 0.27 |
| 2003 | −0.15 |
| 2004 | 0.19 |
| 2005 | 0.00 |
| 2006 | 0.29 |
| 2007 | −0.05 |
| 2008 | 0.35 |
| 2009 | 0.17 |
| 2010 | 0.13 |
| 平均 | 0.13 |

　　图 9.8 给出 2002、2006 和 2008 年我国东部夏季降水的实况和预报结果。2002 年我国东部夏季降水的多雨带主要位于长江流域及其以南的大部分地区,雨带中心位于江南,黄淮流域及我国北方大部分地区降水偏少(图 9.8a);图 9.8b 表明,该预测模型能够较好地预报出这一年的我国南方大部分地区降水偏多和北方大部分地区降水偏少的趋势,但西北和东北部分地区降水偏少的情况没有预报出来。从图 9.8c、d 上可以看出,2006 年的降水实况为多雨带位于华南和东南沿海地区,东北和淮河下游部分地区降水偏多,其他地区降水偏少;预测模型对我国东部夏季降水整体形势把握较好,北方大部分地区降水偏少的预测基本正确;江南和华南等地的降水偏多趋势预报基本正确,预测错误的地区包括东北、西南和淮河流域等部分地区。从图 9.8e、f 可以看出,2008 年我国东部大部分地区降水偏多,范围包括华北部分地区、江淮流域和华南地区,其他地区降水偏少;从预测图上可以看出,预测模型不但整体趋势预测效果较好,在局部地区也有较好的预测效果,如对江南部分地区降水偏少的预测。

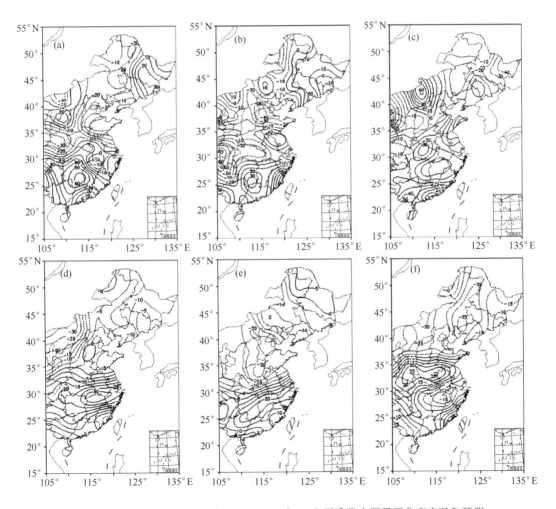

图 9.8　2002 年(a,b)、2006 年(c,d)、2008 年(e,f)夏季降水距平百分率实况和预测

## 9.2　基于前春对流层温度和 NAO 的中国夏季降水统计预测模型

对流层温度是一个综合性的物理因子,其变化是各种动力因素和热力因素共同作用的结果。各种环流因子、大气活动中心对东亚气候的影响,都绕不过对流层温度变化这一环节。研究表明,20 世纪 70 年代末中国东部夏季降水的"南涝北旱"特征与东亚对流层中上层变冷存在直接的联系(Yu et al.,2004;Yu and Zhou,2007),而早春季节欧亚大陆副热带地区的表层气温和对流层温度变冷趋势,与冬季 NAO 正位相增强所对应的北半球副热带冷信号的准正压东传有关(Yu and Zhou 2004)。但研究表明,中国夏季降水对前冬 NAO 的响应很弱,而与前春 5 月 NAO 变化具有显著的相关(王永波和施能,2001;龚道溢等,2002)。本节在分析中国夏季降水典型模态与前期春季对流层中上层温度主要分布类型、北大西洋涛动(NAO)之间关系的基础上,提出基于前春对流层温度和 NAO 的降水统计预测模型,并对利用该模型预报的 2004—2009 年中国 160 站夏季降水的预测效果进行检验。

### 9.2.1　前春对流层中上层温度及 NAO 对中国夏季降水的影响

对中国 160 站 1951—2009 年夏季降水量原始场进行 EOF 分解。图 9.9 给出前三个特征向量及其对应的时间系数。由于是使用原始场进行 EOF 展开,那么,第一特征向量就是中国大范围夏季降水的多年平均分布状况,即自东南地区向西北地区递减的分布型(图 9.9a,EOF1)。第一特征向量对应的时间系数就是中国夏季大范围降水总体多寡的逐年变化,PC1 越大,意味着这一年全国大范围降水是偏多的(图 9.9b,PC1)。该模态能够解释总方差的 90.90%。降水的第二特征向量(图 9.9c,EOF2)表现为华南-江淮-华北地区"-+-"的降水异常分布,即以江淮地区为中心的三极型降水分布,这是我国最常出现的降水异常型,以下简称为"南北少(多)中间多(少)型"。从时间系数(图 9.9d,PC2)来看,该类型降水年际振荡比较显著。第三特征向量(图 9.9e,EOF3)表现为长江以南地区降水与其以北地区相反的趋势分布,这也是我国比较常见的降水分布型,以下简称为"南多(少)北少(多)型"。该模态对应的时间系数(图 9.9f,PC3)表明,自 1970 年代末至 2000 年左右,"南涝北旱"型降水有明显的增强趋势。上述三个特征向量均通过了 North 准则显著性检验,总计解释了总方差的 93.32%,决定着中国夏季降水的趋势分布。

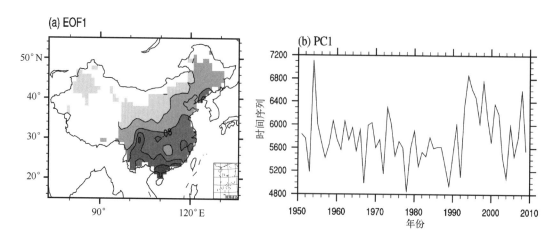

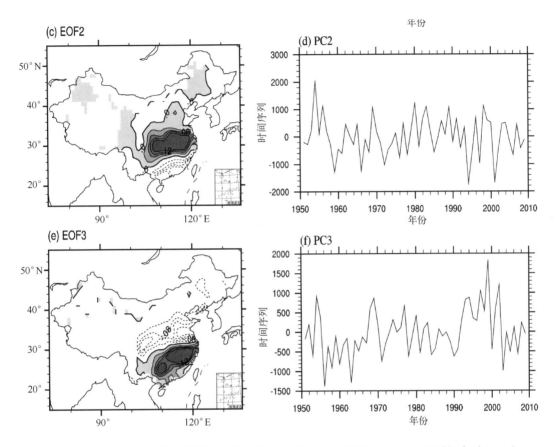

图 9.9　1951—2009 年我国夏季降水量场 EOF 分解前三个特征向量(a,c,e)及时间序列(b,d,f)

为揭示春季(3—5 月)对流层温度的变化模态,对 10°—50°N,60°—130°E 区域内的对流层平均温度(定义为 200~500 hPa 的厚度平均)距平做 REOF 分解。第一特征向量解释了总方差的 22.7%(图 9.10a,REOF1),其中心位于 20°N 以南地区,以下称为"亚洲低纬型"。对应的时间系数(图 9.10b,PC1)表明,该模态具有显著的年代际振荡特征。第二特征向量解释了总方差的 16.6%(图 9.10c,REOF2),其中心主要位于我国东北、华北地区上空,以下称为"亚洲中纬型"。对应的时间系数(图 9.10d,PC2)表明,20 世纪 60 年代以前,该模态无明显的变化,20 世纪 60 年代中期到 20 世纪 90 年代末期,该模态具有显著的增强趋势,2000 年后又呈现出减弱趋势。从时间演变上看,"亚洲中纬型"对流层中上层温度的变化与我国"南多(少)北少(多)型"降水变化比较一致,对应的温度、降水模态的 PC 序列间的相关系数为 0.3。第三特征向量解释了总方差的 13.9%(图 9.10e,REOF3),中心主要位于伊朗地区上空,以下简称"南亚型"。对应的时间系数(图 9.10f,PC3)表明,该模态具有明显的年代际和年际变化特征。第四特征向量解释了总方差的 11.5%(图 9.10g,REOF4),中心位于我国青藏高原地区上空,以下简称"高原型"。North 准则检验表明,上述四个特征向量是独立的,总计解释了总方差的 64.7%。

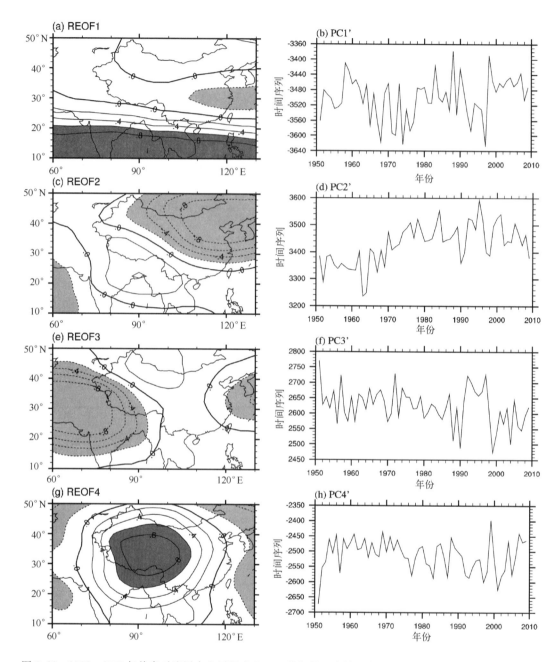

图 9.10　1951—2009 年前春对流层中上层温度 REOF 分解前四个特征向量(a,c,e,g)及时间序列(b,d,f,h)

### 9.2.2　中国夏季降水异常和前春对流层中上层温度、NAO 异常的联系

为揭示中国夏季降水异常与前春对流层中上层温度、NAO 活动异常之间的联系,首先计算我国夏季降水量前三个特征向量时间系数序列与前春对流层温度前四个特征向量时间系数序列以及 3、4、5 月逐月的 NAO 指数之间的相关(如表 9.3 所示)。其中,黑色粗体数字表明通过 0.05 的显著性水平。同时,为了考察降水与对流层中上层温度、NAO 在不同时间尺度上

的联系,分别将上述各时间序列进行 9 a 以下和 9 a 以上时间尺度的滤波,并计算滤波之后各序列的相关,结果如表 9.4 和表 9.5 所示。因此,表 9.3 反映的是降水与对流层中上层温度、NAO 在年代际尺度上的相关,表 9.5 反映的是它们在年际尺度上的相关。

**表 9.3　1951—2009 年我国夏季降水(PC1、PC2、PC3)与前春对流层中上层温度(PC1′、PC2′、PC3′、PC4′)、逐月 NAO 指数的相关**

| | PC1′ | PC2′ | PC3′ | PC4′ | NAO | | |
| --- | --- | --- | --- | --- | --- | --- | --- |
| | | | | | 3 月 | 4 月 | 5 月 |
| PC1 | 0.017 | 0.056 | 0.051 | −0.024 | −0.132 | 0.061 | −0.346 |
| PC2 | 0.138 | −0.031 | −0.154 | 0.164 | −0.07 | 0.092 | 0.059 |
| PC 3 | −0.126 | 0.303 | 0.028 | −0.171 | 0.135 | 0.142 | −0.264 |

注:下划线表示通过 0.05 的显著水平的显著性检验。

**表 9.4　同表 1,但为去除年际变化(9 a 以下)后的相关**

| | PC1′ | PC2′ | PC3′ | PC4′ | NAO | | |
| --- | --- | --- | --- | --- | --- | --- | --- |
| | | | | | 3 月 | 4 月 | 5 月 |
| PC1 | −0.136 | 0.118 | 0.293 | −0.356 | 0.161 | −0.171 | −0.342 |
| PC2 | 0.329 | 0.126 | −0.394 | −0.132 | 0.189 | 0.022 | 0.074 |
| PC 3 | −0.321 | 0.696 | 0.047 | −0.68 | 0.654 | −0.217 | −0.481 |

**表 9.5　同表 1,但为去除年代际变化(9 a 以上)后的相关**

| | PC1′ | PC2′ | PC3′ | PC4′ | NAO | | |
| --- | --- | --- | --- | --- | --- | --- | --- |
| | | | | | 3 月 | 4 月 | 5 月 |
| PC1 | 0.258 | −0.092 | −0.115 | −0.003 | −0.331 | 0.133 | −0.452 |
| PC2 | 0.101 | −0.003 | −0.076 | 0.165 | −0.165 | 0.129 | −0.015 |
| PC 3 | 0.028 | −0.008 | 0.009 | −0.036 | −0.042 | 0.236 | −0.246 |

　　考察表 9.3 和表 9.4,首先,从总体上看,中国夏季降水的第一模态,即大范围降水趋势的变化主要与前期 5 月的 NAO 指数变化有关。降水第三模态,即"南多(少)北少(多)型"降水异常分布与前春对流层中上层温度变化的第二模态以及 5 月 NAO 指数变化密切相关,而降水的第二模态,即"南北少(多)中间多(少)型"降水与前春对流层中上层温度及 NAO 指数的变化均无明显的关联;第二,前春 5 月 NAO 指数与中国夏季大范围降水及"南多(少)北少(多)型"降水异常分布的联系既有年际尺度上,也包含年代际尺度上的。前春 3 月 NAO 变化与我国"南多(少)北少(多)型"夏季降水的相关在年代际尺度上很显著,但在年际尺度上很弱。而前春 3 月 NAO 变化与我国大范围夏季降水、以及前春 4 月 NAO 变化与我国"南多(少)北少(多)型"夏季降水的相关主要是年际尺度上的。第三,对流层中上层温度第一模态与我国大范围夏季降水变化具有较强的年际尺度上的相关。除此之外,对流层温度变化各主要模态与中国夏季降水的联系主要是年代际尺度上的。表 9.3 中原始序列包含了不同时间尺度的变

化,使得降水与对流层温度之间的相关未通过 0.05 的显著性水平。因此,有必要将各时间序列不同时间尺度的周期,即将可预报的分量提取出来,也作为预报因子,可以排除噪音,达到更好的预报效果。

需要指出的是,不同季节的 NAO 活动对东亚气候的影响不同。前冬 NAO 活动异常与前春东亚对流层温度之间有着较好的对应关系,即冬季 NAO 的正位相年,较强的西风急流使得高原下游的云量增加,通过云—温度反馈机制维持着东亚对流层温度的冷异常。计算表明,前冬 NAO 指数序列与前春对流层中上层温度变化 PC2 之间的相关系数为 0.4,通过了 0.05 的显著性水平。而前春 NAO 的正位相与前春东亚对流层温度的偏暖状态有所对应,不过它们之间的相关系数很弱,均未通过显著性检验,这表明前春 NAO 活动和对流层中上层温度对我国夏季降水的影响是相互独立的。春末和夏季 NAO 活动可能是通过罗斯贝波的传播影响东亚夏季气候。

相关分析表明,前春 5 月 NAO、"亚洲中纬型"对流层中上层温度变化与中国夏季降水 EOF 分解第一、三模态的联系最密切,这里仅分析这两个因子对中国夏季降水的影响。分别计算前春 5 月 NAO、"亚洲中纬型"对流层中上层温度变化这两个序列与夏季 850 hPa 水汽输送场、500 hPa 位势高度场以及 200 hPa 纬向风场的回归,来探讨其对大气环流和我国夏季降水的影响。

前春 5 月 NAO 指数与我国夏季降水第一模态和第三模态的相关最显著,而降水的第一、三模态中心均位于长江以南地区,因此前春 5 月 NAO 对中国夏季降水的影响主要是对江南和华南地区的影响。同时,负相关意味着当 NAO 处于负位相时,我国南方地区降水偏多;当 NAO 处于正位相时,我国南方地区降水偏少。这里只给出我国南方地区降水偏多的情况。图 9.11 为前春 5 月负 NAO 指数与水汽输送及环流场的回归。从图 9.11a 可以看出,NAO 的负位相年,850 hPa 水汽输送场上,西太平洋地区存在较强的异常反气旋水汽环流,反气旋西北侧的异常西南水汽输送有利于中国南方地区的夏季降水。500 hPa 位势高度场上(图 9.11b),气候平均的西太平洋副热带高压位置与一异常高压相重合,同时,异常高压的中心位置偏向气候平均西太平洋副高的西南侧,表明西太平洋副热带高压强度偏强,位置偏南、偏西,使得副高西侧的西南水汽输送偏强。200 hPa 纬向风场上(图 9.11c),长江以南地区表现为西风异常,长江以北地区为东风异常,表明西风急流位置较常年偏南,加强了南方地区高空的辐散,这种环流形势有利于中国南方地区异常偏多的降水。

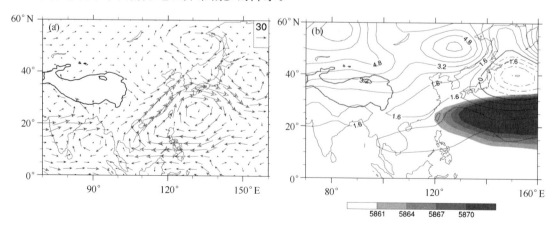

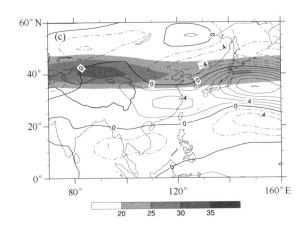

图 9.11　前春 5 月负 NAO 指数与夏季环流场的回归
(a)850 hPa 水汽输送(矢量,单位:kg/m/s);(b)500 hPa 位势高度(等值线,单位:gpm);
(c)200 hPa 纬向风(等值线,单位:m/s)。填色部分表示气候态下 500 hPa 位势高度
(b)和 200 hPa 纬向风(c)的形势)

　　对流层温度变化的第二模态与我国夏季降水的第三模态之间具有显著的正相关,意味着"亚洲中纬型"温度冷异常对应着中国夏季降水"南涝北旱"型降水分布,而暖异常对应着"南旱北涝"型异常降水分布。同样,这里只讨论"南涝北旱"的情况。图 9.12 为对流层温度变化第2 模态对应的时间系数与夏季水汽输送及环流场的回归分布。图 9.12a 表明,850 hPa 异常水汽输送场上,我国长江以南地区表现为异常偏南水汽输送,而其北方地区为异常反气旋水汽输送,使得我国华北、东北地区处于水汽辐散区,不利于北方地区的夏季降水;500 hPa 位势高度场上(图 9.12b)最明显的特征是,东亚地区上空存在一个强大的异常高压,中心位于青藏高原以北地区。该异常高压由"北方型"温度冷异常引起,但异常高压中心比对流层中上层温度冷中心位置(40°N,120°E)略偏西。异常冷高压阻止了西太平洋副高的北进,同时,西太平洋副热带高压强度也偏强,使得副高西北侧较强的水汽输送维持在我国南方地区。200 hPa 纬向风场上(图 9.12c),西风急流中心位置偏南,加强了我国长江及其以南地区的高空辐散,这种环流形势使得我国南方地区降水偏多,北方地区降水偏少。

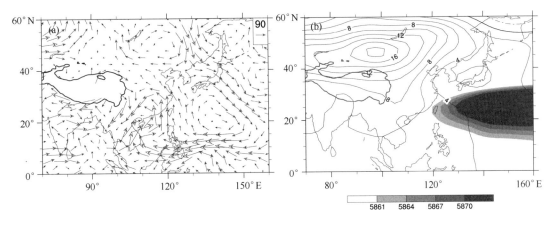

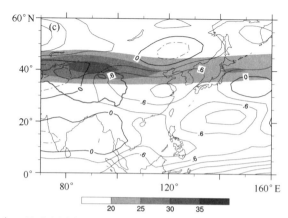

图 9.12　前春 5 月对流层中上层温度 REOF 分解第二模态对应的时间序列的回归

　　以上分析表明前春对流层中上层温度变化以及 NAO 的异常活动与我国夏季降水之间存在着明确的物理上的联系。下一节主要利用前春 NAO 指数及对流层中上层温度作为预报因子,建立我国夏季降水的统计预报模型。

### 9.2.3　预报流程及预报效果检验

　　依据气候系统具有不同时间尺度的显著周期振荡,魏凤英和张先恭(1998)提出把气象要素序列本身生成的显著周期函数作为预报因子加入到预报方程中,使由于预报量和预报因子的时间趋势引起的相关不稳定性由选入的显著性周期因子加以调整,目的是达到更好的降水预报效果。这里在魏凤英和张先恭(1998)提出的预报思路的基础上进行了改进,利用前春(3—5 月)NAO 指数和对流层中上层(500—200 hPa)温度 REOF 分解前四个特征向量对应的时间系数作为预报因子,同时考虑逐月 NAO 指数、对流层温度各时间序列多时间尺度的周期振荡,建立了图 9.13 所示的降水统计预报流程。

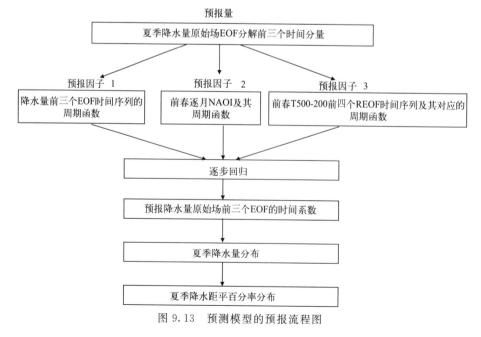

图 9.13　预测模型的预报流程图

按照图 9.13 所示的预报流程,首先提取我国夏季降水量原始场各 PC 序列不同时间尺度的均值生成函数作为预报因子的一部分。均生函数是由时间序列按一定的时间间隔计算均值而派生出来的。将均生函数定义域延拓到整个数轴上,即为周期性延拓(魏凤英,2007)。这里以 PC1 为例进行说明。图 9.14a 为 PC1 的功率谱分析,从图中可以看出,我国夏季降水第一模态的变化存在显著的 14 a 左右的周期振荡以及 3 a 左右的年际振荡周期。因此将周期长度

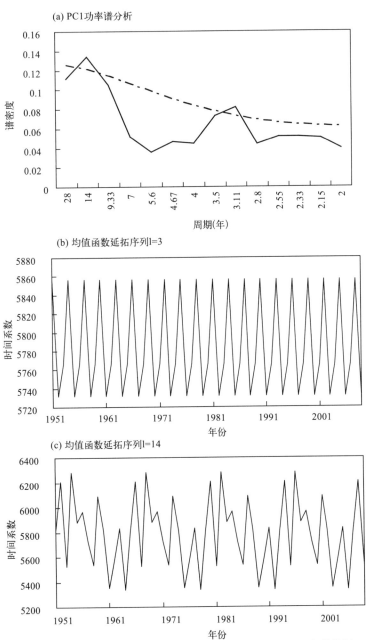

图 9.14　我国夏季降水 EOF 分解第一模态对应时间序列的功率谱分析(a),
以及周期长度为 3 a(b)和 14 a(c)的均生函数延拓序列。其中,
(a)中虚线表示显著性水平为 0.05 的红噪音标准谱

为 3 a 和 14 a 的均生函数延拓序列从 PC1 序列中提取出来,如图 9.14b 和 9.14c 所示。对于降水的 PC2 和 PC3 序列也作同样的处理(图略)。功率谱分析表明,我国夏季降水的第二模态存在 2 a 和 5 a 左右的显著周期振荡,而降水的第三模态的周期性变化与第一模态类似,第一显著周期为 10 a 左右,次显著周期为 2 a 左右。

预报依据的另外一部分来自前春对流层中上层温度以及 NAO 信号。由对流层中上层温度距平进行 REOF 分解得到的 PC1 序列的功率谱分析表明,周期长度为 14 a 处大大超过标准谱,而年际周期振荡不显著。因此,提取周期长度为 14 a 的均生函数延拓序列。对于对流层温度的其他 PC 序列和逐月 NAO 指数序列也作同样的处理。结果表明,对流层中上层温度 REOF 分解的 PC2 序列以及 3 月 NAO 指数变化周期与我国夏季降水 EOF 分解的第一、三模态的变化周期较为一致,均存在 14 a 和 3 a 左右的显著周期。其他各预报因子的变化主要存在显著的年际振荡周期。根据上述方法,共得到以下预报因子:夏季降水量 EOF 分解前三个 PC 序列本身的均生函数延拓序列;前春 3-5 月平均对流层中上层温度 REOF 分解前四个 PC 序列、前春逐月 NAO 指数序列、以及它们各自对应的显著周期的均生函数延拓序列。使用逐步回归方法,分别建立中国夏季降水量前三个 PC 序列与这些预报因子之间的回归预测模型。按照上述预报流程,分别对 1951—2003、1951—2004、1951—2005 和 1951—2006、1951—2007、1951—2008 年的夏季降水量原始场进行 EOF 分解,通过逐步回归,建立降水的预报方程,预报出 2004—2009 年间逐年的夏季降水总量,然后转化成降水距平百分率。表 9.6 为用独立样本资料做出的 2004—2009 年预报的效果检验。其中 ACC 表示预报场与实况场之间的距平相关系数,这是国际上通用的、比较客观的评定办法,考虑了实况值和预测值的相似程度,包括数值的大小和符号的相似程度。从表 9.6 可以看出,2004—2009 年预报场和观测场之间平均的距平相关系数达到 0.335,高于目前业务上平均的 ACC 水平。除了 2009 年外,其他 5 a 都取得了比较好的预报效果,说明基于前春对流层中上层温度变化和 NAO 活动异常所建立的预报方案,对我国夏季降水具有较好的预报技巧。

表 9.6　2004—2009 年中国夏季降水预测效果检验

| 年份 | ACC |
| --- | --- |
| 2004 | 0.519 |
| 2005 | 0.371 |
| 2006 | 0.442 |
| 2007 | 0.294 |
| 2008 | 0.318 |
| 2009 | 0.066 |
| 平均 | 0.335 |

图 9.15 给出 2004 和 2006 年中国夏季降水的预报结果。2004 年夏季我国降水异常分布呈南北走向,主要降水中心位于黄淮地区、长江中游以及西南、华北的部分地区(图 9.15a)。图 9.15c 表明,该预测模型能够较好的预报出黄淮地区和长江中游的多雨中心以及华南地区的少雨中心,但是江淮地区降水的预报与实况存在较大的误差。2006 年夏季我国东部自南向北"＋－＋"的降水异常分布基本上预报出来了(图 9.15b 和 9.15d),如华南地区的多雨中心

和长江中下游地区的少雨中心，但是预报的北方雨区的位置较实况更偏北一些。

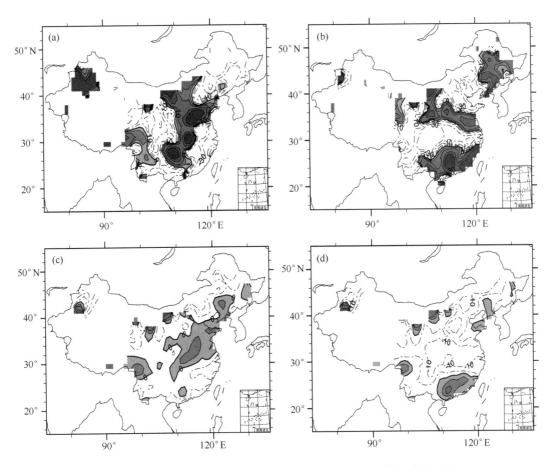

图 9.15　2004 年(a,c)和 2006 年(b,d)夏季降水距平百分率(单位:%)

(a、b 为实况，c、d 为预报)

对比 2004—2009 年我国夏季降水的观测场和预报场还可以发现，该预测模型基本上能够把握我国夏季旱涝趋势的分布特征，这与该统计预测模型中预报因子的选取有着密切的联系。由于对流层温度是一个比较综合性的物理因子，前春对流层温度异常已经包含了来自海洋、高原积雪等各种强迫因子的变化，因此，只基于前春对流层中上层温度和 NAO 变化的降水统计预测模型即可以预报出我国夏季降水分布的大部分信息。但是该预测模型还存在不足之处，比如预测的降水强度比观测偏弱，并且未能预测出局地降水的更多细节特征。这是因为对流层温度变化所描述的是大尺度海陆温差的变化，故仅能反映与之联系的大范围降水异常。另外，前文的相关分析表明，我国夏季降水 EOF 分解的第二模态与前春对流层温度及 NAO 变化之间的相关很弱，导致该预测模型对降水第二模态的预报能力很低。这意味着要更好地预报我国夏季降水的分布，还需要在该预测模型中考虑影响降水第二模态的主要预报因子。

## 参考文献

冯蕾,魏凤英,朱艳峰.2011. 基于前春对流层温度和北大西洋涛动的中国夏季降水统计预测模型.大气科学, **35**(5):963-976.

龚道溢,朱锦红,王绍武.2002. 长江流域夏季降水与前期北极涛动的显著相关.科学通报,**47**(7):546-549.

贾小龙,李崇银.2005. 南印度洋海温偶极子型振荡及其气候影响.地球物理学报,**48**(6):1238-1249.

王永波,施能.2001. 近45a冬季北大西洋涛动异常和我国气候的关系.南京气象学院学报,**24**(3):315-322.

魏凤英,张先恭.1998. 中国夏季降水趋势分布的一个客观预报方法.气候与环境研究,**3**(3):218-226.

魏凤英.2007. 现代气候统计诊断与预测技术(第2版).北京:气象出版社.

肖子牛.2006. 印度洋偶极子型异常海温的气候影响.北京:气象出版社.

袁杰,魏凤英,巩远发,等.2013. 关键区海温年代际异常对我国东部夏季降水影响.应用气象学报,**24**(3):268-277.

Yu R,Wang B and Zhou T. 2004. Tropospheric cooling and summer monsoon weakening trend over East Asia. *Geophysical Research Letters*,**31**:L22212,doi:10. 1029/ 2004GL021270.

Yu R and Zhou T. 2004. Impacts of winter-NAO on March cooling trends over subtropical Eurasia continent in the recent half century. *Geophysical Research Letters*, **31**,L12204,doi:10. 1029/2004GL019814.

Yu R and Zhou T. 2007. Seasonality and three-dimensional structure of the interdecadal change in East Asian monsoon. *Journal of Climate*,**20**:5344-5355.

# 第 10 章　大气环流降尺度因子在中国东部夏季降水预测中的作用

　　使用气候数值模式对气候变化和异常进行模拟、诊断和预测是目前气候研究的发展方向。数值模式能够较准确地模拟出大尺度环流最重要的平均特征,特别是能较好地模拟高层大气场、近地面温度等。但是由于目前数值模式输出的空间分辨率较低,缺少区域信息,很难对区域气象要素做出精确的预测。许多研究结果表明,数值模式模拟的温度和降水都存在很大的误差。另外,尽管模式能较好地模拟大尺度气候变化,但是在模拟区域气候方面很不理想。目前有 2 种方法可以弥补数值模式预测区域未来气候变化的不足,一是发展更高分辨率的数值模式;另一种方法就是降尺度法。由于提高数值模式的空间分辨率需要的计算量很大,降尺度方法不失一种既便利且有一定效果的方法。降尺度方法是把大尺度、低分辨率的数值模式输出信息转化为区域尺度的地面气候变化信息(如气温,降水),从而弥补数值模式对区域气候预测的局限。统计降尺度法是利用多年的观测资料,建立大尺度系统(主要是大气环流)和区域气候要素之间的统计关系模型,来预估和预测区域未来的气候变化。

　　500 hPa 高度场是中层大气环流场的代表,也是一般气候数值模式输出的主要高度场之一。在使用统计降尺度法的大尺度的环流因子中,主要有两种类型的因子:一种是直接利用高度场的网格点的高度值;另一种是利用网格点的高度值,构成具有天气气候学意义的区域天气系统指标,称为环流特征量。它们是间接利用高度场的网格点的高度值,组成的区域综合因子。这些环流特征量的组成过程,实际上是一种大气环流降尺度的过程。本章研究是利用后一种类型因子,使用统计降尺度法,建立对我国东部地区夏季降水量的统计降尺度预测模型(魏凤英和黄嘉佑,2010a;魏凤英和黄嘉佑,2010b)。主要流程是:使用偏最小二乘回归方法,利用北半球环流特征量,建立关于我国东部夏季降水量的预测模型。进一步利用交叉检验方法,对建立的预报模型进行检验,确定最佳的预报模型。然后利用所确定的最佳预报模型中不同环流特征量的贡献大小,分析研究因子在所有独立预报年份中的贡献大小,从预报角度研究影响我国东部夏季降水量的大气环流因子。

## 10.1　资料和统计降尺度方法

　　这里使用的大气环流因子是 1951—2007 年 6—8 月 74 个特征量序列,其中绝大多数特征量是由 500 hPa 位势高度计算整理的;降水量资料是中国 160 站同期逐月降水资料。以上资料均由国家气候中心气候预测室提供。环流特征量由国家气候中心气候预测室计算、整理(http://ncc.cma.gov.cn)。取中国东部(105°E 以东)的 120 个测站的夏季降水量作为预测对象。

　　采用偏最小二乘回归方法建立统计降尺度方法预测模型。偏最小二乘回归方法提供的是一种多因变量对多自变量的回归建模方法,当变量之间存在高度相关性时,所建立的模型,其分析结论更可靠,整体性更强。此方法适合在样本容量小于变量个数的情况下进行回归建模。可以实现多种多元统计分析方法综合应用,并可以把建模类型的预测分析与非模型式数据内涵分析有机结合。它还可以同时实现回归建模(回归分析)、数据结构简化(主成分分析)以及两组变量间相关分析(典型相关分析)。偏最小二乘回归方法与传统回归分析不同,它对因子场和预报场的变量进行标准化处理,形成对应因子场和预报场的变量标准化矩阵 $E_0$,$F_0$,对因子场作主分量分析,提取其与预报场有最密切关系的最大特征值对应的主分量,和对应的荷载向量,以此主分量与因变量作回归,求预报场和因子场的残差矩阵,然后把残差矩阵作为新的预报场和因子场,重复上述过程,如此逐次进行,求得因子场的主分量和对预报场的回归,最后得到:

$$E_0 = t_1 p'_1 + t_2 p'_2 + \cdots + t_s p'_s$$
$$F_0 = t_1 r'_1 + t_2 r'_2 + \cdots t_s r'_s + F_s \tag{10.1}$$

式中 $t_i$ 表示逐次($i$)提取的因子场的变量组与预报场的变量组关系最密切的主分量,$p_i$ 为自变量荷载向量,$r_i$ 为预报场在主分量轴上的投影向量,符号($'$)表示转置。由于因子场的变量组与预报场的变量组之间的关系是通过主分量 $t_i$ 进行传递的。其自变量荷载是反映因子场变量在偏最小二乘回归中起的重要作用,它可以一定程度反映因子场变量与预报场变量传递的相关关系,由它与主分量构成对自变量矩阵的拟合。而自变量矩阵主分量向量,与逐次得到的向量 $r_i$ 构成对预报场矩阵的拟合,其拟合程度取决于逐次选取主分量的个数(Huang et al.,2007)。

## 10.2 预测效果检验方法

在预测模型建立以后,采用预测场与实况场的距平符号一致率(简称为同号率,用 PSS 表示)和两个场的距平相关系数(用 ACC 表示)来检验其预测效果。因为短期气候预测业务要求能够预测出旱涝趋势,强调的是降水量的距平符号。而预测场与观测场的相关系数则可以度量两个场的距平分布形势相似程度。距平同号率仅比较距平符号,如果实况值与预测值差别很多,只要符号相同,则认为是预测正确,而 ACC 则考虑实况值与预测值的相似程度,其中也考虑数值的大小和符号的相似程度。

对于预报模型优劣的测度,使用交叉检验方法进行检验,即在资料样本的样本容量 N 中,首先选择一个样品(年)为独立样本,用其余 N-1 年资料作为依赖样本,建立统计降尺度模型后,并对所选择的独立样本进行估计,这个过程重复 N-1 次,直到所有样本都被选择并检验。最后以所有交叉检验得到的同号率,和相关系数的平均值来反映因子场的可预测性程度。交叉试验后所产生评分统计量的平均值,可以使用 t 检验对其做平均值的显著性检验。

对距平符号试验,随机试验的同号率的期望值为 0.5,对 ACC,随机试验的期望值为 0.0。在交叉试验次数在 60 附近时,当统计量 t 的计算值超过 2.0 时,可以认为评分统计量的平均值在 0.05 显著性水平下是显著的。

由于预报模型的建立,是在提取的自变量组与预报场组关系最密切的主分量上逐次进行,一般前几次分量的提取具有较大的解释方差,为了比较方便,在交叉检验预报中,对每 1 年的预报,取各月份提取最佳次数的主分量的因子荷载场(公式(10.1)中的 $p_i$),从场中找出荷载绝对值最大的环流特征量,定义为预报模型中与预报场最佳回归关系中贡献较大的环流因子。

然后在逐年的交叉检验的独立样本中,找出预报模型中在某选择次数和所有独立预报年份中,
出现的频率顺次最大的环流因子,这些因子被认为是对预报场影响最重要的因子。

## 10.3　中国东部夏季降水量逐月预报模型的确定

由于预报模型的建立,是逐次提取的自变量组与预报场组关系最密切的主分量,其提取次
数(公式(10.1)的‘s’)可能会影响预测的效果。因此使用不同的提取次数,试验次数 $s = 2 \sim$
20,对 1951—2007 年 57 a 资料作交叉检验。图 10.1 给出对 6 月份作交叉预测检验情况。

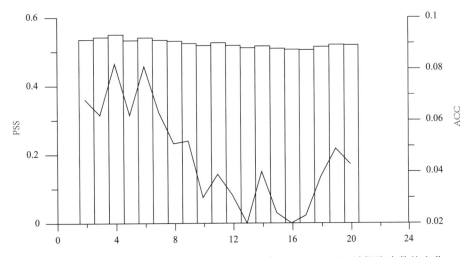

图 10.1　预测我国东部 6 月份降水量的 PSS(直方图) 和 ACC 随提取次数的变化

在图 10.1 中,从交叉检验指标平均值来看,PSS 平均值变化不大,在次数 3~11 上均有较
大的值,但是 ACC 平均值有较大的变化,在 $s = 4$ 时有最大值,PSS 的平均值达到 55.0%,
ACC 平均值达到 0.082。因此,选取次数 4 的预报模型,作为对 6 月份的基本预报模型。用此
模型作逐年交叉检验的情况由图 10.2 给出。

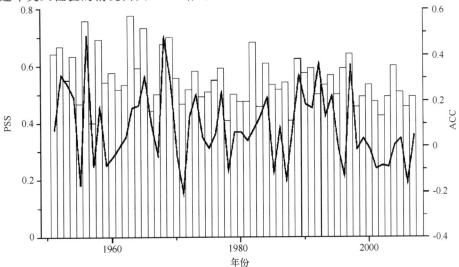

图 10.2　预测我国东部 6 月份降水量的 PSS(直方图和 ACC(粗黑实线)逐年的变化

从图 10.2 可以看出,不少年份的 PSS 都超过 60%。例如,1954 年是出现江淮流域大水年份,PSS 可以达到 63.3%,ACC 达到 0.212。1956 年黄淮降水异常偏多,PSS 甚至达到 75.8%,ACC 达到 0.486。在所有检验的年份中,PSS 有 44% 能够超过 55.0%。

对 7 月份作类似分析,在 PSS 和 ACC 随提取次数变化的图(图略)上,发现次数 $s=7\sim19$ 上,PSS 均有较大的值。ACC 由 0.129 逐步增加,到 $s=8$ 时有最大值,然后逐步下降。因此选取次数 $s=8$ 作为 7 月份的基本预报模型。对应的检验指标是:PSS 平均值为 54.6%,ACC 平均值达到 0.143。用该模型作逐年交叉检验(图略),也发现大多数年份有较好的预测效果。在检验的年份中,PSS 有 50% 能够超过 55.0%。

对 8 月份也作类似分析,在 PSS 和 ACC 随提取次数的变化的图(图略)上,发现次数 $s=3\sim16$ 上,PSS 的平均值均较大,ACC 平均值均大于 0.12,其中在 $s=4$ 时有最大值,PSS 平均值达到 55.6%,ACC 平均值为 0.155。因此选取次数 4 作为 8 月份的基本预测模型。用该模型作逐年交叉检验(图略),也发现大多数年份月份有较好的预测效果。在检验的年份中,PSS 有 54% 能够超过 55.0%。

整个夏季各月使用的预报模型,PSS 平均能够接近或超过 55%,ACC 平均值能够接近或超过 0.10,到达较好的预测效果,可以确定为中国东部夏季降水逐月的基本预报模型。

# 10.4　大气环流因子在月际预报中的表现

为了寻找重要因子,从因子场中找出荷载绝对值最大的十个环流特征量,它们是在各月基本预报模型中,与预报场最佳回归关系中贡献较大的环流因子。然后在选取的不同次数与在交叉检验的所有独立样本(年份)中,找出预报模型中出现的频率顺次最大的环流因子。表10.1 给出 6、7、8 月份,各个月份基本预测模型中,出现的频率顺次最大的五个环流因子的比较。

表 10.1　基本预报模型中出现的频率顺次最大的环流因子

| 月份 | 顺序号 | 频率(%) | 因子序号 | 名称 |
|---|---|---|---|---|
| 6 | 1 | 50 | 23 | 北半球副高脊线(5°E—360°) |
| | 2 | 40 | 61 | 欧亚纬向环流指数(IZ,0°—150°E) |
| | 3 | 37 | 1 | 北半球副高面积指数(5°E—360°) |
| | 4 | 36 | 3 | 北非大西洋副高面积指数(110°W—60°E) |
| | 5 | 35 | 12 | 北半球副高强度指数(5°E—360°) |
| 7 | 1 | 35 | 24 | 北非副高脊线(20°W—60°E) |
| | 2 | 35 | 29 | 北美副高脊线(110°—60°W) |
| | 3 | 33 | 32 | 北美大西洋副高脊线(110°—20°W) |
| | 4 | 33 | 63 | 亚洲纬向环流指数(IZ,60°E—150°E) |
| | 5 | 32 | 25 | 北非大西洋副高脊线(110°W—60°E) |
| 8 | 1 | 49 | 23 | 北半球副高脊线(5°E—360°) |
| | 2 | 46 | 45 | 西太平洋副高西伸脊点 |
| | 3 | 43 | 44 | 太平洋副高北界(110°E—115°W) |
| | 4 | 38 | 46 | 亚洲区极涡面积指数(60°—150°E) |
| | 5 | 33 | 32 | 北美大西洋副高脊线(110°—20°W) |

从表 10.1 可见,6 月份,随着全球副高系统的北进,我国雨带出现在长江以南。此时,全球大尺度副高系统因子起主要作用。例如,北半球副高脊线、副高面积和副高强度,均起重要作用,同时,出现频率也是最大的亚欧地区的纬向环流指数,起重要作用。实际上,虽然选择的副高系统主要表现在北半球副高系统,但是这些系统也与东亚地区的环流系统有密切相关。例如,频率最高的因子,北半球副高脊线,与太平洋副高脊线、副高面积和副高北界的相关系数,分别高达 0.69、0.56 和 0.52,均超过 0.05 显著性水平。欧亚纬向环流指数也是出现频率很高的因子,它与亚洲纬向环流指数的相关系数也有 0.43。说明北半球和亚欧环流系统也能够反映东亚地区的环流系统状态。

进入 7 月份,随着副高北上,我国雨带出现在长江与淮河一带,能够产生降水的环流因子,副高北上的指标(副高脊线)是重要因子,东半球副高脊线系统也起重要作用。此外,亚洲纬向环流系统也起很大作用。同样,这些系统与东亚地区的环流系统也有密切相关。例如,频率最高的因子,与东太平洋副高脊线相关系数为 −0.40。出现频率也很大的北美大西洋副高脊线,与西藏高原环流系统相关系数达到 0.53。亚洲纬向环流指数,则与西太平洋副高西伸脊点有密切关系。

到了 8 月份,随着副高进一步北上,我国雨带出现在黄河流域,反映副高活动的因子仍然是我国盛夏的主要因子,但是,因子中仍然是北半球副高脊线起重要作用。同时,东亚地区的西太平洋副高西伸脊点是决定我国雨带的位置,也是十分重要的因子。此外,反映东亚北方冷空气活动的亚洲区极涡面积指数,也是我国东部降水产生的动力因子。同样,尽管影响我国降水是北半球的副高系统,它们也能够反映东亚地区的副高活动情况。例如,频率最高的因子,北半球副高脊线与太平洋副高脊线的相关系数为 0.48。频率次高的因子,西太平洋副高西伸脊点,与南海副高脊线和副高北界相关系数分别高达 −0.65 和 −0.68。太平洋副高北界则与南海副高面积指数相关系数达到 −0.45。

实际上,整个夏季的不同月份,北半球和东半球副高系统,在我国降水预报中起主要作用。当然,东亚地区的环流因子也起一定的作用。例如,在 6 月份,反映东亚地区的西太平洋副高强度指数也是重要因子,它的顺序号为 11,出现频率为 25%。另外,顺序号为 12,出现频率也为 25% 的南海副高强度指数也是重要因子。7 月份,顺序号为 6,出现频率为 29% 的西太平洋副高脊线,和顺序号为 9,出现频率为 28% 的西太平洋副高北界,也是影响我国降水的重要因子。8 月份,反映北方冷空气活动的亚洲区极涡强度指数也是重要因子,它的顺序号为 6,出现频率为 32%,西太平洋副高脊线,它的顺序号为 8,出现频率为 26%。

## 10.5　中国东部夏季降水预测模型中的主要环流因子

由于出现频率能够反映不同的环流因子在预测模型中的作用,我们选取出现频率顺次最大的前 60 个环流因子,它们应该包含全北半球、东、西半球和东亚地区的重要环流因子,作为从 74 个环流特征量中筛选的因子。第二步,从它们中按出现频率大小顺序,再选择其中若干个重要因子参加到预测模型中,选择时,也使用逐次分量数来建立预报模型。

6 月份,按出现频率大小顺序,选择 20、30 和 40 个环流因子进入预测模型,作次数 $s = 2 \sim 20$ 进行预测试验,然后对 57 a 资料作交叉检验。发现选入因子个数 30 有较好的效果。图 10.3 给出对 6 月份在 $s = 2 \sim 20$ 下作交叉预测检验情况。

从图 10.3 可见,当 $s$ 变化时,PSS 平均值变化不大,在次数 3～7 上均有较大的值,但是 ACC 平均值有较大的变化,在 $s=4$ 时有最大值,PSS 平均值能够达到 56.7%,ACC 达到 0.128,它们对应的 $t$ 值分别为 5.124 和 5.317,均超过 0.05 的显著性水平。与图 10.1 比较,也可以看见预测效果有明显提高。因此,选取次数 $s=4$,重要因子数为 30 的预报模型,作为对 6 月份的最后的预报模型。用此模型作逐年交叉检验的情况在图 10.4 中显示。

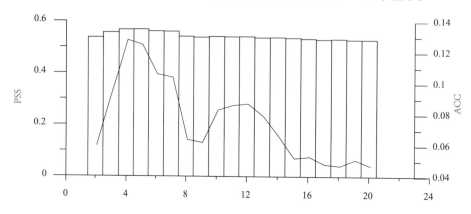

图 10.3　预测(选入因子个数 30)我国东部 6 月份降水量的 PSS(直方图)
和 ACC(粗黑实线)随提取次数的变化

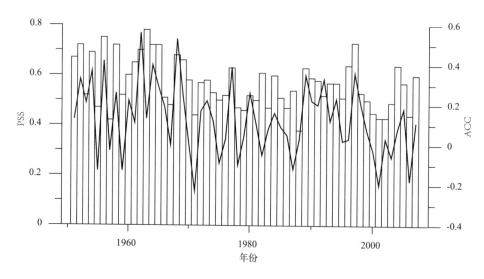

图 10.4　预测(选入因子个数 30)我国东部 6 月份降水量的 PSS(直方图)
和 ACC(粗黑实线)逐年的变化

从图 10.4 可以看出,大部分的年份的 PSS 都超过 60%,ACC 超过 0.20。57 a 的平均值,PSS 达到 56.7%,ACC 为 0.128。例如,1954 出现江淮大水年份,中国东部地区 PSS 达到 69%,ACC 达到 0.37,其中长江地区 PSS 达到 63%,ACC 达到 0.28,东北地区 PSS 高达 73%,ACC 也高达 0.66。另一大水年,1998 年,中国东部地区 PSS 达到 53%,ACC 达到 0.20,其中长江地区 PSS 达到 59%,ACC 达到 0.20。在所有独立预报试验年份中,1962 年报得最好,中国东部地区 PSS 达到 70%,ACC 达到 0.56,其中长江地区 PSS 高达 78%,ACC 也高达 0.62。因此,确定此预报模型为 6 月份最佳因子集和最佳次数预报模型。

类似地,对 7 月份的基本预报模型,按出现频率大小顺序,选择 20~60 个环流因子进入预测模型,作次数 $s=2~20$ 进行预报试验,对 57 a 资料作交叉检验。发现 $s=8$,选入重要因子个数 50 有较好的效果(图略)。发现在 $s=8$ 时,中国东部地区 PSS 和 ACC 的平均值均达到最大值,PSS 平均值达到 55.2%,ACC 达到 0.152,经过检验,它们也超过 0.05 的显著性水平。预报效果比基本预报模型要好。该模型在逐年的预报中也有较好的预报效果。例如,1954年,PSS 达到 67%,ACC 达到 0.43。另一大水年,1998 年,PSS 达到 55%,ACC 也达到 0.12。均有较好预报效果。其中 1971 年,报得最好,PSS 达到 75%,ACC 达到 0.43。确定它为 7 月份最佳预报模型。

类似地,对 8 月份的基本预报模型,做类似的因子集和分量次数的试验,发现 $s=4$,选入因子个数 $s=40$ 有最佳的预报效果。中国东部地区,符号同号率平均值达到 55.4%,ACC 达到 0.146。经过检验,它们也超过 0.05 的显著性水平。预报效果与基本预报模型预测效果差不多。说明所选择的 40 个重要因子是主要影响因子,可以达到 69 个环流特征量所作预测的效果。该模型在逐年的预报中也有较好的预测效果。例如,1991 出现江淮大水年份,PSS 达到 65%,ACC 达到 0.44。最后确定它为 8 月份最佳预报模型。

从各月份确定的最佳因子集和最佳次数预报模型中,与表 10.1 的做法类似,在选取的不同次数中,与预报场回归关系中贡献较大的环流因子中,找出预报模型中出现的频率顺次最大的环流因子。表 10.2 给出 6、7、8 月份中,各个月份最佳预测模型中,出现的频率顺次最大的五个环流因子的比较。

表 10.2　最佳因子集和最佳次数预报模型中出现的频率顺次最大的环流因子

| 月份 | 顺序号 | 频率(%) | 因子序号 | 名称 |
|---|---|---|---|---|
| 6 | 1 | 57 | 1 | 北半球副高面积指数(5°E—360°) |
| | 2 | 46 | 16 | 西太平洋副高强度指数(110°E—180°) |
| | 3 | 43 | 8 | 大西洋副高面积指数(55°—25°W) |
| | 4 | 41 | 23 | 北半球副高脊线(5°E—360°) |
| | 5 | 40 | 18 | 北美副高强度指数(110°—60°W) |
| 7 | 1 | 42 | 9 | 南海副高面积指数(100°E—115°W) |
| | 2 | 40 | 13 | 北非副高强度指数(20°W—60°E) |
| | 3 | 36 | 35 | 北非副高北界(20°W—60°E) |
| | 4 | 35 | 29 | 北美副高脊线(110°—60°W) |
| | 5 | 34 | 31 | 南海副高脊线(100°E—115°W) |
| 8 | 1 | 40 | 1 | 北半球副高面积指数(5°E—360°) |
| | 2 | 38 | 7 | 北美太平洋副高面积指数(110°—60°W) |
| | 3 | 35 | 5 | 西太平洋副高面积指数(110°E—180°) |
| | 4 | 29 | 2 | 北非副高面积指数(20°W—60°E) |
| | 5 | 28 | 6 | 东太平洋副高面积指数(175°E—115°W) |

从表 10.2 可见,6 月份,因子经过筛选,北半球副高面积指数从出现频率顺序号为 3 的位置,转变为最重要的因子,顺序号为 11 的西太平洋副高强度指数则排第 2 位。说明北半球和东亚地区的西太平洋副高强度是 6 月份影响我国降水的重要因子。7 月份,南海副高面积指数从出现频率顺序号为 49 的位置,转变为最重要的因子,顺序号为 21 的南海副高脊线则排第 5 位。说明东亚地区南海副高是 7 月份的重要因子。8 月份,北半球副高面积指数从出现频率顺序号为 14 的位置,转换为最重要的因子,顺序号为 32 的西太平洋副高面积指数则排第 3 位。说明北半球和东亚地区副高面积是 8 月份影响我国降水的重要因子。

经过因子筛选后的因子集,在各个月份的预报模型中,表现最突出的因子,仍然是北半球,或者东半球副高系统。但是,除北半球的大尺度副高系统的作用外,东亚地区局地副高系统也起十分重要的作用。特别是西太平洋副高强度和面积指数,在夏季降水的预报中均起重要作用。

另外,从表 10.2 还可以看见,在不同月份的预报模型中,初夏的 6 月份,北半球副高面积系统起决定性作用,反映 6 月份我国的降水是受大尺度副高因子的作用。但是,进入 7 月份,副高的北跳是雨带位置的决定因素,这时东亚地区的南海副高面积和脊线起重要作用,到 8 月份,副高系统的面积又起重要作用。

值得注意的是,比较表 10.1 和表 10.2,经过筛选后的因子,在提高预报效果的同时,在预报模型贡献最大的因子中,突出了副高系统的作用。

## 10.6　环流因子在中国东部夏季降水预测中的作用及其物理意义

在预测模型和进入模型中的因子确定后,还需要进一步研究使用此模型进行预测试验的效果,以及环流因子的作用。

为了比较,我们使用逐步回归方法,利用大气环流特征量作为因子,建立对中国东部夏季降水量的回归预测模型,进行预测。还分别对中国东部全区,以及东部不同的地区进行预测效果的检验。分区原则是按中国夏季降水量气候区划进行划分。表 10.3 给出最佳预测模型和传统回归模型在 6、7、8 月份中,各个月份的预测的同号率的比较,表中还给出各区对应同号率平均值的 $t$ 值。

表 10.3　不同预测模型的预测平均 PSS 比较

| 月份 | 项目 | 全区 | 东北 | 华北 | 黄淮 | 长江 | 华南 |
|---|---|---|---|---|---|---|---|
| 6 | 最佳模型 | 0.567 | 0.551 | 0.513 | 0.555 | 0.529 | 0.567 |
|  | $t$ 值 | 5.124 | 3.409 | 0.848 | 2.549 | 1.868 | 3.255 |
|  | 回归模型 | 0.520 | 0.532 | 0.516 | 0.492 | 0.497 | 0.527 |
|  | $t$ 值 | 2.100 | 2.043 | 1.070 | −0.428 | −0.243 | 1.756 |
| 7 | 最佳模型 | 0.552 | 0.553 | 0.531 | 0.511 | 0.549 | 0.581 |
|  | $t$ 值 | 4.535 | 3.037 | 1.616 | 0.583 | 2.447 | 4.135 |
|  | 回归模型 | 0.530 | 0.508 | 0.500 | 0.498 | 0.566 | 0.531 |
|  | $t$ 值 | 4.177 | 0.561 | 0.000 | −0.128 | 4.208 | 1.650 |

| 月份 | 项目 | 全区 | 东北 | 华北 | 黄淮 | 长江 | 华南 |
|------|------|------|------|------|------|------|------|
| 8 | 最佳模型 | 0.554 | 0.538 | 0.577 | 0.548 | 0.568 | 0.553 |
| | $t$ 值 | 4.877 | 2.144 | 3.888 | 2.402 | 3.632 | 2.601 |
| | 回归模型 | 0.528 | 0.536 | 0.517 | 0.524 | 0.522 | 0.543 |
| | $t$ 值 | 3.731 | 2.133 | 1.056 | 0.524 | 1.389 | 3.090 |

从表 10.3 中看见,最佳预测模型预测效果,在大部分地区上比传统回归模型都要好。传统回归模型检验的 $t$ 值,6 月份,在黄淮和长江地区的平均同号率出现是负值,即比随机预测的 50% 还要低。另外,比较还发现,这里的最佳预测模型,在不同月份,对黄淮、长江和华南地区的预测均有较好的效果。也说明以副高为主的组合环流因子的预测效果,要比单独选入的环流因子(逐步回归模型)好。

虽然各月份最佳预测模型选取的主要因子不是东亚地区的环流因子,但是它们与东亚地区的环流因子有十分密切关系。表 10.4 给出在 6 月份中,最佳预测模型前五个重要因子(见表 10.2)与东亚地区的环流因子的相关系数。

**表 10.4　6 月份最佳预测模型中前五个重要因子与东亚地区的环流因子的相关系数**

| 因子名称 | 1 | 2 | 3 | 4 | 5 | 绝对值平均 |
|----------|------|------|------|------|------|------------|
| 西太平洋副高面积指数 | 0.83 | 0.91 | 0.36 | −0.21 | 0.52 | 0.57 |
| 西太平洋副高强度指数 | 0.81 | 0.99 | 0.35 | −0.31 | 0.58 | 0.61 |
| 西太平洋副高脊线 | −0.22 | −0.39 | 0.17 | 0.54 | 0.09 | 0.28 |
| 西太平洋副高北界 | 0.18 | 0.15 | 0.34 | 0.27 | 0.34 | 0.26 |
| 西太平洋副高西伸脊点 | −0.52 | −0.67 | −0.17 | 0.27 | −0.38 | 0.40 |
| 南海副高面积指数 | 0.55 | 0.73 | 0.14 | −0.33 | 0.38 | 0.43 |
| 南海副高强度指数 | 0.54 | 0.75 | 0.15 | −0.30 | 0.44 | 0.44 |
| 亚洲区极涡面积指数 | −0.37 | −0.28 | −0.26 | −0.22 | −0.35 | 0.30 |
| 西藏高原北部位势高度 | 0.56 | 0.43 | 0.51 | 0.14 | 0.45 | 0.42 |
| 西藏高原南部位势高度 | 0.42 | 0.31 | 0.42 | 0.10 | 0.37 | 0.32 |
| 印缅槽 | 0.56 | 0.53 | 0.31 | −0.13 | 0.42 | 0.39 |

从表 10.4 可见,最佳预测模型前五个重要因子(见表 10.2)与东亚地区的环流因子的相关系数,大部分超过 0.05 显著性水平(0.25),相关系数绝对值的平均值也均超过 0.05 显著性水平,相关较为密切的是西太平洋副热带高压、南海副热带高压的各项指数、西藏高原位势高度和印缅槽。7、8 月份的计算也发现情况类似,只是相关程度比 6 月份稍低。说明最佳预测模型选取的主要因子,是能够反映东亚地区的环流因子作用的。

表 10.4 表明,我们建立的最佳预测模型选取的因子可以反映东亚环流重要系统对中国东部夏季降水的影响。西藏高原位势高度在一定程度上反映了青藏高原的热源状况,其持续时间长,是夏季降水短期气候业务预测中考虑的重要因素。高原位势高度偏高,表示热源强,有

利于东亚夏季风强、西太平洋副热带高压位置偏西、偏北,而西太平洋副热带高压位置偏西、偏北,有利于中国东部夏季主要雨带偏北,反之亦然。

**参考文献**

魏凤英,黄嘉佑. 2010a. 大气环流降尺度因子在中国东部夏季降水预测中的作用. 大气科学,**34**(1):202-212.

魏凤英,黄嘉佑. 2010b. 我国东部夏季降水量统计降尺度的可预测性研究. 热带气象学报,**26**(4):483-488.

Huang Jiayou,Tan Benkui,Suo Lingling,and Hu Yongyun. 2007. Monthly changes in the influence of the arctic oscillation on surface air temperature over China. *Adv. Atmos. Sci.* ,**24**(5):799-807.

# 第 11 章　中国东部夏季降水的动力与统计相结合预测方法

　　中国东部夏季降水具有复杂的时空变化特征,不仅具有典型的空间分布型(孙林海等,2005;赵振国等,2008),且具有多时间尺度的振荡周期(朱乾根和智协飞,1991;陈兴芳和宋文玲,1997;况雪源等,2002;Li et al.,2004;杨秋明,2006;黄荣辉等 2006;钱维宏等,2007)。而对中国东部夏季降水异常有重要影响的因子也十分复杂。目前,在短期气候预测业务中主要考虑的有太阳活动、地球自转、ENSO、阻塞形势、西太平洋副热带高压、东亚夏季风、青藏高原积雪、北极海冰等(赵振国,1996;魏凤英,2006;武炳义等,2008;邓伟涛等,2009)。其中,东亚地区大气环流异常是造成中国东部夏季降水异常的直接原因。大部分研究工作是从大气环流系统着手进行的,并且重点集中在对流层中层的 500 hPa 高度场上的环流异常因子。而较少将大气各层环流的垂直结构和相互关系综合起来考虑。事实上,对流层和平流层之间存在相互作用(Kodera and Koide,1997;Hartmann,2004;Matthes et al.,2006),对我国夏季降水异常有显著影响的关键系统,可能不仅仅存在于对流层中、低层,而是从高层到低层的这一区域的环流异常之间的相互配置共同作用的结果。

　　气候模式预测是现代气候预测技术的发展方向。但是,目前气候模式存在分辨率不够、描述的物理过程还不能完全反映气候演变等问题,还不能满足提高预测准确率的需求。统计方法在我国的短期气候预测业务中仍占很大比例,但其存在着忽略物理过程演变的缺陷。因此,将统计与动力学方法相结合,无疑是提高短期气候预测水平的重要途径。在此基础上,进一步发展了利用多年的历史观测资料建立大尺度气候要素和区域气候要素场之间的统计关系,由动力模式输出环流场间接的预报要素场的统计降尺度技术(Fuentes and Heimann,2000;Busuioc et al.,2001;Oshima et al.,2002;Widmann et al.,2003)。目前,统计降尺度方法已成为改善模式预报水平不可或缺的有效技术(陈丽娟和李维京,1999;范丽军等 2007)。

　　由于大气环流系统在垂直方向存在着相互作用,为了更为系统地探讨东亚地区大气环流对中国东部夏季降水异常的影响,韩雪和魏凤英(2010)不仅关注中、低层大气环流因子对东部夏季降水的影响,同时也关注高层大气,探讨东亚地区高、中、低层大气的变化轨迹对中国东部降水异常的影响,寻找影响夏季降水异常的关键系统和关键因子。在分析我国东部地区夏季降水的空间分布特征和时间尺度变化的基础上,从东亚地区高、中、低层高度场上寻找影响夏季降水异常的关键区域及关键因子,以全球气候模式 NCAR CAM3.1 的预报输出为基础,以统计降尺度为手段,建立动力与统计相结合的我国东部夏季旱涝趋势预测模型,并对该模型的预报能力进行检验。

# 11.1　中国东部夏季降水的空间分布型与东亚大气环流

### 11.1.1　中国东部夏季降水的时空分布特征

将中国东部 96 个测站 1951—2007 年的夏季降水量场进行经验正交函数（EOF）分解,分别得到中国东部夏季降水量场的特征向量及其对应的时间系数。特征向量表征了东部夏季降水的空间变率分布模态,通过了 North 检验的前四个特征向量共解释总方差的 93.40%,基本上概括了中国东部夏季降水的主要空间分布特征。第一特征向量（EOF1）解释总方差的89.97%（图略）,它显示的是,整个中国东部地区大范围为正值,它所反映的是中国东部夏季降水从东南向西北逐渐递减的变化趋势,其对应的时间系数代表了逐年东部大范围夏季降水多寡的年际变化,我们将其称作东部大范围型。第二特征向量（EOF2）的分量呈现出负、正、负相间的分布型（图略）。这一特征向量代表了江淮流域降水与其南、北呈相反趋势的两种分布型式,称之为江淮型。第三特征向量（EOF3）代表了长江中下游及其以南地区与黄淮之间的降水呈相反趋势的两种分布型（图略）,这也是我国夏季比较常见的降水分布型,称之为江南型。第四特征向量（图略）基本上主要表征了北方以及长江中下游地区降水与淮河流域以及华南地区降水呈相反趋势的两种空间分布型,称之为北方型。

特征向量的时间系数代表了该模态随时间的变化特征。分别对中国东部夏季降水的前 4 个特征向量的时间系数序列进行小波分析。图 11.1 中给出四个特征向量的时间系数的小波变换（图 11.1a—d）及小波方差（图 11.1e—h）。从小波变换图中可以看出,中国东部夏季降水的 4 类典型空间分布型包含了复杂的多时间尺度变化。从小波方差图可知,中国东部夏季降水具有显著的准 2 a 的变化周期,其小波方差远远高于其他时间尺度。另外,尺度在 24 a 左右的变化周期也很突出。

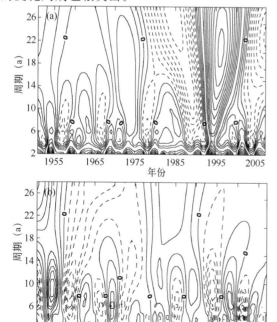

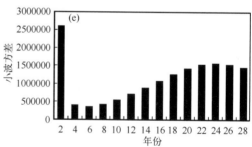

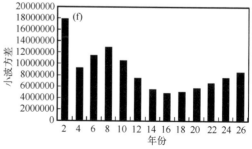

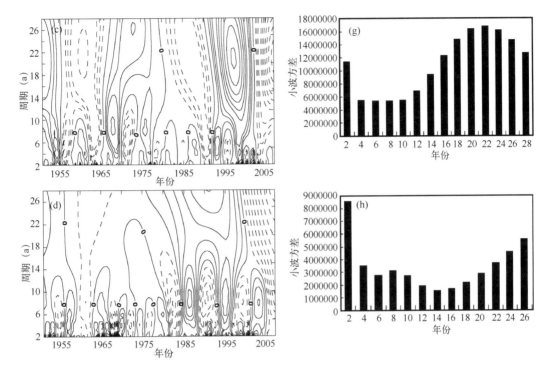

图 11.1　中国东部夏季降水的前四个特征向量的时间系数的(a—d)小波变换和
(e—h)小波方差(a、e) EOF1；(b、f) EOF2；(c、g) EOF3；(d、h) EOF4

　　提取 24 a 和 2 a 周期的小波系数并分别绘制出年代际尺度和 2 a 小波系数的时间-纬度剖面图(图 11.2)。由图 11.2a 可以看出，20 世纪 50 年代前半期，除江淮流域处于降水偏多时期外，东部其他地区均处于偏少时期；20 世纪 50 年代中期至 20 世纪 60 年代中期，北方地区降水偏多，江淮流域及其以南地区的降水偏少；20 世纪 60 年代中期至 20 世纪 70 年代末，长江中下游及其以南地区处于降水偏多时期，淮河及北方地区处于降水偏少时期；20 世纪 80 年代，东北及淮河流域夏季降水偏多，其他地区处于降水偏少时期；进入 20 世纪 90 年代后，东北地区、长江中下游及其以南地区的夏季降水偏多；21 世纪以来，淮河流域夏季降水进入显著偏多阶段，其他地区夏季降水偏少。由此可见，中国东部夏季降水的年代际尺度变化在纬向上存在显著的位相差异，尤其是处于过渡带的淮河流域和长江中下游地区的年代际尺度变化的位相差异较明显。由图 11.2b 可以看出，江淮流域夏季降水的准 2 a 振荡比较突出，而东北地区的准 2 a 振荡相对较弱。且当东部夏季降水处于较稳定的降水偏多的年代际背景下，其准 2 a 周期振荡也更为显著。例如，进入 21 世纪后，淮河流域处于显著的夏季降水偏多时期，同时这一时期淮河流域的准 2 a 周期振荡也十分显著。

　　中国东部夏季降水量场可以看作是空间特征向量及其时间系数的线性组合。因此，对中国东部夏季降水空间分布型的预报，可以通过寻找合适的预报因子，对代表东部夏季降水主要分布特征的前四个特征向量的时间系数进行预报，用预报的时间系数与四个特征向量合成，就可以得到中国东部夏季降水场的预报。

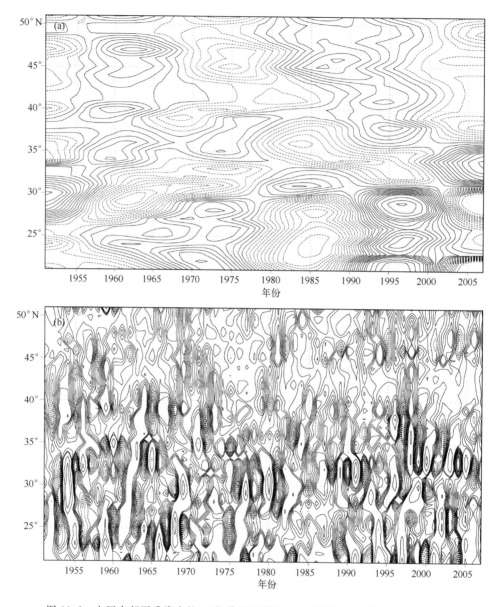

图 11.2　中国东部夏季降水的(a)年代际振荡和(b)年际振荡的时间—纬度剖面图
实、虚线:夏季降水相对偏多、偏少时期

## 11.1.2　中国东部夏季降水的空间分布型与东亚夏季大气环流的关系

### (1)东亚夏季大气环流异常与东部夏季大范围降水的关系

对东亚地区各层的高度距平场与中国东部夏季降水的前四个特征向量的时间系数之间进行线性回归分析,回归系数代表了东亚地区高、中、低层大气环流与中国东部四种典型空间分布型降水的相关关系。

图 11.3 分别给出了东亚地区夏季 50 hPa、100 hPa、200 hPa、500 hPa、850 hPa 高度距平

场与中国夏季降水第一典型分布型(东部大范围型)的回归图,正、负回归系数代表了环流场与
降水型的相关特性。从垂直方向来看,平流层 50 hPa 上亚洲北极地区的环流异常通过了 $\alpha=$
0.05 显著性水平,该地区是影响东部大范围降水异常的关键区域。同时,东亚高层的中纬西
风带地区;50 hPa、850 hPa 等压面上乌拉尔山地区;对流层内贝加尔湖地区;850 hPa 等压面
上鄂霍次克海附近的位势高度异常对东部大范围夏季降水都有显著的影响。此外,在对流层
中、低层西太平洋副高地区也是影响东部大范围降水异常的关键区域。

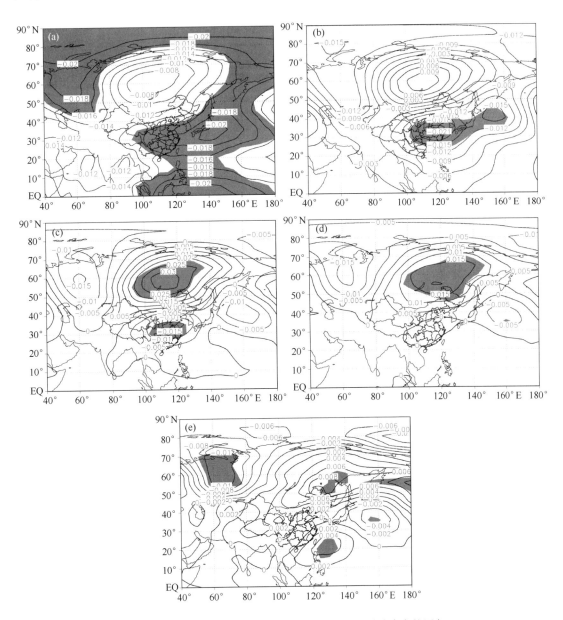

图 11.3　东亚夏季各高度距平场与东部大范围夏季降水的回归

(a) 50 hPa;(b) 100 hPa;(c) 200 hPa;(d) 500 hPa;(e) 850 hPa。

实、虚线:正、负回归系数;阴影:回归系数超过 $\alpha=0.05$ 显著性水平

**(2)大气环流异常与江淮型降水的关系**

图 11.4 给出了东亚夏季高、中、低层高度距平场与江淮型降水的回归图。可以看出,东亚高、中、低层的亚洲北极、中纬西风带地区的位势高度异常与江淮型降水基本呈一致的反相关关系,而高、中、低层的高纬阻塞形势和西太平副热带地区的位势高度异常与江淮型降水呈一致的正相关关系。其中对流层内的乌拉尔山、鄂霍次克海以及西太平洋副热带地区是对夏季江淮型降水有显著影响的关键区域。

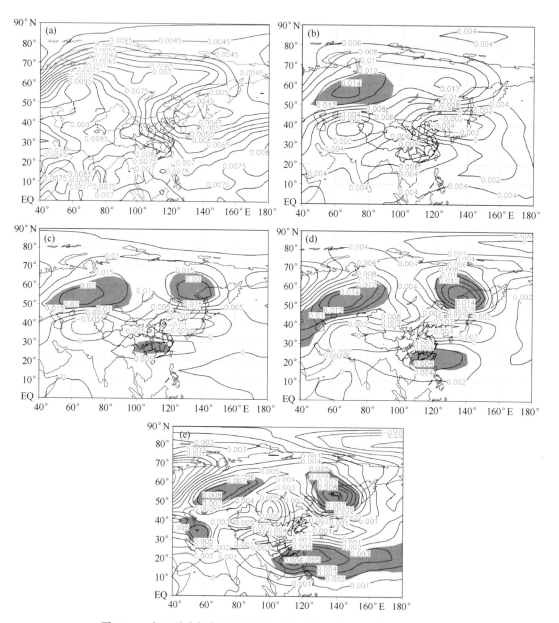

图 11.4　东亚夏季各高度距平场与江淮型降水的回归,其余同图 11.3

### (3)大气环流异常与江南型降水的关系

图 11.5 给出了东亚夏季高、中、低层高度距平场与江南型降水的回归图。可以看出,亚洲北极地区的位势高度在高、中、低层上均与江南型降水呈反相关关系,且均通过了 $\alpha=0.05$ 显著性水平,说明东亚地区高、中、低层北极地区是对江南型降水有显著影响的关键区域。中纬度西风带附近的位势高度异常在中、高层与江南型降水呈反相关关系,其中 100 hPa、200 hPa 上该区域的回归系数通过了显著性水平。高纬度地区的高度场异常与江南型降水的相关关系较复杂,其中对江南型降水有显著影响的关键区域为平流层的乌拉尔山地区以及对流层中、低层的贝加尔湖地区,且均与江南型降水呈正相关关系。此外,对流层中、低层西太平洋副高的强弱与江南型降水的正相关关系也通过了 $\alpha=0.05$ 显著性水平。

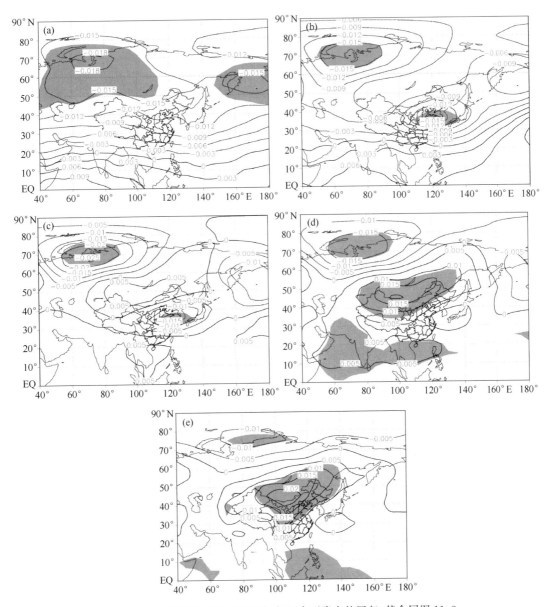

图 11.5　东亚夏季各高度距平场与江南型降水的回归,其余同图 11.3

**(4)大气环流异常与北方型降水的关系**

图 11.6 分别给出了东亚夏季高、中、低层高度距平场与北方型降水的回归图。与北方型降水有显著相关关系的大气环流异常信号较弱,特别是对流层中、低层的高度场异常信号较少。除了亚洲北极地区从高层到低层,南亚地区以及中纬度西风带在高层呈现明显的正异常信号外,高层到低层的高纬度地区和西太平洋副热带地区都没有高度场异常的信号。这表明当东亚地区的大气环流表现为高、中、低层北极附近地区的位势高度一致偏高,即亚洲极涡偏弱、高层南亚高压偏强、并且中、高层中纬度西风带地区的位势高度一致偏高时,中国东部夏季可能易形成北方降水偏多,淮河流域及华南地区降水偏少的分布;反之亦然。

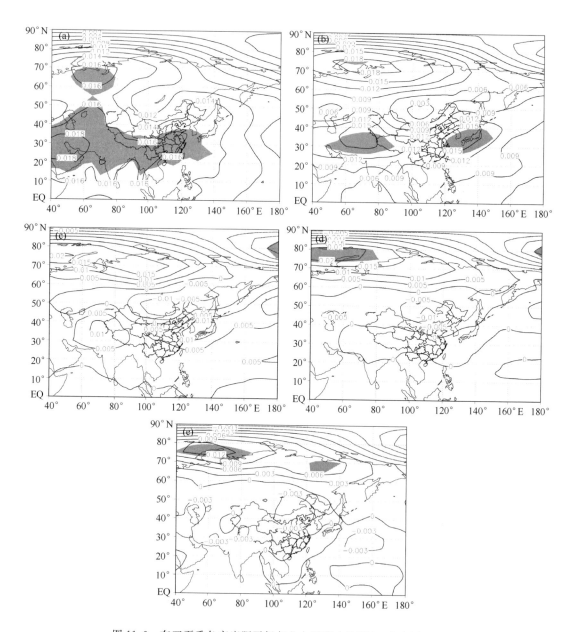

图 11.6　东亚夏季各高度距平场与北方型降水的回归,其余同图 11.3

从四类典型降水型与东亚地区高、中、低层关键区域的相关分布可以看出,对中国东部夏季降水有显著影响的东亚夏季大尺度环流异常的关键区域在水平方向和垂直方向上存在一定联系。水平方向上,分布在 500 hPa 和 850 hPa 的环流异常关键区域和关键因子最多,主要为亚洲极涡、中纬度西风带、亚欧大陆阻塞高压及西太平洋副热带高压。这四个关键系统的特定配置对东部夏季降水的分布有显著影响(表 11.1)。其中"＋"代表该地区的位势高度正异常;"－"代表该地区的位势高度负异常。由此可见,当对流层中、低层的大气环流呈现为乌拉尔山阻高、鄂霍次克海阻塞高压的建立,且西太平洋副高偏强时,东部江淮流域的夏季降水易偏多;而当亚洲极涡偏强,贝加尔湖阻塞高压建立,且西太平洋副高偏强时,东部长江中下游及其以南地区的夏季降水可能易偏多。从表 11.1 中还可以看出,影响北方型降水偏多的因子配置恰与江南型相反。同时,这种水平方向上的配置并不仅位于某一层高度场上,而常常是从高到低贯穿整个东亚地区。例如亚洲极涡、高纬阻塞形势等关键系统常呈现从高层到低层一致的变化特征。这表明,各层高度场上的大气环流异常因子可能的相互作用,构成东亚地区垂直方向上从高层到低层呈一致变化特征的深厚系统,从而可能对东亚地区夏季降水产生较稳定的影响。由此可见,对中国东部夏季降水有显著影响的环流因子不仅取决于某一高度场上大气环流异常的配置,也取决由高、中、低层大气环流的垂直结构的异常。

**表 11.1　影响中国东部三类典型分布的主要显著因子及其配置**

| | 亚洲极地 | 中纬西风带 | 乌拉尔山 | 贝加尔湖 | 鄂霍次克海 | 副高 |
|---|---|---|---|---|---|---|
| 江淮型 | | | ＋ | | ＋ | ＋ |
| 江南型 | － | － | | ＋ | | ＋ |
| 北方型 | ＋ | ＋ | | | | |

# 11.2　CAM3.1 模式对东亚环流的预测效果及订正

## 11.2.1　模式简介、资料预处理及预报试验方案设计

### (1)模式简介

全球大气环流模式 NCAR CAM3.1(NCAR Community Atmosphere Model v3.1)是美国国家大气研究中心研制的公共气候系统模式中的大气部分,是大气环流谱模式系列的最新版本。CAM3.1 模式采用三角形谱截断,水平分辨率为 T42,水平方向上有 $128 \times 64$ 个高斯格点。垂直方向上采用混合坐标,从上到下共分为 26 层。时间积分采用半隐式方案,时间步长为 20 min。该模式中包含有各种完备的物理过程,如辐射、云、对流、陆面及边界层过程等。考虑了大气水汽、二氧化碳含量对辐射的影响。它包含大气模式和一个完整的陆面模式以及可供选择的海洋模式。CAM3.1 模式提供了三种运行方式:以给定的下边界场驱动模式大气运行,称为 DOM (Data Ocean Model);与包括热动力海冰部分的简单海洋模式耦合运行,称为 SOM (Slab Ocean Model);与海洋、陆面、冰雪模式耦合运行,称为公共气候系统模式 CCSM (Community Climate System Model)。三种运行方式都包括海、陆、气部分,构成了一个完整的地气系统的物理模型。在此基础上 CAM3.1 在给定初始场的情况下,通过时间积分

来模拟下一时刻的大气状态和相关物理因子的变化响应情况。

**（2）资料预处理**

高度场：用于对比检验的高度场资料由美国 NCEP/NCAR 再分析数据中心提供的 50 hPa、100 hPa、200 hPa、500 hPa、850 hPa 各层高度场数据，时间范围是 1981—2000 年，分辨率是 $2.5° \times 2.5°$。并相应地减去 1971—2000 年的各层高度场的气候平均态，得到上述各层高度距平场数据。

海温场：选用美国 NCEP/NCAR 再分析数据中心提供的 $2° \times 2°$ 的全球海温月平均资料，时间范围为 1951—2000 年共 600 个月。

**（3）预报试验方案**

1）以月实况海温（SST）作边界条件，将 CAM3.1 模式从 1951 积分至 2000 年，得到 50 a 平均的模式结果可以近似地代表模式的气候状况。

2）在每月更换初始场的情况下，进行 1981—2000 年东亚地区月 500 hPa 高度场的连续回报试验。初始场：采用 NCEP/NCAR 再分析的日观测资料，选取 1980 年 11 月—2000 年 10 月每月第 1 天的 00:00（世界时）数据资料（包括 $U$、$V$、$T$、$Q$、$Ps$、$Ts$ 6 个要素），通过垂直插值和谱转换，转化成 CAM3.1 模式的 T42 分辨率的高斯格点资料。边界条件：采用海温预报统计模型预报的海温场。根据模式积分需要给出积分时段及该时段前 1 个月和后 1 个月的预报海温。预报滚动进行，每次预报积分三个月，进行之后第三个月的预报（例如，以 1980 年 11 月 1 日为初始场作 1981 年 1 月的预报）。

## 11.2.2　全球海温场预报的统计模型

**（1）预报思路**

这里提出一种全球海温水平分布预报方法（韩雪等，2009），其思路是：将全球海温场展开为几个典型空间特征向量与其对应时间系数的乘积之和。假定典型特征向量在一定时间范围内不变，而典型空间特征向量对应的时间系数是时间的函数，因此可以利用前期与海温变化关系密切的环流因子预报出未来时刻的时间系数，然后与典型空间特征向量相乘，就可以得到预报的海温场。

选用 NCEP/NCAR 再分析数据中心提供的 1951—2000 年共 600 个月 $2° \times 2°$ 的全球海温月平均资料。对其进行 EOF 分解，前五个特征向量解释总方差的 84.305%，均通过显著性检验。第一特征向量解释了总方差的 69.384%，它反映了全球海温场多年平均状况；而第二、第三、第四和第五特征向量（图 11.7）共解释总方差的 14.921%，从图 11.7 中可以看出，虽然它们的分布形式存在一定差异，但这四个特征向量均表征了信号最强区域——赤道中、东太平洋 El Nino 或 La Nina 典型空间分布结构。因此，预报出前五个特征向量的时间系数，就可以把握全球海温的主要分布特征。

**（2）预报因子选取**

研究表明，关键区域的纬向风异常以及南方涛动指数（SOI）对于赤道东太平洋海温异常有很好的预报指示意义。因此选取 NCEP/NCAR 再分析数据中心提供的 850 hPa 纬向风场及 NOAA/CPC 提供的南方涛动指数（SOI）作为预报海温场时间系数的因子，所用资料均为

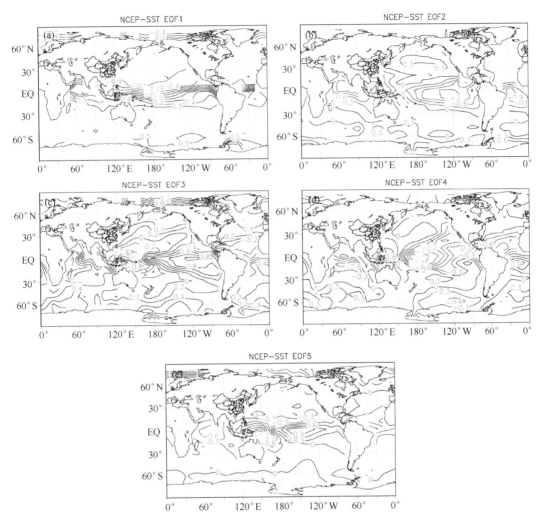

图 11.7　全球海温的典型空间特征向量
(a)EOF1；(b)EOF2；(c)EOF3；(d)EOF4；(e)EOF5

1951—2000 年共 600 个月。提取可能对赤道中、东太平洋海温异常变化有影响的三个区域 (5°S—5°N,135°E—180°;5°S—5°N,175°—140°W;5°S—5°N,135°—120°W) 的 850 hPa 纬向风,用其区域平均作为 850 hPa 纬向风指数,分别记为 $I_{u1}$、$I_{u2}$、$I_{u3}$。分别计算了 $I_{u1}$、$I_{u2}$、$I_{u3}$ 及 SOI 共四个预报因子与海温场五个典型空间分布的时间系数之间的滞后相关系数。由于样本量为 600,因此相关系数绝对值大于 0.1 就表示通过 0.05 的显著性水平,计算结果表明:四个预报因子与五个时间系数序列之间具有显著的可持续四个月的滞后相关关系。表 11.2 中给出四个指数与第二特征向量时间系数(CT2)之间的滞后相关系数。可以看出,SOI、$I_{u1}$ 与 CT2 之间具有显著的正相关关系;$I_{u2}$、$I_{u3}$ 与 CT2 具有显著的负相关关系;四个指数与 CT2 的显著相关关系均可以持续四个月。这一统计事实表明,可以利用上述四个大气指数与海温相关具有较长时间的持续性的特点来预报未来海温场的状况。

表 11.2　　四个预报因子与海温场第二特征向量时间系数的滞后相关

| 预报因子 | 滞后一个月 | 滞后二个月 | 滞后三个月 | 滞后四个月 |
|---|---|---|---|---|
| SOI | 0.21 | 0.19 | 0.17 | 0.14 |
| $I_{u1}$ | 0.15 | 0.27 | 0.31 | 0.20 |
| $I_{u2}$ | $-0.32$ | $-0.16$ | $-0.07$ | $-0.09$ |
| $I_{u3}$ | $-0.19$ | $-0.04$ | $-0.07$ | $-0.19$ |

**(3)海温预报统计模型**

根据上述分析,这里设计了预报海温场的统计模型,首先通过对 NCEP/NCAR 全球海温场进行 EOF 分解,分别得到代表全球海温场典型空间分布特征的前五个特征向量及其对应的时间系数。利用四个海温预报因子与海温场典型空间分布型的时间系数之间具有较长时间相关的特性,分别建立五个特征向量对应的时间系数与四个预报因子之间的多元回归预测模型,对未来四个月海温场的时间系数进行预报,预报结果表征全球海温场的典型空间分布型在未来四个月的时间变化特征。每次预报四个月的时间系数,之后将 NCEP/NCAR 海温场的特征向量与预报得到时间系数进行合成,这样就可以得到未来四个月海温场的预报。

应用此海温预报统计模型预报了 1981—2000 年共 240 个月的全球海温场。首次预报时,$I_{u1}$、$I_{u2}$、$I_{u3}$ 及 SOI 四个预报因子的时间范围取 1951 年 1 月—1980 年 12 月;海温场的起始时间滞后于预报因子四个月,其时间范围为 1951 年 5 月—1980 年 12 月,应用海温预报统计模型,对未来四个月即 1981 年 1 月—4 月的全球海温场进行预报。然后四个预报因子和海温场的样本分别向后增加四个月。以此类推,预报是滚动进行的。

由于太平洋 El Nino 或 La Nina 典型空间分布结构是全球海温场主要的空间分布特征,因此为了检验该海温预报统计模型对 ENSO 事件的预报能力,分别计算了 1981—2000 年预报海温场与观测海温场的 Nino3.4 区($5°S—5°N$,$170°W—120°E$)海温距平值(图 11.8)。图 11.8 中虚线为观测海温,对比实线代表的预报海温,可以看出海温预报统计模型预报的海温与观测海温的变化趋势十分接近,两者的相关系数为 0.596,通过了 0.05 的显著性水平。进一步计算了 Nino3.4 区海温距平值的预报准确率,以预报海温距平值与观测海温距平值的符号一致率作为判断预报准确的标准,通过对 20 a 240 个月的计算,海温预报统计模型对 Nino3.4 区海温距平值的预报准确率达到 71.66%,这说明海温预报统计模型可以较为准确地预报出表征 ENSO 事件的太平洋 Nino3.4 区的海温距平值。同时以预报海温与观测海温距平值同时超过 $\pm0.5$℃ 为标准,检验了海温预报统计模型对 ENSO 事件的预报效果。结果显示,海温预报统计模型能够较准确地预报出历次 El Nino 事件,但是与观测的海温距平峰值相比,预报的海温距平峰值略低;而海温预报统计模型对于 La Nina 事件的预测水平较不稳定,除了峰值的差异外,预报海温距平值低于 $-0.5$℃ 的时间大都少于观测海温距平值。

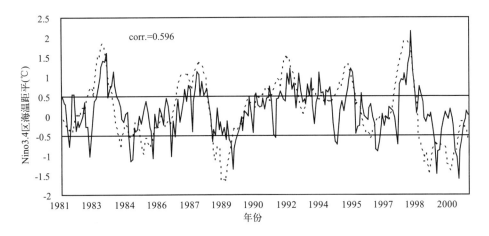

图 11.8　Nino3.4 区海温预报距平值(实线)与观测距平值(虚线)比较

## 11.2.3　CAM3.1 模式东亚环流预报效果检验

### (1)东亚大尺度环流分布型预报效果

研究表明,东亚地区特定的大气环流配置对于中国气候异常有非常重要的影响,因此首先分析 CAM3.1 模式对东亚大气环流分布型的预报效果。分别对 NCEP/NCAR 再分析的东亚地区($0°$—$90°$N;$40°$E—$180°$)500 hPa 高度距平场和模式预报的 500 hPa 高度距平场进行 EOF 分解,通过对比两者典型的空间分布特征来检验 CAM3.1 模式对东亚大尺度环流型的预报能力。图 11.9 中给出了 NCEP/NCAR 500 hPa 高度距平场与 CAM3.1 500 hPa 高度距平场的前六个特征向量。其中 NCEP/NCAR 500 hPa 高度距平场的前六个特征向量共解释方差 64.225%,基本包含了东亚地区 500 hPa 高度场大尺度环流型的典型变化特征的空间分布模态。CAM3.1 500 hPa 高度距平场的前六个特征向量共解释了总方差的 70.338%,其第一特征向量与 NCEP/NCAR 500 hPa 高度距平场的第一特征向量的空间分布型类似,反映了东亚地区 500 hPa 高度场的变化呈整体一致的空间分布特征,两者相关系数为 0.865;其第二特征向量也与 NCEP/NCAR 500 hPa 高度距平场的第二特征向量的空间分布型类似,它反映了中纬度西风带的平均环流的变化特征,两者的相关系数为 0.785;CAM3.1 模式第三特征向量反映了东亚地区西风带环流两槽一脊的空间分布特征,与 NCEP/NCAR 的第三特征向量相比,除贝加尔湖附近的脊较为偏弱以外,其他大部空间分布模态相似,两者的相关系数为 0.612;CAM3.1 模式第四特征向量的空间分布特征与 NCEP/NCAR 第五特征向量类似,两者的相关系数为 0.470,表现了中高纬度阻塞高压的分布型态;CAM3.1 模式第五特征向量主要表征了贝加尔湖高压与副热带高压的变化特征,其与 NCEP/NCAR 第四特征向量之间的相关系数为 0.447;CAM3.1 模式第六特征向量也表征了西风带平均环流的槽脊变化特征,其与 NCEP/NCAR 第六特征向量之间的相关系数为 0.470。CAM3.1 500 hPa 高度距平场的前六个特征向量与对应的 NCEP/NCAR 500 hPa 高度距平场的前六个特征向量之间的相关系数均超过了 0.01 的显著性水平,这一结果表明,CAM3.1 模式对东亚 500 hPa 上主要的大尺度环流型态具有一定的预测能力。

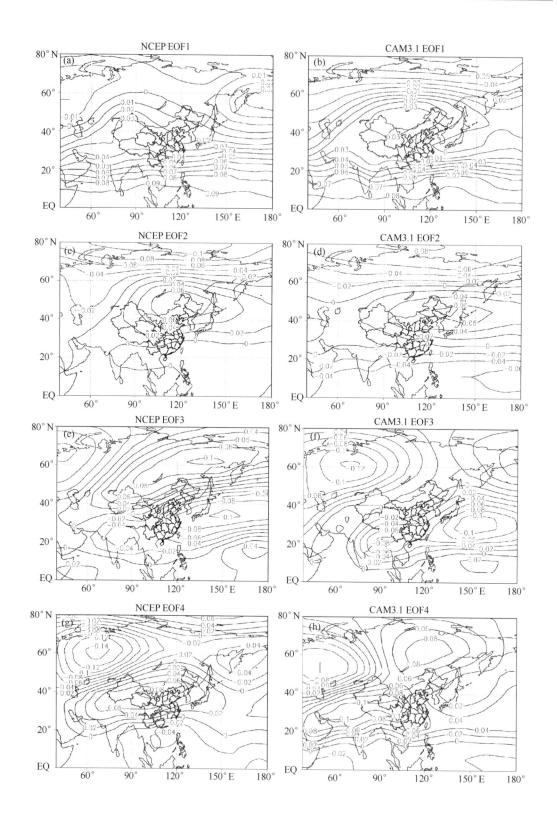

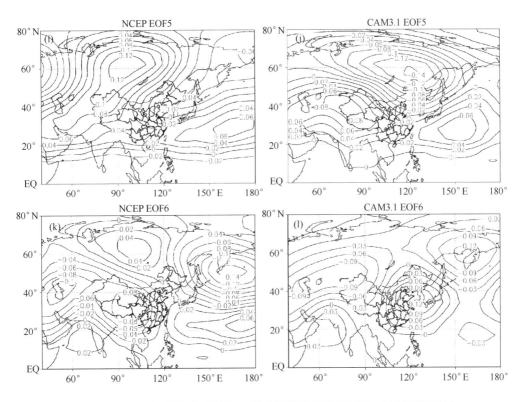

图 11.9　NCEP/NCAR 和 CAM3.1 模式预报的东亚 500 hPa 大尺度环流异常

**（2）东亚夏季环流预报结果检验及订正**

为了进一步提高 CAM3.1 模式在汛期气候趋势预测工作中的可预报性，（韩雪等 2009）应用统计方法对动力模式预报的东亚 500 hPa 高度距平场进行订正。分别将东亚夏季的 CAM3.1 500 hPa 高度距平场和 NCEP/NCAR 500 hPa 高度距平场进行 EOF 展开，得到各自的特征向量及其对应的时间系数。东亚夏季 500 hPa 高度距平场可以看作是特征向量和对应的时间系数的线性组合（魏凤英，2006）：

$$H_F = V_F T_F \tag{11.1}$$
$$H_N = V_N T_N \tag{11.2}$$

其中 $H_F$ 为 CAM3.1 模式预报的东亚夏季 500 hPa 高度距平场；$V_F$ 是其通过 EOF 展开后得到的特征向量；$T_F$ 是特征向量对应的时间系数。$H_N$ 为 NCEP/NCAR 再分析的东亚夏季 500 hPa 高度距平场；$V_N$ 是其通过 EOF 展开后得到的特征向量；$T_N$ 是其对应的时间系数。在特征向量所代表的变量场典型分布在一定时间范围内具有不变的特性的假定下，可以用东亚夏季 NCEP/NCAR 500 hPa 高度距平场的典型的空间分布结构来替代模式预报的东亚夏季 500 hPa 高度距平场的空间分布结构。同时计算了 $T_N$ 与 $T_F$ 的均方根误差，其表征了 CAM3.1 模式预报的时间系数的系统误差，通过从 $T_F$ 中去除均方根误差的方法对 CAM3.1 模式预报的时间系数进行订正，订正后的模式预报的时间系数记为 $T'_F$。并将东亚夏季 NCEP/NCAR 500 hPa 高度距平场的典型的空间分布结构与订正后的 CAM3.1 模式预报的东亚夏季 500 hPa 高度距平场的时间系数相乘，得到订正的模式预报东亚夏季 500 hPa 高度

距平场 $H'_F$。

$$H'_F = V_N T'_F \qquad (11.3)$$

图 11.10 分别给出了订正前、后的东亚夏季 CAM3.1 500 hPa 距平场与 NCEP/NCAR 500 hPa 距平场的均方根误差（图 11.10a）及距平相关系数（图 11.10b）。订正前 CAM3.1 500 hPa 距平场与 NCEP/NCAR 500 hPa 距平场的 20 a 平均的均方根误差为 37.79；经过统计方法订正后，每一年两者之间的均方根误差都有明显地减小，20 a 的平均值减小到 27.079。这表明通过适当的订正，可以使模式预报的数值与 NCEP/NCAR 更接近。图 11.10b 显示的距平相关系数的大小反映了 CAM3.1 模式对 500 hPa 上环流异常的空间分布结构的预报能力。从图 11.10b 中可以看出，订正前的模式预报水平十分不稳定，尤其是在 20 世纪 80 年代期间 CAM3.1 500 hPa 距平场与 NCEP/NCAR 500 hPa 距平场大部分都为负相关，20 a 平均的距平相关系数为 -0.039。订正后可以明显地提高 CAM3.1 模式的预报水平，订正后的 20 a 平均距平相关系数提高到 0.0621。

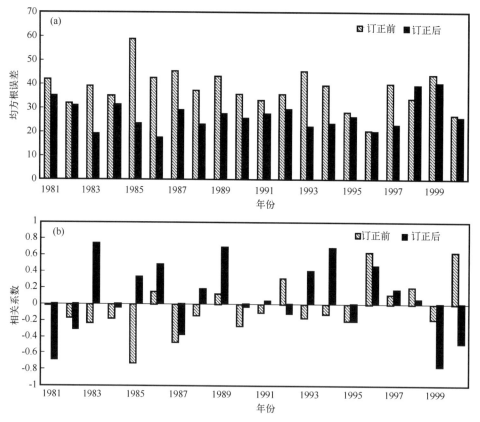

图 11.10 订正前、后 CAM3.1 模式预报的东亚夏季 500 hPa 高度距平场
与 NCEP/NCAR 500 hPa 高度距平场的对比图
（a）均方根误差；（b）相关系数

上述结果表明，具有一定预报技巧的动力模式环流场预报，可以为应用降尺度方法对汛期温度、降水等要素场的预报奠定了基础。但是 CAM3.1 模式对于东亚 500 hPa 大气环流异常

的连续预报能力还不十分稳定,这表明 CAM3.1 模式在物理过程方面(如,对流参数化,垂直输送过程,陆面过程及地形等)还需要进行较大的改进。

## 11.3 CAM3.1 模式对东亚夏季降水的预测效果

本节从 CAM3.1 模式的物理过程出发,分析影响 CAM3.1 模式对中国东部夏季降水异常预报效果的原因。

### 11.3.1 资料与检验方法

观测的夏季降水资料是由国家气候中心提供的 160 站数据集中提取的 1981—2000 年东部 96 站夏季降水量。并通过减去 1971—2000 年东部夏季降水的气候平均态,得到观测的东部 96 站夏季降水距平。

将 CAM3.1 模式预报输出的夏季降水资料进行双精度插值,分别得到 CAM3.1 模式预报的 1981—2000 年东部 96 站夏季降水量。通过与 CAM3.1 模拟的东部夏季降水气候平均态相减,得到 CAM3.1 模式预报的东部 96 站夏季降水距平。以中国东部 96 个站点的夏季降水距平百分率来表征中国东部夏季降水异常的空间分布特征。

为了检验 CAM3.1 模式对中国东部夏季降水空间分布型的预报效果,对 CAM3.1 模式预报的东部夏季降水距平百分率与观测的夏季降水距平百分率做相关分析。

### 11.3.2 CAM3.1 模式对中国东部夏季降水的预报效果检验

采用 11.2.1 节中 CAM3.1 模式的预报方案,在每月更换初始场和统计海温预报模型预报的全球海温场的驱动下,CAM3.1 模式预报结果中给出高斯格点上的夏季总降水率,由此做出 1981—2000 年的夏季降水预报。CAM3.1 模式对中国东部夏季降水场的预报结果的检验根据研究的需要采用了以下方法:(1)采用双精度插值法,将 CAM3.1 模式预报的 1981—2000 年的中国东部夏季降水及实时海温驱动下 CAM3.1 模式运行 50 a 平均的中国东部夏季降水的高斯格点数据插值到中国东部 96 个站点上。(2)分别计算 1981—2000 年观测的东部夏季降水的距平百分率与同时段 CAM3.1 模式预报的东部夏季降水的距平百分率。其中计算观测的夏季降水距平百分率时,平均值为我国东部 96 个站点 1971—2000 年平均的夏季 6—8 月降水量;计算 CAM3.1 模式预报的夏季降水距平百分率时,平均值为插值到 96 个站点的 CAM3.1 模式运行 50 a 得到的中国东部夏季降水的气候态。(3)分别计算 1981—2000 年观测的中国东部 96 站夏季降水的距平百分率与 CAM3.1 模式预报的中国东部 96 站夏季降水的距平百分率之间的空间相关系数和时间相关系数。

首先,对比了中国东部 96 站观测的夏季降水距平百分率和 CAM3.1 模式预报的夏季降水距平百分率。发现,中国东部夏季降水的变化十分复杂,夏季降水异常的空间分布有着显著的年际变化特征。对照中国东部夏季降水量场的前四个特征向量代表的中国东部夏季降水的典型空间分布类型,可以发现,1981—2000 年的东部夏季降水的空间分布大致表现为夏季降水量场的前四个特征向量所代表的中国东部夏季降水典型的空间分布特征。虽然这四类夏季降水的典型空间分布特征并不能完全涵盖所有的东部夏季降水异常的信息,但是能够解释大多数夏季降水异常的分布特征。

　　根据前四个特征向量所代表的中国东部夏季降水典型的空间分布特征，并结合四个时间系数序列的标准差为判断依据，大致可以将 1981—2000 年观测的夏季降水类型分为（表 11.3）：(1)东部大范围－东部大范围夏季降水的多寡。其中 1981、1985、1988、1989、1992、1997 年属于东部夏季降水偏少趋势；1994、1995、1996 和 1998 年属于东部夏季降水大部呈偏多趋势；(2)江淮型－江淮流域降水多、黄河流域及华南地区降水少的分布或江淮流域降水偏少、黄河流域及华南地区降水偏多的分布。其中 1983、1989、1996、1998 年的东部夏季降水主要呈江淮流域降水偏多、黄淮流域及华南地区降水偏少的分布；1981、1985、1988、1994、1995 和 1997 年的东部夏季降水主要呈长江中下游地区降水偏少、黄淮流域及华南地区降水偏多的分布；(3)江南型－长江中下游及其以南地区与黄淮之间的降水呈相反趋势的两种分布型式。其中 1993、1994、1997、1999 年的东部夏季主要呈长江及其以南地区降水偏多，黄淮流域降水偏少的分布；1984、1990、1991 年的东部夏季降水呈长江及其以南地区降水偏少，黄淮之间降水偏多的分布。(4)北方型－北方、长江中下游与淮河、华南降水呈相反趋势的两种分布。其中 1986、1987、1988 年的东部夏季主要呈北方降水偏多、淮河流域以及华南地区降水偏少的空间分布型；1982、1992、2000 年的东部夏季降水呈北方降水偏少、淮河流域以及华南地区降水偏多的空间分布型。

表 11.3　1981—2000 年中国东部夏季降水的空间分布类型

| 东部大范围 | 涝 | 1994、1995、1996、1998 |
|---|---|---|
| | 旱 | 1981、1985、1988、1989、1992、1997 |
| 江淮型 | 江淮地区偏多 | 1983、1989、1996、1998 |
| | 江淮地区偏少 | 1981、1985、1988、1994、1995、1997 |
| 江南型 | 长江及其以南偏多 | 1993、1994、1997、1999 |
| | 长江及其以南偏少 | 1984、1990、1991 |
| 北方型 | 淮河、华南偏少 | 1986、1987、1988 |
| | 淮河、华南偏多 | 1982、1992、2000 |

　　通过与 20 a 观测的夏季降水距平百分率的对比分析表明，CAM3.1 模式预报的东亚夏季降水可能存在固有的系统误差，且误差的量级较大，已经掩盖了 CAM3.1 模式预报的东亚大尺度环流背景异常及海温异常等因子对中国东部夏季降水的空间分布类型的显著影响。

　　图 11.11 给出了 1981—2000 年观测的中国东部夏季降水距平百分率与 CAM3.1 模式预报的夏季降水距平百分率的逐年空间相关系数(图 11.11a)以及 20 a 相关系数的空间分布(图 11.11b)。相关系数为正，说明 CAM3.1 模式预报的该站夏季降水的异常趋势与观测降水异常的变化同位相，即预报准确；相关系数为负，说明 CAM3.1 模式预报的东部夏季降水变化趋势与观测的相反，即预报错误。图 11.11a 给出的是每年观测与 CAM3.1 模式预报的夏季降水距平百分率的空间相关系数。两者的空间相关系数 20 a 的平均值接近于 0.0，其中 CAM3.1 模式预报的夏季降水距平百分率与观测的夏季降水距平百分率呈显著负相关的是 1994、1995、1997 和 1999 年，即这几年 CAM3.1 模式预报效果差。CAM3.1 模式预报的这几年均呈现东北、华北、黄河流域降水偏多；淮河、长江中下游及其以南地区降水偏少的分布特征。实际上，1994 和 1995 年的夏季降水分布属于江淮型，东部夏季降水主要呈江淮流域降水偏少、黄河流域及华南地区降水偏多的分布；1997 年的夏季降水属于东部偏少型，仅在东南沿

海地区有一小范围的降水偏多;1999 年的夏季降水集中位于长江及其以南地区,属于江南型降水。同时对比两者的空间相关系数为显著正相关的 1984、1988、1989 和 1990 年的夏季降水距平百分率的空间分布型,可以看出,CAM3.1 模式预报的中国东部夏季降水距平百分率呈现类似的"北多南少"的空间分布特征。初步分析认为,CAM3.1 模式预报的夏季降水这种"北多南少"的空间分布是由 CAM3.1 模式自身的系统误差造成的。同时也表明,空间相关系数的正、负相关关系不能作为检验对空间分布预报是否准确的唯一标准。图 11.11b 给出的是东部 96 站各站观测与模式预报的降水距平百分率的时间相关系数的空间分布。可以看出,正的相关系数主要位于淮河以北地区,这说明 CAM3.1 模式对中国东部、东北北部、内蒙古北部和东部、华北大部,尤其是山东半岛的夏季降水异常的预报效果较好。尤其是山东半岛地区的相关系数达到 0.4;而淮河、长江中下游、江南和华南地区的相关系数均为负值,说明 CAM3.1 模式预测的上述区域的夏季降水异常与观测相反,CAM3.1 模式对中国东部淮河及其以南地区的夏季降水变化趋势没有预报能力,其预报结果没有意义。上述分析表明,CAM3.1 模式在预报东亚夏季降水时存在较大的系统误差,CAM3.1 模式自身对东亚夏季降水预报的系统误差造成预报的中国东部夏季降水多呈"北多南少"的空间分布特征,缺少预报意义。因此,CAM3.1 模式预报的夏季降水变化趋势无法直接应用于业务预报工作中。

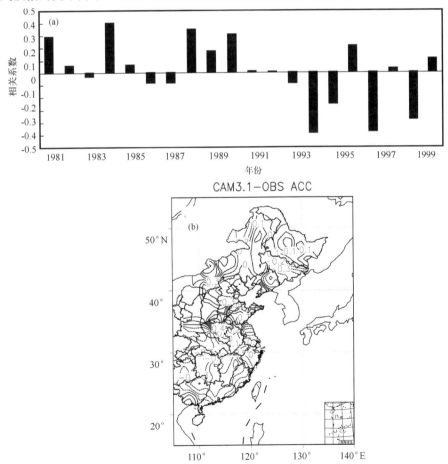

图 11.11　观测与 CAM3.1 模式预报的中国东部夏季降水距平百分率之间的空间相关(a)与时间相关(b)

## 11.4　基于动力与统计相结合的中国东部夏季降水预测模型

目前的短期气候预测工作中,全球气候模式(Global Climate Model,GCM)对于预估未来全球气候变化来说,是最重要也是最可行的方法。GCM 能相当好地模拟出大尺度最重要的平均特征,特别是能较好地模拟高层大气场、近地面温度和大气环流。但是由于目前 GCM 输出的空间分辨率较低,缺少详细的区域气候信息,很难对区域气候情景做合理的预测。目前有两种方法可以弥补 GCM 预测区域气候变化情景的不足,一是发展更高分辨率的 GCM 模式;另一方法就是降尺度法。由于提高 GCM 的空间分辨率需要的计算量很大,目前在短期气候预测的业务工作中,降尺度方法是更为可选的方法。降尺度法是基于这样一种观点:区域气候变化受大尺度环流背景所控制,同时也受到区域尺度的因子的调制,因此可以采用降尺度方法,把大尺度、低分辨率的全球气候模式 GCM 输出信息转化为区域尺度的地面气候要素场(如气温、降水),从而弥补 GCM 对区域气候预测的局限。

目前常用的降尺度预报主要有两种方法:一种是动力降尺度法;一种是统计降尺度法。这两种降尺度方法的共同点就是需要全球气候模式(GSM)提供大尺度气候信息。动力降尺度法就是利用与 GSM 耦合的区域气候模式来预估区域未来气候变化情景。它的优点是物理意义明确,能应用于任何地方而不受观测资料的影响,也可应用于不同的分辨率。但是,区域模式的性能受 GCM 提供的边界条件的影响很大,区域耦合模式在应用于不同的区域时需要重新调整参数;另外,区域模式的分辨率也无法无限地提高,使之适合地形复杂气候变化差异大的小尺度气候模拟的需要;而高分辨率的模式对温度、降水等要素场预报的系统误差也比较大。统计降尺度法利用多年的历史观测资料建立大尺度气候要素(主要是大气环流背景)和区域气候要素场之间的统计关系,并用独立的观测资料检验这种关系,最后再把这种具有统计意义的关系应用于 GCM 输出的大尺度气候背景,以此来预估区域气候未来的变化情景。统计降尺度法的应用主要基于以下三个假设:(1)大尺度气候场和区域气候要素场之间具有显著统计意义的关系;(2)全球气候模式 GCM 能够较好地模拟大尺度气候场;(3)在变化的气候情景下,建立的统计关系是有效的。统计降尺度法的优点在于它能够将 GCM 输出中物理意义较好、模拟较准确的气候信息应用于统计模式,从而纠正 GCM 的系统误差,而且不用考虑边界条件对预测结果的影响,可以很容易把统计模型应用于许多不同的 GCM;缺点是需要有足够的历史观测资料来建立统计模式,而且统计降尺度无法应用于大尺度气候要素与区域气候要素场相关不明显的地区。

此研究中,分别应用逐步回归和最优子集回归法两种统计降尺度方法(魏凤英,2007),选取对中国东部夏季降水的空间分布类型有显著影响的东亚大尺度环流预报因子,建立全球大气模式 CAM3.1 预报的东亚高、中、低层大尺度环流因子与中国东部夏季降水量场之间的预报模型,对 1981—2000 年的中国东部夏季降水进行统计降尺度预报试验,并对比两种降尺度方案的预报效果。以期建立动力与统计相结合的中国东部夏季降水异常的预报模型,探索提高我国短期气候预测技巧的途径。

### 11.4.1　动力与统计相结合的中国东部夏季降水预报方案

**(1) 预报思路**

由 11.1.1 节的研究可知,中国东部夏季雨带有着特定的空间分布类型。在对中国东部夏季降水趋势的空间分布型的预报中,将每年东部夏季降水的空间分布,看作是东部大范围降水多寡的年际趋势与不同降水分布的扰动叠加而成(魏凤英和张先恭,1998)。因此,在准确预报每年中国东部降水趋势的前提下,再报准扰动项的基本趋势,对这一年东部夏季降水的预报就会有一定的把握。本节基于动力与统计相结合的预报思路,对中国东部 96 个测站 1951—2007 年的夏季降水场进行 EOF 分解,分别得到中国东部夏季降水量场的特征向量及其对应的时间系数。中国东部夏季降水量场可以看作是空间特征向量和对应的时间权重系数的线性组合。特征向量代表了东部夏季降水量场典型的空间分布。其中第一特征向量及时间系数代表了东部大范围夏季降水的多寡;第二特征向量及时间系数代表了江淮型降水;第三特征向量及时间系数代表了江南型降水;第四特征向量及时间系数代表了北方型降水。前四个特征向量共解释了总方差的 93.40%,基本上概括了中国东部夏季降水的主要空间分布特征。因此,预报出前 4 个特征向量的时间系数(CT1、CT2、CT3、CT4),就可以把握中国东部夏季降水场的主要分布特征。在假定典型特征向量在一定时间范围内不变的前提下,特征向量对应的时间系数是时间的函数。11.1.2 节的研究表明,同期的东亚大尺度环流异常对中国东部夏季降水的空间分布类型有直接影响。东亚夏季高、中、低层上与中国东部夏季降水的四类典型分布类型有显著相关关系的环流异常关键区域各不相同,而当这些关键区域形成某种配置时,中国东部的夏季降水也展现为特定的空间分布型。因此,可以利用全球大气环流模式同期预报产品,预报未来时刻四种降水类型的时间系数,然后与相应的四个特征向量相乘,就可以得到中国东部夏季降水场的预报。

**(2)预报因子选取**

11.1.2 节对中国东部夏季降水的空间分布类型与东亚大气环流的相关分析表明,同期的东亚大尺度环流异常对中国东部夏季降水的直接影响,并不仅是由某一层上的高度场异常配置决定的,而是东亚高、中、低层大气环流异常配置的共同作用。同时,在 11.2 节的工作中,CAM3.1 模式在海温预报统计模型预报的全球海温场的驱动下,对东亚地区夏季 50 hPa、100 hPa、200 hPa、500 hPa、850 hPa 的高度距平场进行了预测,并通过诊断分析和统计方法对 CAM3.1 模式预报的上述各层高度距平场进行了订正。结果表明,订正后的 CAM3.1 模式预报的东亚地区夏季各层高度场基本上可以表征东亚地区高、中、低层大气环流异常的空间分布特征。因此,从统计订正后的 CAM3.1 模式预报的东亚夏季 50 hPa、100 hPa、200 hPa、500 hPa、850 hPa 高度距平场中分别选取与中国东部夏季降水四类空间分布型有显著相关关系的同期东亚高、中、低层大气环流关键区域,关键区域范围内与东部夏季降水前四个空间分布型的线性回归通过 $\alpha=0.05$ 显著性水平的格点的平均值,作为统计降尺度降水预报的预报因子。

其中对东部大范围夏季降水(CT1)有显著影响的关键区域预报因子为:

$$\mathrm{CT1} \begin{cases} X_{1a}: 50\ \mathrm{hPa}\ 亚洲极涡 \\ X_{1b}: 50\ \mathrm{hPa}\ 乌拉尔山阻高 \\ X_{1c}: 50\ \mathrm{hPa}\ 中纬西风带 \\ X_{1d}: 100\ \mathrm{hPa}\ 中纬西风带 \\ X_{1e}: 200\ \mathrm{hPa}\ 贝加尔湖阻高 \\ X_{1f}: 500\ \mathrm{hPa}\ 贝加尔湖阻高 \\ X_{1g}: 850\ \mathrm{hPa}\ 乌拉尔山阻高 \\ X_{1h}: 850\ \mathrm{hPa}\ 鄂霍次克海阻高 \\ X_{1i}: 850\ \mathrm{hPa}\ 日本海 \\ X_{1j}: 850\ \mathrm{hPa}\ 西太平洋副高 \end{cases}$$

对江淮型降水(CT2)有显著影响的关键区域预报因子有：

$$\mathrm{CT2} \begin{cases} X_{2a}: 100\ \mathrm{hPa}\ 乌拉尔山阻高 \\ X_{2b}: 200\ \mathrm{hPa}\ 乌拉尔山阻高 \\ X_{2c}: 200\ \mathrm{hPa}\ 鄂霍次克海阻高 \\ X_{2d}: 200\ \mathrm{hPa}\ 西太平洋副高 \\ X_{2e}: 500\ \mathrm{hPa}\ 乌拉尔山阻高 \\ X_{2f}: 500\ \mathrm{hPa}\ 鄂霍次克海阻高 \\ X_{2g}: 500\ \mathrm{hPa}\ 西太平洋副高 \\ X_{2h}: 850\ \mathrm{hPa}\ 乌拉尔山阻高 \\ X_{2i}: 850\ \mathrm{hPa}\ 鄂霍次克海阻高 \\ X_{2j}: 850\ \mathrm{hPa}\ 西太平洋副高 \end{cases}$$

对江南型降水(CT3)有显著影响的预报因子有：

$$\mathrm{CT3} \begin{cases} X_{3a}: 50\ \mathrm{hPa}\ 亚洲极涡 \\ X_{3b}: 100\ \mathrm{hPa}\ 亚洲极涡 \\ X_{3c}: 100\ \mathrm{hPa}\ 中纬西风带 \\ X_{3d}: 200\ \mathrm{hPa}\ 亚洲极涡 \\ X_{3e}: 200\ \mathrm{hPa}\ 中纬西风带 \\ X_{3f}: 500\ \mathrm{hPa}\ 亚洲极涡 \\ X_{3g}: 500\ \mathrm{hPa}\ 贝加尔湖阻高 \\ X_{3h}: 500\ \mathrm{hPa}\ 西太平洋副高 \\ X_{3i}: 850\ \mathrm{hPa}\ 亚洲极涡 \\ X_{3j}: 850\ \mathrm{hPa}\ 贝加尔湖阻高 \\ X_{3k}: 850\ \mathrm{hPa}\ 西太平洋副高 \end{cases}$$

对北方型降水(CT4)的有显著影响的预报因子为：

$$\mathrm{CT4} \begin{cases} X_{4a}: 50\ \mathrm{hPa}\ 亚洲极涡 \\ X_{4b}: 50\ \mathrm{hPa}\ 南亚高压 \\ X_{4c}: 100\ \mathrm{hPa}\ 亚洲极涡 \\ X_{4d}: 100\ \mathrm{hPa}\ 南亚高压 \\ X_{4e}: 100\ \mathrm{hPa}\ 中纬西风带 \\ X_{4f}: 500\ \mathrm{hPa}\ 亚洲极涡 \\ X_{4g}: 850\ \mathrm{hPa}\ 亚洲极涡 \end{cases}$$

### (3)动力与统计相结合的中国东部夏季降水预报模型

根据上述分析,应用逐步回归降尺度和最优子集回归降尺度方案,分别建立四个特征向量对应的时间系数与各自对应的 CAM3.1 模式预报的大气环流预报因子之间的"最优回归方程",对中国东部夏季降水场的前四个时间系数进行降尺度预报,预报的时间系数与特征向量还原即得到预报的中国东部夏季 96 个站的降水场。应用此动力与统计相结合的预报模型预报了 1981—2000 年的中国东部夏季降水量场(韩雪和魏凤英,2010)。四个降水时间系数和各自的预报因子的起始时间为 1951 年。首次预报时,预报因子采用的是 1951 年至预报年之前一年(1980 年)的 NCEP/NCAR 再分析数据,而预报年(1981 年)的预报因子是采用第 4 章中经过统计订正后的 CAM3.1 模式预报的 1981—2000 年的东亚各层高度距平场。这样就构成了从 1951 年起到预报年(1981 年)的预报因子的时间序列,这样构成的预报因子是相对独立的。对 1951 年至预报年前一年(1980 年)的中国东部夏季降水场进行 EOF 分解,得到 1951 年至预报年前一年(1980 年)的前四个时间系数。分别应用逐步回归降尺度和最优子集回归降尺度方法,建立动力与统计相结合的中国东部夏季降水预报模型,对 1981 年夏季的降水场进行预报。以此类推,预报滚动进行。

### (4)动力与统计相结合预报模型的独立样本回报效果检验

检验动力与统计相结合的中国东部夏季降水的预报效果时,根据统计降尺度预报方案的不同,分别对逐步回归降尺度预报方案和最优子集回归降尺度预报方案的预报效果进行检验。具体检验方法如下:首先,分别计算 1981—2000 年逐步回归降尺度预报的中国东部夏季降水距平百分率与最优子集回归降尺度预报的东部夏季降水距平百分率。其中计算夏季降水距平百分率时,平均值为我国东部 96 个站点 1971—2000 年平均的夏季 6—8 月降水量。

为了检验降水距平百分率的预报效果,本文中采用两种检验方法:

(1)计算 1981—2000 年观测的中国东部 96 站夏季降水的距平百分率分别与逐步回归尺度预报的夏季降水距平百分率和最优子集回归降尺度预报的夏季降水距平百分率之间的空间相关系数和时间相关系数。

(2)应用国家气候中心业务上用的评分办法计算逐年的预报得分,以便与业务预报在同一标准下进行比较。

目前,在我国汛期降水预报的业务上以得分 55 分作为夏季降水距平百分率业务预报可应用性的标准,而评分达到 65~70 分则表明对汛期降水的预报有一定的预报技巧。近 5 年来(2003—2007 年),全国九大单位的汛期降水预报平均得分为 59.58 分(表 11.4),这是目前我国短期气候预测业务的实际水平。

表 11.4　2003—2007 年业务预报的相关系数和平均得分

| 年份 | 相关系数 | 评分 |
| --- | --- | --- |
| 2003 | −0.27 | 50.7 |
| 2004 | −0.037 | 63.7 |
| 2005 | −0.073 | 60.1 |
| 2006 | −0.039 | 60.4 |
| 2007 | −0.037 | 63.0 |

从 1981—2000 年共 20 a 的逐步回归降尺度预报结果来看,逐步回归降尺度预报的中国东部夏季降水异常的空间分布主要呈现为四类典型的空间分布类型(表 11.5):(1)东部大范围－东部夏季降水整体偏多或偏少:其中 1988、1990、1997 年的东部大范围夏季降水偏少;而 1981 年东部大范围降水偏多;(2)江淮型－江淮流域降水多、黄河流域及华南地区降水少的分布类型或江淮流域降水偏少、黄河流域及华南地区降水偏多的分布类型:其中 1981、1982、1983、1986、1989、1992 和 1993 年的东部夏季降水主要呈江淮流域降水偏多、黄河流域及华南地区降水偏少的分布类型;1994、1995、1996、1997、1998、1999 年的东部夏季降水主要呈江淮流域降水偏少、黄河流域及华南地区降水偏多的分布类型;(3)江南型－长江中下游及其以南地区与黄淮之间的降水趋势呈相反的两种分布类型:1994、1997 年的东部夏季降水呈长江及其以南地区降水偏多,黄淮降水偏少的分布类型;1990、1991 年的东部夏季主要呈长江及其以南地区降水偏少,黄淮降水偏多的分布类型。(4)北方型－北方、长江中下游与淮河、华南降水呈相反趋势的两种分布类型:1987、1988 年的东部夏季主要呈北方以及长江中下游地区降水偏多、淮河流域以及华南地区降水偏少的空间分布型;1984、1985、2000 年的东部夏季降水呈北方以及长江中下游地区降水偏少、淮河流域以及华南地区降水偏多的空间分布型。

**表 11.5　逐步回归降尺度预报的 1981—2000 年中国东部夏季降水的空间分布类型**

| 东部大范围 | 涝 | 1981 |
| | 旱 | 1988、1990、1997 |
| 江淮型 | 江淮地区偏多 | 1981、1982、1983、1986、1989、1992、1993 |
| | 江淮地区偏少 | 1994、1995、1996、1997、1998、1999 |
| 江南型 | 长江及其以南偏多 | 1994、1997 |
| | 长江及其以南偏少 | 1990、1991 |
| 北方型 | 淮河、华南偏少 | 1987、1988 |
| | 淮河、华南偏多 | 1984、1985、2000 |

——表示对降水类型预报较准确的年份。

由于建立降尺度模型时,选取了代表中国东部夏季降水四类典型空间分布型的前四个特征向量来还原预报的夏季降水场。因此,统计降尺度预报的夏季降水集中表征了中国东部夏季降水的典型空间分布特征。其中逐步回归降尺度预报的夏季降水的空间分布主要是代表了前四类中国东部夏季降水的典型空间分布,尤其是占解释方差较大的第二特征向量所代表的江淮型降水的空间分布特征。从逐步回归降尺度预报的夏季降水分类中(表 11.5),也可以看出,逐步回归降尺度预报的江淮型降水的空间分布类型所占预报年份的比重最大。表 11.5 中标注的下划线年份为对夏季降水的空间分布型预报效果较好的年份。结果表明,动力和统计相结合的降尺度预报模型中采用逐步回归降尺度方案,可以改进单一使用动力模式(CAM3.1 模式)对中国东部夏季降水的空间分布的预报能力。通过逐步回归降尺度方案预报的夏季降水空间分布型主要表征了东部夏季降水典型的空间分布特征。使用此降尺度方案对 1981—2000 年共 20 a 的预报中有 9 a 的夏季降水空间分布型预报效果较好。但是,也可以看出,采用逐步回归降尺度方案预报的东部夏季距平值偏小,不能十分准确地把握逐年中国东部夏季降水的空间分布。

　　为进一步探讨逐步回归降尺度方案对中国东部夏季降水空间分布的预报能力,分别计算了逐步回归降尺度预报的中国东部夏季降水距平百分率与观测的中国东部夏季降水的距平百分率之间空间相关系数及 20 a 相关系数的空间分布。图 11.12 给出了 1981—2000 年观测的中国东部夏季降水距平百分率与逐步回归降尺度预报的夏季降水距平百分率的每年的空间相关系数(图 11.12a)以及时间相关系数的空间分布(图 11.12b)。相关系数为正,说明逐步回归降尺度预报的夏季降水空间分布型与观测的夏季降水空间分布型大体相似,即预报准确;相关系数为负,逐步回归降尺度预报的夏季降水空间分布型与观测的夏季降水空间分布型相反,即预报错误。图 11.12a 给出的是逐年观测与逐步回归降尺度预报的夏季降水距平百分率的空间相关系数。两者 20 a 的平均的空间相关系数为 0.0027。其中逐步回归降尺度预报的夏季降水距平百分率与观测的夏季降水距平百分率呈显著负相关的是 1981、1992、1996、1998 和 1999 年。对比表 11.3 和表 11.5 中可以看出,逐步回归降尺度预报的 1981 年的夏季降水与实际降水呈完全相反的空间分布型。实际上,1992 年东部大范围降水偏少,其分布类型属于北方型降水,江淮流域降水偏少;而逐步回归降尺度预报的 1992 年属于江淮流域降水偏多、黄河和华南地区降水偏少的江淮型降水。1999 年实际的夏季降水空间分布属于江南型降水,降水集中位于长江中下游及其以南地区;而逐步回归降尺度预报的 1999 年的降水分布属于江淮流域降水偏少、黄河和华南地区降水偏多的江淮型降水。1996 和 1998 年则属于整个东部夏季降水偏多,且长江中下游地区的降水显著偏多的夏季降水空间分布;而逐步回归降尺度预报的 1996 和 1998 年夏季降水属于江淮流域降水偏多、黄河和华南地区降水偏少的江淮型降水。由此可以发现,逐步回归降尺度对这几年的夏季降水空间分布型式的预报不准确,除 1981 年逐步回归降尺度预报的夏季降水年际趋势与实际完全相反外,其他年份的预报失败主要是由于逐步回归降尺度对江淮流域的夏季降水预报不准确造成的。同时,逐步回归降尺度对 1982、1988、1989、1994 和 1997 年的夏季降水空间分布有较准确的预报。两者的空间相关系数均超过了 0.2,为显著的正相关关系。空间相关系数的结果表明,逐步回归降尺度对中国夏季降水空间分布型式具有一定的预报能力。图 11.12b 给出的是东部 96 站各站观测与逐步回归降尺度预报的降水距平百分率的 20 a 相关系数的空间分布。图中正相关系数主要位于华北北部的黄河流域以及华南大部分地区,正相关系数可达到 0.4,通过了 0.05 的显著性水平。负相关系数主要位于淮河流域和长江中下游地区。这说明逐步回归降尺度方案对中国东部华北地区、黄河流域,以及华南地区的夏季降水异常的预报较为准确。而逐步回归降尺度方案对降水变率较大的淮河流域和长江中下游地区的夏季降水还缺少一定的预报能力。尤其是长江中下游地区的负相关系数,解释了逐步回归降尺度对 1996、1998 和 1999 等年份的夏季降水空间分布型式预报失败的原因。通过上述分析表明,采用逐步回归降尺度方案明显提高了 CAM3.1 动力模式对中国东部夏季降水的预报效果。逐步回归降尺度方案对华北、华南地区的夏季降水异常有较为准确的预报能力,但是逐步回归降尺度方案对降水变率较大的淮河流域和长江中下游地区的夏季降水异常的预报效果较差。

　　为检验逐步回归降尺度方案在业务工作上的预报效果,计算了 1981—2000 年每年夏季降水预报的业务评分(图 11.13)。计算结果表明,20 a 的平均业务预报评分为 66 分,其中有 13 a 的业务预报评分超过了 65 分,这说明采用逐步回归降尺度方案的动力与统计相结合的中国东部夏季降水预报模型对中国东部夏季降水的预报具有较好的预报技巧,可以在一定程度上提高目前汛期降水空间分布类型的预报水平。

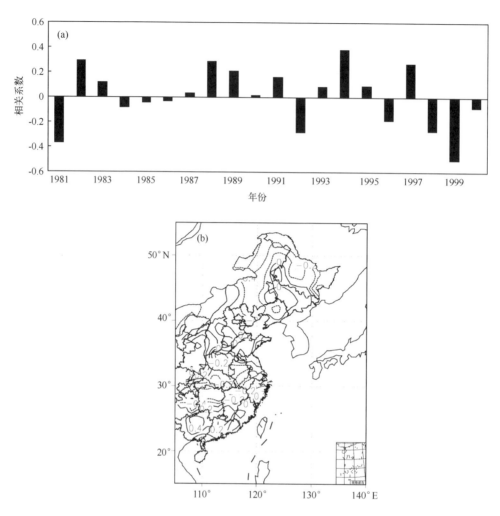

图 11.12　观测与逐步回归降尺度预报的中国东部夏季降水距平百分率之间的空间相关(a)与时间相关(b)

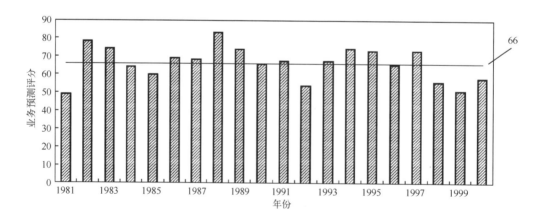

图 11.13　逐步回归降尺度方案预报的中国东部夏季降水的业务预报评分

　　纵观 20 a 的最优子集回归降尺度预报结果,最优子集回归降尺度预报的中国东部夏季降水异常的空间分布也主要呈现为前四类典型的空间分布类型:(1)东部大范围—东部夏季降水整体偏多或偏少:其中 2000 年呈大范围偏多趋势;1985、1988、1997 年的东部夏季降水大部呈偏少趋势;(2)江淮型—江淮流域降水多、黄河流域及华南地区降水少的分布或江淮流域降水偏少、黄河流域及华南地区降水偏多的分布其中 1982、1983、1986、1992、1993 和 2000 年的东部夏季降水主要呈江淮流域降水偏多、黄河流域及华南地区降水偏少的分布;1985、1989、1994、1995、1996、1997、1998 和 1999 年的东部夏季降水主要呈江淮流域降水偏少、黄河流域及华南地区降水偏多的分布;(3)江南型—长江中下游及其以南地区与黄淮之间的降水趋势呈相反的两种分布:其中 1984、1994、1997 年的东部夏季降水呈长江及其以南地区降水偏多,黄淮降水偏少的分布;1981、1990、1991、2000 年的东部夏季主要呈长江及其以南地区降水偏少,黄淮降水偏多的分布。(4)北方型—北方、长江中下游与淮河、华南降水呈相反趋势的两种分布。其中 1987、1988 年的东部夏季主要呈北方以及长江中下游地区降水偏多、淮河流域以及华南地区降水偏少的空间分布型。

　　最优子集回归降尺度较好的预报了前四类中国东部夏季降水的典型空间分布类型,尤其是占解释方差较大的第二特征向量所代表的江淮型降水的空间分布特征。从最优子集回归降尺度预报的夏季降水分类中(表 11.6),可以看出,预报的江淮型降水所占预报年份的比重最大。此外,对第三特征向量代表的江南型降水的预报也占有一定的比重。表 11.6 中标注的下划线年份为与观测的中国东部夏季降水分布类型(表 11.3)对比最优子集回归降尺度预报准确的年份。结果发现,最优子集回归降尺度方法对中国东部夏季降水的空间分布型式具有较好的预报能力,该方法对 1981—2000 年中有 9 a 的夏季降水空间分布类型有较好的预测。此外,与逐步回归降尺度相比,最优子集回归降尺度方法对东部夏季降水的异常也有较好的预测。

表 11.6　最优子集回归降尺度预报的 1981—2000 年中国东部夏季降水的空间分布类型

| | | |
|---|---|---|
| 东部大范围 | 涝 | 2000 |
| | 旱 | <u>1985</u>、<u>1988</u>、<u>1997</u> |
| 江淮型 | 江淮地区偏多 | 1982、<u>1983</u>、1986、1992、1993、2000 |
| | 江淮地区偏少 | <u>1985</u>、1989、<u>1994</u>、<u>1995</u>、1996、<u>1997</u>、1998、1999 |
| 江南型 | 长江及其以南偏多 | 1984、<u>1994</u>、<u>1997</u> |
| | 长江及其以南偏少 | 1981、<u>1990</u>、<u>1991</u>、2000 |
| 北方型 | 淮河、华南偏少 | <u>1987</u>、<u>1988</u> |
| | 淮河、华南偏多 | —— |

——表示对降水类型预报较准确的年份。

　　图 11.14 给出了 1981—2000 年观测的中国东部夏季降水距平百分率场与最优子集回归降尺度预报的夏季降水距平百分率场的逐年空间相关系数(图 11.14a)以及时间相关系数的空间分布(图 11.14b)。两者 20 a 空间相关系数的平均为 0.0354,其中最优子集回归降尺度预报的夏季降水距平百分率与观测的夏季降水距平百分率呈显著负相关的是 1984、1989、1992、1996、1998 和 1999 年。从表 11.6 中可以看出,最优子集回归降尺度对这几年的夏季降水空间分布的预报不准确,主要是由于最优子集回归降尺度对江淮流域的夏季降水预报不准确造成的。其中 1984 和 1989 年长江中下游及其以南地区的降水偏少;1996 和 1998 年则属

于整个东部夏季降水偏多,且长江中下游地区的降水显著偏多的夏季降水空间分布;1999
年的夏季降水集中位于长江及其以南地区,属于江南型降水。同时,1982、1985、1987、
1988、1991、1994 和 1997 年两者的空间相关系数均超过了 0.2,为显著的正相关关系。空
间相关系数的结果表明,最优子集回归降尺度对中国夏季降水空间分布具有一定的预报能
力。图 11.14b 给出的是东部 96 站各站观测与最优子集回归降尺度预报的降水距平百分
率的时间相关系数的空间分布。图中正相关系数主要位于东北北部、黄淮流域以及华南大
部分地区,正相关系数可达到 0.4,通过了 0.05 的显著性水平。这说明最优子集回归降尺
度方案对中国东部东北北部、黄淮流域,尤其是华南地区的夏季降水异常的预报效果较稳
定。而东北南部、山东半岛和长江中下游地区为负相关系数所占据,说明最优子集回归降
尺度对东北南部、山东半岛和长江中下游地区的夏季降水还缺少一定的预报能力。尤其是
长江中下游地区的负相关系数,解释了最优子集回归降尺度对一些年份的夏季降水空间分
布型式预报失败的原因。

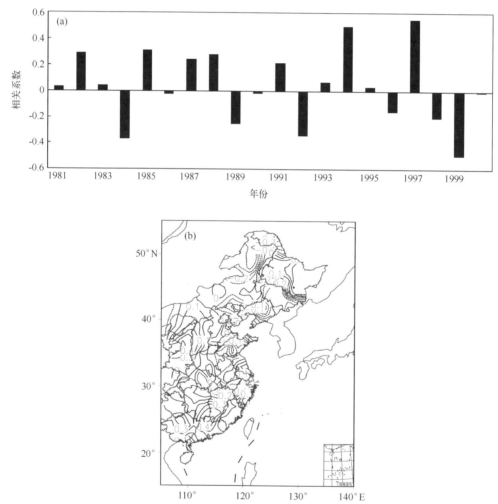

图 11.14　观测与最优子集回归降尺度预报的中国东部夏季降水距平百分率之间
的空间相关(a)与时间相关(b)

计算了 1981—2000 年最优子集方案的逐年夏季降水预报的业务评分(图 11.15)。计算结果表明,20 a 的平均业务预报评分为 65 分,其中有 11 a 的业务预报评分超过了 65 分,这说明采用最优子集回归降尺度方案的动力与统计相结合的中国东部夏季降水预报模型对中国东部夏季降水的预报具有较好的预报技巧,也可以在一定程度上提高汛期降水空间分布类型的预报技巧。

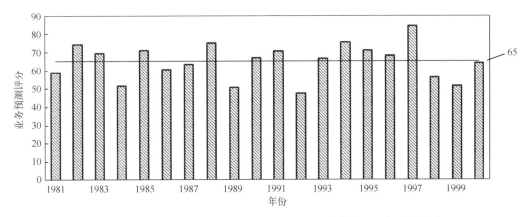

图 11.15　最优子集回归降尺度方案预报的夏季降水的业务预报评分

此研究中,应用逐步回归降尺度方案和最优子集回归降尺度方案,选取 CAM3.1 模式预报的大尺度环流因子作为预报因子,建立了动力和统计相结合的中国东部夏季降水预报模型。通过对 1981—2000 年模型对夏季降水的预报效果的检验表明,通过逐步回归降尺度方案和最优子集回归降尺度方案建立 CAM3.1 动力模式预报的东亚环流预报因子与中国东部夏季降水的空间分布之间的具有显著统计意义的线性关系,对中国东部夏季降水的空间分布进行短期气候预测,此预报模型对中国东部夏季降水的空间分布有较好的预测能力,可以在一定程度上提高动力模式对东亚夏季降水的预报水平。动力与统计相结合的预报模型的建立,使对中国东部夏季降水的预报在具有较好的物理意义的同时也具有显著的统计意义。

通过上述分析表明,在动力与统计相结合的预报模型中,无论采用逐步回归降尺度方案还是最优子集回归降尺度方案都明显地提高了单一应用动力模式对中国东部夏季降水的预报水平。但是,动力模式对大尺度环流预报的误差、统计降尺度方案的设计、预报因子的选取、统计降尺度方法自身的局限性等问题,对动力与统计相结合的中国东部夏季降水预报的准确性具有不同程度的影响,使得一些年份的降水空间分布型预报与观测呈相反的分布特征。例如,逐步回归降尺度方案预报的夏季降水距平值偏小,对降水异常值有削弱作用。

## 11.4.2　中国东部夏季降水降尺度预测模型在短期气候预测业务中的应用

本研究中建立了动力与统计相结合的中国东部夏季降水预报模型,图 11.16 为建模流程图。建立预报模型主要有四个主要步骤:(1)全球海温预报统计模型;(2)CAM3.1 动力模式预报;(3)模式预报统计订正;(4)统计降尺度方案。这四个步骤构成了动力与统计相结合的中国东部夏季降水的预报模型。预报模型的预报效果检验结果表明,采用统计降尺度方案建立的中国东部预测模型,对中国东部夏季降水具有较好预报能力和预报技巧,说明其在业务预报上具有一定的可应用性,其中最优子集回归降尺度方案预报效果相对平稳。

**(1)2001—2008 年业务化预报试验方案**

试用本研究建立的动力与统计相结合的中国东部夏季降水预报模型,对 2001—2008年的汛期降水进行短期气候预测试验。由于汛期降水预测工作是在每年的 3 月下旬进行,因此所有的观测数据及 NCEP/NCAR 再分析数据中心提供的月平均数据资料的截止时间均为预报年的 2 月,日资料的截止时间大致为 3 月 15 日。按照预报模型的流程,对汛期降水的预测主要分为以下几个步骤:1)全球海温预报统计模型:应用海温预报统计模型对预报年 3—8 月的全球海温场进行预报。其中作为预报因子的南方涛动指数及三个关键区域的纬向风指数的时间范围为 1951 年 1 月—预报年 2 月;NCEP/NCAR 再分析数据中心提供的全球海温数据的时间范围为 1951 年 7 月—预报年 2 月。2)动力模式预报:应用 CAM3.1动力模式预报的预报年夏季 6、7、8 月的东亚地区 50 hPa、100 hPa、200 hPa、500 hPa 和 850hPa 高度距平场时,CAM3.1 模式的初始场为预报年 3 月 1 日 00:00 时(世界时)的 NCEP/NCAR 再分析数据(纬向风、经向风、温度、比湿、地面气压、地面温度);CAM3.1 模式的边界场为海温预报统计模型预报的预报年 3 月—8 月共 6 个月的全球海温场。3)统计订正:对 CAM3.1 模式预报的夏季各层高度距平场进行订正时,根据计算得到的 1981—2000 年CAM3.1 模式与 NCEP/NCAR 再分析的各层高度场距平场的均方根误差,对 CAM3.1 模式预报的夏季各层高度距平场进行订正。4)统计降尺度方案:观测降水数据的时间范围为1951—预报年前一年;大气环流预报因子由 1951—预报年前一年的 NCEP/NCAR 再分析数据和 CAM3.1 模式预报的夏季大气环流预报因子构成。

**(2)预报效果检验**

正如 11.1.1 节中对中国东部夏季降水的时间尺度变化特征的分析结果所示,进入 21世纪以来,在年代际尺度上,中国东部夏季降水由长江中下游地区降水偏多转为淮河流域降水偏多的时期。2001 年以来,汛期降水多集中位于淮河流域,长江中下游地区降水偏少。尤其是 2003、2005 和 2007 年淮河流域发生了严重的洪涝灾害。图 11.17 中分别给出了观测的和预报模型预报的 2003、2005 和 2007 年中国东部夏季降水距平百分率。观测的夏季降水距平百分率显示,这三年的夏季降水均集中位于淮河流域。预报模型预报的夏季降水距平百分率图中,降水偏多的中心也位于淮河流域,但是和观测相比,模型预报的夏季降水偏多的范围略大。这说明此预报模型能够在一定程度上把握东亚地区大气环流异常信号,可以对中国东部夏季降水的空间分布特征做出较准确的预报。预报的偏差是由于本研究中的预报模型是对整个东部夏季降水场进行预报,即对东部夏季降水的典型的空间分布进行预报。这种预报思路考虑了中国东部夏季降水的时空分布特征,重点把握东部地区的降水类型、雨带位置的分布。而淮河流域的降水偏多的夏季降水类型,亦是江淮型降水的一种空间分布特征,因此预报模型预报的 2003、2005 和 2007 年的夏季降水中心位于淮河流域,但是范围略偏南。

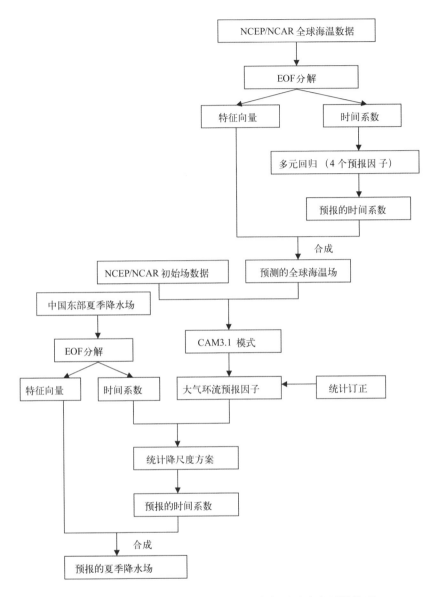

图 11.16　动力与统计相结合的中国东部夏季降水预报模型

**(3) 降尺度因子在预测模型中的作用**

　　预报试验的结果表明,预报模型可以较准确地抓住影响中国汛期雨带位置的关键因子,较好地把握整个东部地区的降水类型,尤其是对降水中心的预报较准确。这说明,对中国东部夏季降水的四类典型空间分布类型有显著影响的东亚地区高、中、低层大气环流异常的特定配置,确实可以作为预报夏季降水类型的因子。东亚夏季各层环流的异常配置的差异,决定了不同的夏季降水类型。因此,为进一步探讨东亚高、中、低层大气环流异常的因子及其特定配置对典型的夏季降水空间分布的作用,本节通过分析建立统计降尺度预报方程时,预报方程引入的降尺度预报因子的选取,进而讨论降尺度因子及其配置在预报中

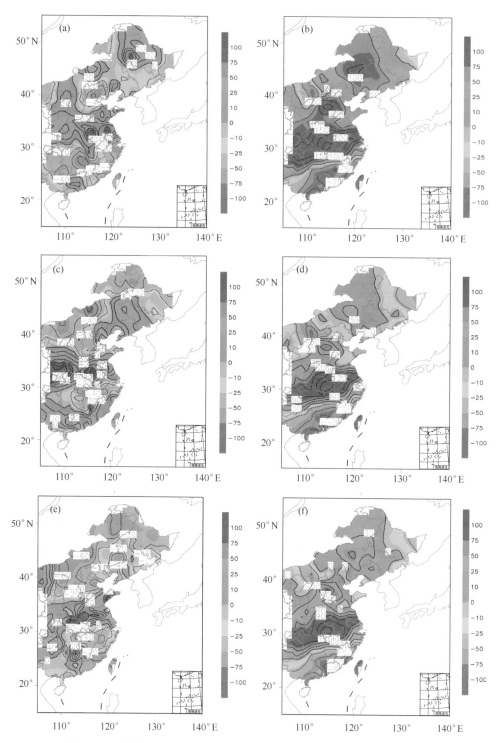

图 11.17　观测(左列)的和预报模型(右列)预报的 2003(a,b)、2005(c,d)
和 2007 年(e,f)中国东部夏季降水距平百分率(单位:%)

国东部夏季降水异常中的作用。考虑到最优子集回归方法在建立最有回归方程时,具有较好的统计意义和信度检验。因此,重点分析最优子集回归降尺度方案建立的"最优回归方程"。其中选入预报方程中的自变量(环流预报因子),即为对某一典型空间分布特征有显著作用的大气环流预报因子;预报方程中自变量的系数代表了自变量(环流预报因子)对因变量(夏季降水空间分布型)的贡献,自变量系数的绝对值越大,表示自变量(环流预报因子)对因变量(夏季降水空间分布型)的贡献越大。针对预报模型预报准确的江淮地区降水偏多且降水中心位于长江中下游地区的 1983、1986 和 1993 年以及降水中心位于淮河流域的 2003、2005 和 2007 年,分析预报模型对这两类夏季降水类型建立"最优回归方程"时选取的环流预报因子的配置及其作用。

夏季降水中心位于长江中下游地区时,最优子集回归降尺度对四个时间系数建立最优回归方程时,选取的环流预报因子分别是:$CT1$：$X_{1d}$,$X_{1e}$,$X_{1h}$；$CT2$：$X_{2a}$,$X_{2b}$,$X_{2d}$,$X_{2g}$,$X_{2i}$,$X_{2j}$；$CT3$：$X_{3a}$,$X_{3b}$,$X_{3f}$,$X_{3h}$,$X_{3i}$,$X_{3j}$,$X_{3k}$；$CT4$：$X_{4b}$,$X_{4d}$,$X_{4e}$,$X_{4f}$。起到显著贡献的因子为:50 hPa 南亚高压;100 hPa 亚洲极涡、乌拉尔山位势高度、南亚高压;200 hPa 乌拉尔山位势高度、西太平洋副高;500 hPa 亚洲极涡、西太平洋副高;850 hPa 亚洲极涡、鄂霍次克海位势高度、西太平洋副高。其中 500 hPa 上西太平洋副高的异常无论在预报 CT2 还是在预报 CT3 的最优回归方程中所占的贡献都是最大的。说明对流层中层上的西太平洋副高系统是引起长江中下游降水异常的重要系统。

夏季降水中心位于淮河流域时,最优回归方程选取的预报因子分别是:$CT1$：$X_{1c}$,$X_{1e}$,$X_{1g}$,$X_{1h}$；$CT2$：$X_{2a}$,$X_{2d}$,$X_{2g}$,$X_{2h}$,$X_{2i}$,$X_{2j}$；$CT3$：$X_{3c}$,$X_{3g}$,$X_{3h}$,$X_{3i}$,$X_{3j}$,$X_{3k}$；$CT4$：$X_{4b}$,$X_{4c}$,$X_{4d}$,$X_{4f}$,$X_{4g}$。起到显著贡献的因子为:50 hPa 南亚高压;100 hPa 南亚高压;200 hPa 贝加尔湖位势高度、西太平洋副高;500 hPa 亚洲极涡、贝加尔湖位势高度、西太平洋副高;850 hPa 亚洲极涡、鄂霍次克海位势高度、西太平洋副高。其中 500 hPa 上西太平洋副高的异常在预报 CT2 和 CT3 的最优回归方程中所占的贡献最大。

分析发现,对夏季降水中心位于长江中下游地区的降水类别有显著影响的关键区域按垂直分布主要系统有:平流层的南亚高压;对流层的西太平洋副高;对流层中高层的乌拉尔山高度异常;对流层低层的鄂霍次克海高度异常;高、中、低层的亚洲极涡。由于同属江淮型降水,因此对夏季降水中心位于淮河流域的降水类别有显著影响的关键区域与之类似,关键系统主要有:平流层的南亚高压;对流层的西太平洋副高;对流层中高层及中层的贝加尔湖高度异常;对流层低层的鄂霍次克海高度异常;对流层中低层的亚洲极涡。由此可见,影响江淮型降水中心的关键系统主要是对流层中高层阻塞形势和西太平洋副热带高压。东亚高纬度不同的阻塞高压的建立与西太平洋副高的配合,决定了东部夏季雨带位置。当对流层中高层的高纬度阻塞高压位于乌拉尔山地区,且西太平洋副高偏强时,中国东部夏季降水中心主要位于长江中下游地区;而当对流层中高层上高纬度阻塞高压位于贝加尔湖地区,且西太平洋副高偏强时,中国东部夏季降水中心主要位于淮河流域。综上所述,东亚高纬地区不同的阻塞形势与西太平洋副高的配合是造成夏季降水中心位置差异的重要原因。东亚高纬地区的阻塞高压系统带来的东亚中高纬冷空气与西太平洋副高位置决定的热带季风和水汽多次交汇的地点,就决定了东部夏季雨带的分布。

## 参考文献

陈丽娟,李维京.1999.月动力延伸预报产品的评估和解释应用.应用气象学,10(4):486-490.

陈兴芳,宋文玲.1997.近10年我国降水的QBO分析.应用气象学报,8(4):469-476.

邓伟涛,孙照渤,曾刚,等.2009.中国东部夏季降水型的年代际变化及其与北太平洋海温的关系.大气科学,33(4):835-846.

范丽军,符淙斌,陈德亮.2007.统计降尺度法对华北地区未来区域气温变化情景的预估.大气科学,31(5):887-897.

韩雪,魏凤英,董敏,等.2009.统计预报海温场驱动的CAM3.1模式预报试验.应用气象学报,20(3):303-311.

韩雪,魏凤英.2010.中国东部夏季降水与东亚垂直环流结构及其预测试验.大气科学,34(3):533-547.

黄荣辉,陈际龙,黄刚,等.2006.中国东部夏季降水的准两年周期振荡及其成因.大气科学,30(4):546-560.

况雪源,丁裕国,施能.2002.中国降水场QBO分布型态及其长期变率特征.热带气象学报,18(4):359-367.

钱维宏,符娇兰,张玮玮,等.2007.近40年中国平均气候与极值气候变化的概述.地球科学进展,22(7):673-684.

孙林海,赵振国,许力,等.2005.中国东部季风区夏季雨型的划分及其环流成因分析.应用气象学报,16(增刊):56-62.

魏凤英,张先恭.1998.中国夏季降水趋势分布的一个客观预报方法.气候与环境研究,3(3):218-226.

魏凤英.2006.气候统计诊断与预测方法研究进展——纪念中国气象科学研究院成立50周年.应用气象学报,17(6):736-742.

魏凤英.2006.长江中下游夏季降水异常变化与若干强迫因子的关系.大气科学,30(2):202-211.

魏凤英.2007.现代气候统计诊断与预测技术(第2版).北京:气象出版社.

武炳义,张人禾,D'Arrigo Rosanne.2008.北极偶极子异常与中国东北夏季降水.科学通报,53(12):1422-1428.

杨秋明.2006.中国降水准2年主振荡模态与全球500 hPa环流联系的年代际变化.大气科学,30(1):131-145.

赵振国,朱艳峰,柳艳香,等.2008.1880—2006年中国夏季雨带类型的年代际变化特征.气候变化研究进展,4(2):95-100.

赵振国.1996.厄尔尼诺现象对北半球大气环流和中国降水的影响.大气科学,20(4):422-428.

朱乾根,智协飞.1991.中国降水准两年周期变化.南京气象学院学报,14(3):261-268.

Busuioc A,Chen Deliang,Hellström C. 2001. Performance of statistical downscaling models in GCM validation and regional climate change estimate:Application for Swedish precipitation. *International Journal of Climatology*,**21**:557-578.

Fuentes U.,Heimann D. 2000. An improved statisitical-dynamical downscaling scheme and its application to the Alpine precipitation climatology. *Theoretical and Applied Climatology*,**65**:119-135.

Hartmann D L. 2004. The stratosphere in the climate system. *SPARC Newsletter*,**22**:15-18.

Kodera K,Koide H. 1997. Spatial and seasonal characteristics of recent decadal trends in the Northern Hemispheric troposphere and stratosphere. *J. Geophys. Res.*,**102**:19433-19447.

Li Chongyin,He J H,Zhu J. 2004. A review of decadal/interdecadal climate variation studies in China. *Adv. Atmos. Sci.*,**21**:425-436.

Matthes K,Kuroda Y,Kodera K,*et al.*,2006. Transfer of the solar signal from the stratosphere to the troposphere:Northern winter. *J. Geophys. Res.*,**111**:D06108.

Oshima Naoko,Hisashi Kato,Shinji Kadokura. 2002. An application of statistical downscaling to estimate surface air temperature in Japan. *J. Geophys. Res.*,**107**(D10):1401-1410.

Widmann M,Bretherton C S,Salathe E P. 2003. Statistical precipitation downscaling over the Northwestern United States using numerically simulated precipitation as a predictor. *J. Climate*,**16**:799-816.

# 第 12 章　中国南方持续性强降水与季节内振荡及延伸期预报试验

## 12.1　中国南方区域持续性强降水与降水季节内振荡的关系

中国南方地区大范围持续性的强降水过程是造成该地区洪涝灾害的主要原因,这种持续性灾害天气,与稳定、异常的大气环流形势有关,而以两周到两个月为周期的大气季节内振荡在其中扮演了关键性的角色,降水的季节内振荡与持续性降水异常存在密切联系(陈官军和魏凤英,2012)。以往的研究已经证明,中国东部地区夏季降水具有显著的低频振荡特征,如华北:李崇银(1992)、黄嘉佑等(1993)、徐国强等(2001);长江中下游:何金海等(1988)、Chen 等(2001)、张秀丽等(2002);东南部地区:朱乾根等(2000);江淮地区:陆尔和丁一汇(1996)、李桂龙等(1999)、Yang Hui 等(2003)、毛江玉等(2005)、夏芸等(2008)。但是,对于降水季节内振荡与持续性强降水过程的关系的研究还多是个例分析,目前仍没有形成比较系统、完整的研究结果。Chen 等(2014)利用 1981—2013 年逐日的中国地面降水 $0.5° \times 0.5°$ 格点数据集,从中国南方区域持续性强降水的定义和时空分布特征出发,分析了区域持续性强降水与降水季节内振荡的关系,为研究大气季节内振荡在区域持续性强降水中的作用提供基础。

### 12.1.1　区域持续性强降水的定义及其时空分布特征

陶诗言等(1980)指出"连续三天或三天以上,总降水量大于 200 mm 的暴雨过程为连续性暴雨,也有定义五天或五天以上的暴雨过程为连续性暴雨。一次连续性暴雨过程可持续 $3 \sim 7$ d 的时间"。这一定义主要是针对单站降水量而言的,通过统计一定范围内的台站降水资料,可以分析和研究持续性暴雨的宏观分布特征,但是,由于其局地性特点,难以应用于大尺度环流背景的分析。同时,考虑到这里的研究目的之一是为降水的延伸预报提供理论依据,而单站暴雨过程很难判断其是否具备延伸期可预报性。因此,为了同时满足异常性、区域性和持续性三个方面的特征,又考虑到暴雨有严格的降水量限制,使用了区域持续性强降水(Regionally persistent heavy rainfall,RPHR)的概念。在进一步定义区域持续性强降水事件时,我们还考虑了以下因素:(1)许多关于持续性暴雨定义和空间分布特征的研究表明(Tang et al.,2006;鲍名,2007;Hong and Ren,2013;Chen and Zhai,2013),35°N 以南的中国大陆地区,出现区域持续性暴雨的雨带通常呈东西向带状,纬向长度约 $7 \sim 10$ 个纬距,经向宽度约 $2.5 \sim 3$ 个经距,由于本文使用的降水资料为 $0.5° \times 0.5°$ 经纬度网格分辨率,所以采用 20(纬向)$\times$6(经向)的矩形网格区域作为筛选范围,以避免出现跨雨带的个例;(2)Chen 和 Zhai(2013)统计的区域持续性暴雨在江南和江淮地区的平均影响范围大小为 $5 \times 10^4$ $km^2$ 左右,在华南的平均影响范围大小为 $4.5 \times 10^4$ $km^2$ 左右,而鲍名(2007)定义 26°—34°N 区域持续性暴雨的范围阈值为 $14 \times 10^4$ $km^2$ 左右,26°N 以南为 $12 \times 10^4$ $km^2$ 左右。我们为了尽可能地保证研究的完整性,同时考虑到不同区域海岸线的不规则性,将 26°N 以南的范围阈值设为 $6 \times 10^4 \, km^2$,将 26°—35°N 的范围阈值设为 $7 \times 10^4 \, km^2$,在 0.5°×0.5°经纬度网格下,分别以 24 和 28 个网格点表示。因此,对于区域持续性强降水事件的定义为:在 0.5°×0.5°经纬网格下,不超过 120 个网格的矩形区域内,相同时间上至少有 $N$ 个网格点满足连续三日总降水量≥100 mm,且每日该区域内至少有 $N$ 个网格点的日降水量≥25 mm,阈值 $N$ 在 26°N 以南设定为 24,26°N 以北设定为 28。

　　按照上述定义,统计了 1981—2013 年中国南方地区所发生的区域持续性强降水事件。33 a 共统计得到 102 次区域持续性强降水过程,平均每年 3 次左右。从大量区域持续性强降水过程的空间分布中,我们总结出了几个典型的区域持续性强降水类型:华南型、江南型和江淮型。表 12.1 分别给出了三种类型持续性强降水事件的统计过程。从发生频率上来看,华南地区最高,33 a 共出现 41 次区域持续性强降水事件,江南地区次之 37 次,江淮地区 24 次。从事件的持续时间来看,整个南方地区区域持续性强降水的平均持续时间为 4.8 d,江南地区平均持续时间最长,达 5.1 d,而所有个例中持续时间最长的强降水过程出现在江淮地区,从 1991 年 6 月 30 日持续至 7 月 12 日,共 13 d。由于个例很多,无法给出所有过程的空间分布图,因此我们根据表 12.1 中所示持续性强降水事件的发生时间,分别对三类持续性强降水过程进行了合成,但该合成结果并不代表确定的分布形态,而是反映了特定类型持续性强降水过程的主要发生区域。图 12.1 所示为合成后的空间分布以及研究区域的地形,图中格点值代表出现持续性强降水期间的日平均降水量。可以看出,华南型主要覆盖南岭以南地区,江南型区域持续性强降水主要出现在武夷山山脉北侧鄱阳湖平原和两湖平原南部,江淮型则主要分布在长江中下游平原和淮河之间的地区。

　　分别与鲍名(2007)和 Chen 和 Zhai(2013)定义的区域持续性暴雨的统计结果进行对比:(1)三者的典型空间分布基本一致,在中国南方地区主要分为华南型、江南型和江淮型;(2)相比鲍名(2007)的结果,这里的结果包括了前者南方锋面型持续性暴雨的所有个例,同时,由于在范围阈值上没有前者严格,因此,还多筛选出了部分个例;而相比 Chen 和 Zhai(2013)的结果,这里统计得到的区域持续性强降水事件发生频次更高很多,前者在 1951—2010 年 60 a 全国范围内共识别出 74 次区域持续性暴雨,因为 Chen 和 Zhai(2013)的对于区域持续性暴雨的定义是建立在满足单站持续性暴雨(日降水量≥50 mm,持续 3 d 以上)基础上的,目的是为了保证事件的致灾性,然而这里的主要目的是研究大气季节内振荡所造成的环流异常与持续性强降水的关系,而强致灾性的过程在大气季节内振荡的大尺度背景下,还受到地形以及其他尺度(钱维宏,2012)因素的影响,这些因素可能并不具有稳定、统一的特征,因此,为了让研究结果更具代表性,我们降低了强度标准;(3)鲍名(2007)和 Chen 和 Zhai(2013)都将由台风(热带气旋)造成的区域持续性暴雨与其他暴雨区分开(前者定义了华南低压型,后者定义了台风型),但我们认为热带气旋系统对降水的影响同样可能与大气季节内振荡有关,因此这里并没有将其独立分为一类。

表 12.1　近 33 a 中国南方区域持续性强降水的统计事件

| 华南地区 | | 江南地区 | | 江淮地区 | |
|---|---|---|---|---|---|
| 发生时间<br>(年.月.日—月.日) | 持续时间(d) | 发生时间<br>(年.月.日—月.日) | 持续时间(d) | 发生时间<br>(年.月.日—月.日) | 持续时间(d) |
| 1983.02.27—03.01 | 3 | 1981.04.06—10 | 5 | 1982.06.18—24 | 7 |
| 1983.06.16—20 | 5 | 1981.06.26—29 | 4 | 1982.07.19—23 | 5 |

| 华南地区 | | 江南地区 | | 江淮地区 | |
|---|---|---|---|---|---|
| 发生时间<br>（年.月.日—月.日） | 持续时间（d） | 发生时间<br>（年.月.日—月.日） | 持续时间（d） | 发生时间<br>（年.月.日—月.日） | 持续时间（d） |
| 1984.05.16—19 | 4 | 1982.06.14—22 | 9 | 1983.06.29—07.02 | 4 |
| 1987.05.20—23 | 4 | 1983.07.05—09 | 5 | 1983.07.20—24 | 5 |
| 1987.07.29—08.01 | 4 | 1984.04.02—05 | 4 | 1983.10.04—07 | 4 |
| 1988.09.22—25 | 4 | 1984.05.30—06.02 | 4 | 1984.06.12—15 | 4 |
| 1989.05.20—25 | 6 | 1988.05.07—10 | 4 | 1986.06.21—24 | 4 |
| 1990.04.09—12 | 4 | 1989.06.28—07.04 | 7 | 1986.07.16—19 | 4 |
| 1990.07.31—08.04 | 5 | 1990.06.12—16 | 5 | 1987.07.02—06 | 5 |
| 1990.08.20—23 | 4 | 1992.03.19—23 | 5 | 1990.07.17—20 | 4 |
| 1990.09.08—12 | 5 | 1992.07.02—07 | 6 | 1991.06.12—16 | 5 |
| 1992.03.22—26 | 5 | 1993.06.18—21 | 4 | 1991.06.30—07.12 | 13 |
| 1993.06.08—11 | 4 | 1993.06.30—07.06 | 7 | 1996.07.14—18 | 5 |
| 1994.06.18—20 | 3 | 1994.06.09—13 | 5 | 1998.06.28—07.01 | 4 |
| 1994.07.22—25 | 4 | 1995.06.23—27 | 5 | 2000.06.24—28 | 5 |
| 1995.06.15—19 | 5 | 1996.03.15—20 | 6 | 2002.07.22—25 | 4 |
| 1995.07.31—08.06 | 7 | 1996.06.30—07.03 | 4 | 2003.06.29—07.02 | 4 |
| 1996.03.29—04.01 | 4 | 1997.07.07—12 | 6 | 2003.07.08—11 | 4 |
| 1997.07.02—06 | 5 | 1998.03.04—08 | 5 | 2005.07.07—09 | 3 |
| 1999.05.24—27 | 4 | 1998.06.17—27 | 11 | 2006.06.30—07.02 | 3 |
| 2000.04.01—03 | 3 | 1998.07.21—25 | 5 | 2007.07.05—08 | 4 |
| 2000.06.18—21 | 4 | 1999.05.16—19 | 4 | 2008.08.14—17 | 4 |
| 2000.08.23—27 | 5 | 1999.06.23—07.01 | 9 | 2010.07.10—14 | 5 |
| 2001.08.30—09.02 | 4 | 2000.06.08—12 | 5 | 2013.07.05—08 | 4 |
| 2002.06.30—07.03 | 4 | 2000.06.20—24 | 5 | | |
| 2002.08.06—10 | 5 | 2002.06.14—18 | 5 | | |
| 2002.10.28—31 | 4 | 2002.06.28—07.02 | 5 | | |
| 2005.06.19—24 | 6 | 2003.06.24—28 | 5 | | |
| 2006.05.30—06.03 | 5 | 2005.11.09—11 | 3 | | |
| 2006.07.14—18 | 5 | 2006.06.04—08 | 5 | | |
| 2006.07.25—28 | 4 | 2008.06.09—12 | 4 | | |
| 2007.06.07—11 | 5 | 2010.04.11—14 | 4 | | |
| 2007.08.19—21 | 3 | 2010.06.18—22 | 5 | | |
| 2008.06.02—05 | 4 | 2011.06.13—15 | 3 | | |
| 2008.06.25—30 | 6 | 2012.07.15—18 | 4 | | |
| 2010.06.13—17 | 5 | 2012.08.08—12 | 5 | | |
| 2011.05.12—17 | 6 | 2013.06.26—29 | 4 | | |
| 2012.06.21—25 | 5 | | | | |
| 2013.05.20—23 | 4 | | | | |
| 2013.08.14—18 | 5 | | | | |
| 2013.12.14—18 | 5 | | | | |

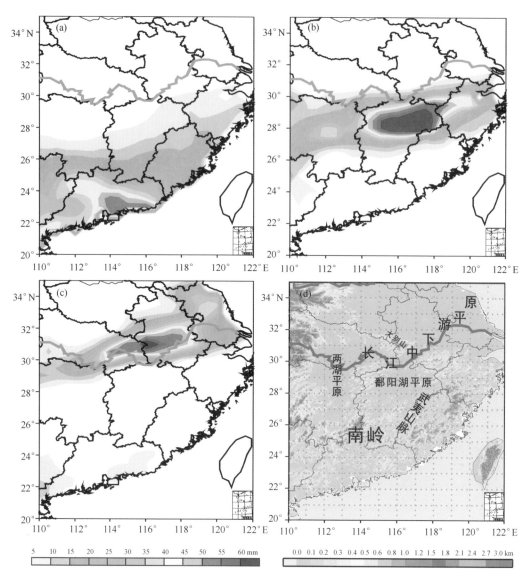

图 12.1　合成的三种类型区域持续性强降水空间分布
(a)华南型;(b)江南型;(c)江淮型;(d)地形图

图 12.2 为 1981—2013 年,110°E 以东,35°N 以南中国大陆地区及各子区域持续性强降水事件发生次数的季节分布。从整个南方的情况来看,夏季(6—8 月)是区域持续性强降水事件的高发季节,共 76 次,占总次数的 74.5%,其中 6 月份最多,达 37.5 次;春季(18.5 次)多于秋季(15.5 次),而冬季几乎不发生区域持续性强降水。从分区的情况来看,夏季区域持续性强降水事件的发生率比较均匀,华南地区出现 25.5 次,江南地区出现 27.5 次,江淮地区也有 23次,其中华南和江南地区都是在 6 月份达到峰值,而江淮地区是 7 月份出现的持续性强降水事件最多。在夏季以外的季节,江淮地区基本不发生持续性强降水,而华南地区除 1 月和 11 月外,各月均有出现持续性强降水过程,其中春季 10 次,秋季 3.5 次,同时,春季江南地区也是持续性强降水的多发季节(8.5 次)。

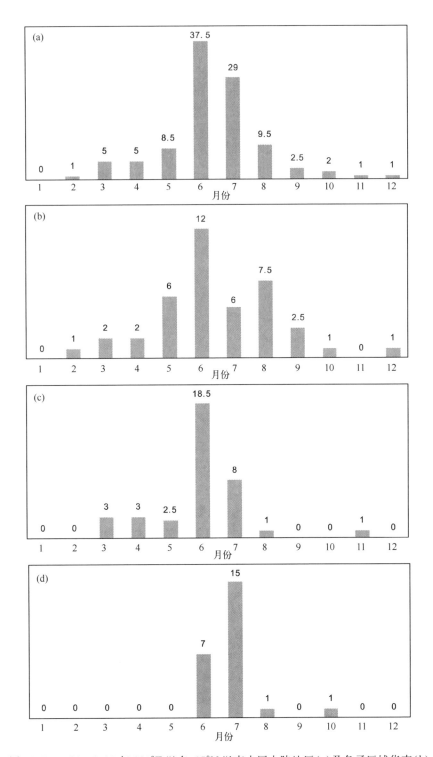

图 12.2　1981—2013 年 110°E 以东,35°N 以南中国大陆地区(a)及各子区域华南(b)
江南(c)江淮(d)持续性强降水过程分生总次数的季节分布

## 12.1.2　中国南方夏季降水季节内振荡的时空分布特征

为了确定降水 30～60 d 季节内振荡在中国南部地区的空间分布特征,我们将消除了季节变化和经过 30～60 d 带通滤波后的 1981—2013 年 4—9 月份中国南方逐日格点降水距平场(共 6039 d,水平空间场包括 537 个有效格点,即不含缺省值的格点)进行 REOF 分解。图 12.3a—c 所示为 30～60 d 低频分量的前三个主模态的空间结构(REOF1—3),格点值代表降水值与相应主模态的相关系数,因此格点值的平方即是该主模态在该格点的方差贡献。计算发现,30～60 d 低频分量 REOF 前三个主模态共解释了总方差的 54.73%,其中 PC1 占 18.72%,PC2 占 18.05%,PC3 占 17.96%。第一主模态的空间型,即 REOF1,呈现江南地区与长江中下游地区、华南地区相反的"－＋－"分布形态,并且最显著的区域位于 26°～29°N 间的江南地区;REOF2 主要反映了江淮(29°—33°N)地区降水的变化;而 REOF3 中最显著区域位于华南地区。可以看出,30～60 d 低频分量的空间分布特征与图 12.1 中区域持续性强降水的主要发生区域非常类似,即可以分为华南、江南和江淮三个主要区域,因此,为了进一步探讨降水 30～60 d 低频振荡与区域持续性强降水的关系,将中国南方地区划分为三个子区域(图 12.3d):华南(region 1,R1)、江南(region 2,R2)和江淮(region 3,R3)。它们的具体边界范围如表 12.2 所示。将上述区域的格点平均降水值定义为三个降水指数(RI1,RI2,RI3),它们的季节内振荡分量则分别记为(IRI1,IRI2,IRI3)。

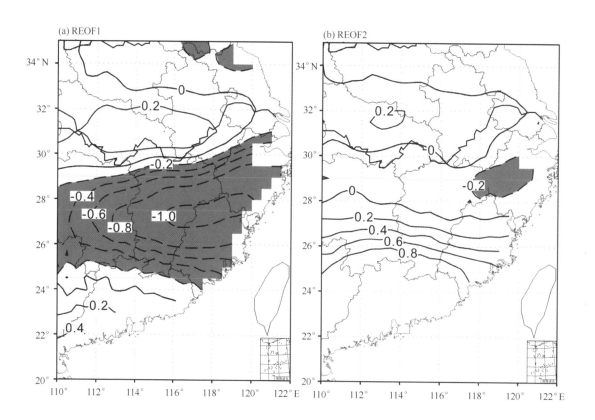

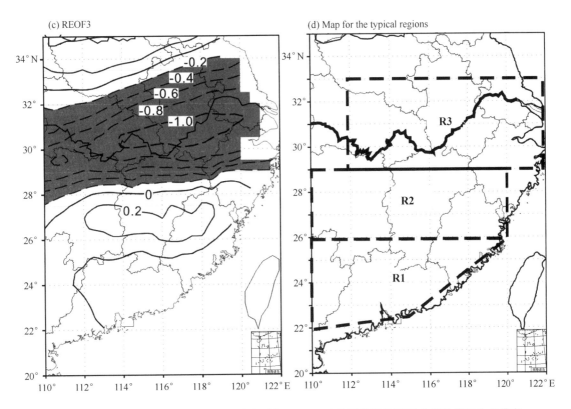

图 12.3　1981—2013 年 4—9 月逐日降水量场 30～60 d 低频分量 REOF 分解的前三个主模态

表 12.2　三个子区域边界范围

| R1 | R2 | R3 |
| --- | --- | --- |
| 110°—120°E | 110°—122°E | 112°—122°E |
| 21°—26°N | 26°—29°N | 29°—33°N |

　　这样的分区也基本符合中国南方主要雨带的演变特征(朱乾根等,2000)。图 12.4 为三个降水指数气候(1981—2010 年)平均逐候降水量,可以看到,华南地区(图 12.4a)降水从 25 候开始显著增加,峰值出现在第 33 候,然后迅速减少,这是 5 月中旬至 6 月中旬的华南前汛期,其后在 45～47 候再次出现峰值,即 7 月下旬至 8 月上旬的华南后汛期。图 12.4b 所示为江南地区降水趋势,20 候至 27 候之间的两个小峰值代表了江南春雨期,而主峰值出现在 34 候,即 6 月中旬左右;而图 12.4c 所显示的降水趋势完全符合江淮地区的气候特征,其中主峰值出现在 35～39 候,即 6 月中旬至 7 月上旬的江淮梅雨期。

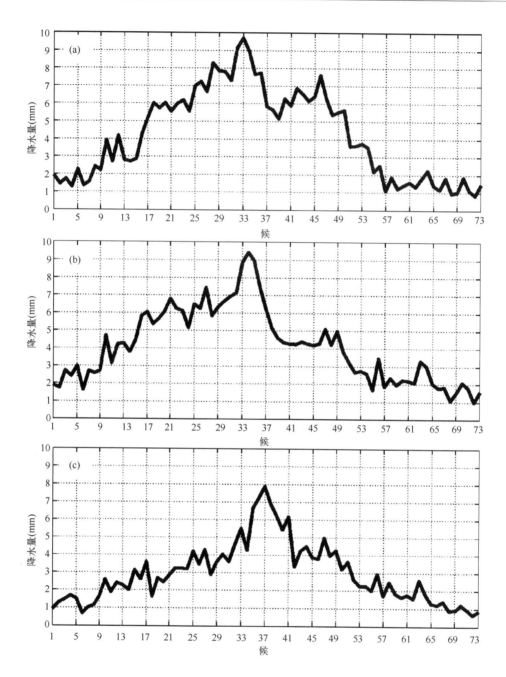

图 12.4　1981—2013 年 33 a 平均逐候降水量
(a)RI1；(b)RI2；(c)RI3

　　由于降水量演变的非线性平稳特征，我们采用 EEMD 方法对三个降水指数的气候平均降水量进行分解，以便分析其低频振荡特征。三个子区域的分解结果类似，都得到了五个 IMF 分量，且这五个 IMF 分量的振荡周期都依次为 15 d 左右，45 d 左右，2.5 个月，6 个月和 12 个月，即分别代表了降水量的 10～20 d 准双周振荡、30～60 d 季节内振荡、季节变化、冬夏转换和年内变化。图 12.5 给出了三个降水指数 EEMD 分解的前两个模态，即周期为 10～20 d(图

12.5a,c,e)和 30～60 d(图 12.5b,d,f)的低频振荡分量。可以看出,30～60 d 低频分量的峰谷值与图 12.4 中逐候降水量非常一致,尤其是在夏半年(19～55 候),图 12.5b 中 33 候,47 候的峰值分别对应华南雨季的两个阶段,图 12.5d 中 34 候左右的峰值对应江南夏季降水,图 12.5f 中 37 候左右的峰值的对应江淮梅雨期;而 10～20 d 模态对实际降水量主峰值的反映并不明显,只是次峰值出现时段的振幅接近 30～60 d 模态,如图 12.5a 中 47 候 10～20 d 模态的正峰值略高于 30～60 d 模态(图 12.5b),并且恰好对应图 12.4a 中华南后汛期的出现;图 12.5c 中 21 候 10～20 d 模态的正峰值高于 30～60 d 模态(图 12.5d),对应图 12.4b 中江南春雨期。因为通过将所有分解得到的 IMF 分量进行合成可以还原为原始降水,所以可以用低频降水分量值除以实际降水量计算低频分量占实际降水量的百分比,正值表示对实际降水的正贡献,负值表示该时段内该频率的降水分量受到抑制。从图 12.6 中可以看出,30～60 d 模态在夏半年对正峰值降水的贡献率能够达到 10%～12%,显著高于 10～20 d 模态,而在次峰值区,10～20 d 模态的贡献率与 30～60 d 相当,达 6%～9%。因此可以得出结论:从气候平均态来看,中国南方三个子区域夏半年降水具有 10～20 d 和 30～60 d 的低频振荡特征,并且这两种低频振荡模

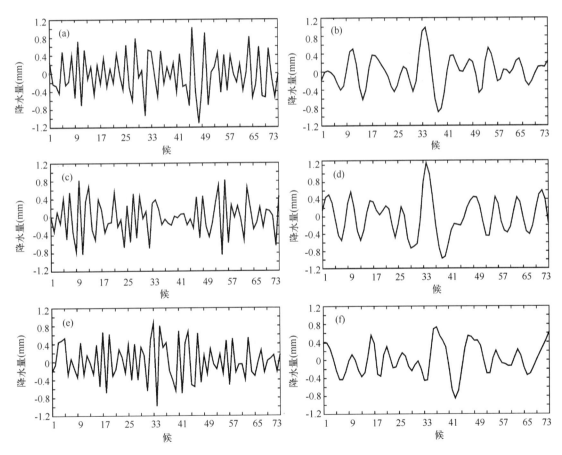

图 12.5　1981—2013 年平均 RI1(a—b),RI2(c—d)和 RI3(e—f)

逐候降水量 EEMD 分解前两个代表低频振荡的模态(a,c,e:

10～20 d 振荡;b,d,f:30～60 d 振荡)

态对三个区域主要大尺度降水期的形成意义重大,集成贡献率达15%~20%,其中 30~60 d 模态贡献大于 10~20 d 模态,尤其是在各区域第一峰值降水期。

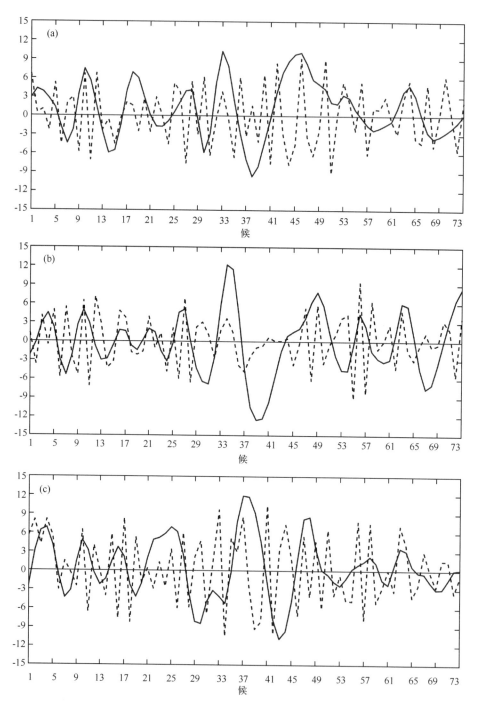

图 12.6　1981—2013 年平均华南(a),江南(b)和江淮(c)地区逐候降水量
10~20 d 低频分量(虚线)和 30~60 d 低频分量(实线)占实际降水量的百分比

　　上述分析表明,中国南方夏半年降水 30～60 d 季节内振荡分量的空间结构与区域持续性强降水的高发区相重合,同时,对于这些区域降水气候平均值的 EEMD 分解也确实验证了30～60 d 季节内振荡分量的重要性。但是,由于降水的不连续性,其年际变化比较明显,因此,运用功率谱方法进一步分析了 1981—2013 年各年华南、江南和江淮地区逐日降水序列的频谱特征,以期了解中国南方降水低频振荡特征的年际差异。如图 12.7 所示,将各年降水指数相应周期的谱密度除以 $\alpha=0.05$ 的红噪声标准谱,绘制成逐年三个降水指数的功率谱比值分布,当谱比值大于 1.0 时,代表该周期超过 0.05 的显著性水平,比值越大则周期越明显。可以看出,各年的情况基本一致,显著区域主要出现在 5～7 d、10～20 d 和 25～50 d 三个周期范围内,说明气候态的分析得到的三个子区域降水 30～60 d、10～20 d 振荡特征是相对稳定的。

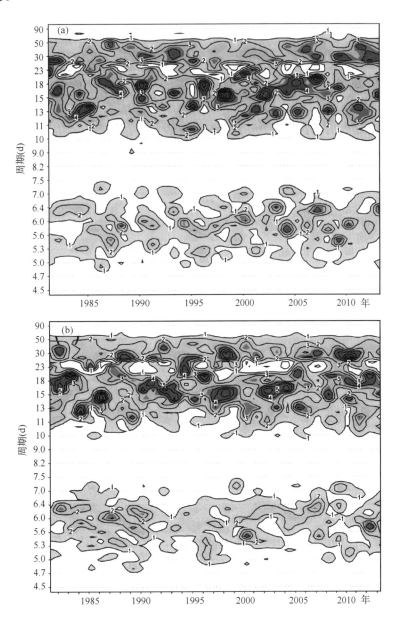

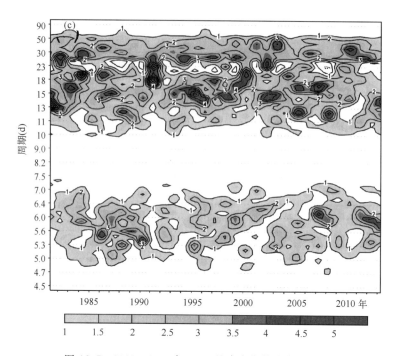

图 12.7　1981—2013 年 4—9 月降水指数功率谱比值

(a)RI1,(b)RI2,(c)RI3。大于 1 的区域表示对应周期的功率谱通过 0.05 显著性检验

### 12.1.3　区域持续性强降水与 30～60 d 季节内振荡的关系

　　分别统计了 1981—2013 年 4—9 月份发生在三个区域的持续性强降水事件与相应区域降水季节内振荡的关系。表 12.3 给出的统计结果包括 1981—2013 年 4—9 月三个子区域发生的区域持续性强降水事件总数,30～60 d 降水低频分量大于一个正标准差期间发生的区域持续性强降水事件的数量及其占总数的比例。发现,中国南方区域持续性强降水事件的发生与对应区域降水季节内振荡的位相和强度存在密切的联系,87% 以上的区域持续性强降水事件都发生在该区域 30～60 d 低频降水指数(RI＊)大于 1 个标准差(1SD)的正位相,这说明降水季节内振荡的位相和强度是区域持续性强降水发生的必要条件之一。因此,讨论与降水季节内振荡相关的环流形势及其天气学机制对于把握好区域持续性强降水具有重要意义。

表 12.3　1981—2013 年 4—9 月三个子区域发生的区域持续性强降水事件总数,
降水 30～60 d 低频分量大于一个正标准差期间发生的区域持续性强降水事件的数量及其占总数的比例

|  | 华南 | 江南 | 江淮 |
| --- | --- | --- | --- |
| RPHR 事件总数 | 36 | 33 | 23 |
| 发生在 RI＊≥1SD 区间的 RPHR | 34 | 29 | 21 |
| 比例(%) | 94.4 | 87.8 | 91.3 |

## 12.2　中低纬度大气季节内振荡与区域持续性强降水的关系

从 12.1 节的分析中,我们了解到中国南方夏季区域持续性强降水的发生很大程度上受到降水季节内振荡的调制。实际上,早在 20 世纪 60 年代,陶诗言和徐淑英(1962)就强调了环流的稳定性在持久性旱涝中的作用。丁一汇(1993)、李崇银(2000)指出,这种环流的稳定性是与大气低频振荡相联系的。已有的研究表明,与区域持续性暴雨相关的大气低频变化包括了来自热带和中高纬度地区低频系统的影响。自 20 世纪 70 年代热带大气季节内振荡(MJO)被发现(Madden and Julian,1971)以来,国内外科学家对大气季节内振荡(Intraseasonal Oscillations,ISO)的特征、实体、机制及其与 ENSO 和季风的联系等方面做了大量的研究,认为季节内振荡是大气环流演变的重要组成部分,并且具有全球性的特点。ISO 与季风的关系也受到了广泛的重视,Yasunari(1980)首先研究了季节内振荡与夏季风的关系,注意到季节内振荡的传播对季风的影响。Krishnamurti 等(1985)认为季风的爆发、季风的活跃和中断与季节内振荡有关。本节主要从南海夏季风系统出发,讨论区域持续性强降水与东亚中低纬度大气季节内振荡的关系。

### 12.2.1　影响中国南方降水 30～60 d 季节内振荡的关键系统

中国南方夏季雨带的建立和发展与东亚夏季风系统的建立和发展有密切的关系,因此降水季节内振荡的产生也必然与东亚夏季风季节内振荡有着密切的联系,850 hPa 风场是常被用作描述东亚夏季风的主要物理量,尤其是最早爆发的南海夏季风(梁建茵等,1999;Mao and Chan,2005;孙丹等,2008)。为了调查对中国南方夏季降水季节内振荡产生影响的关键环流系统,我们利用 12.1 节中定义的三个典型区域的降水指数 30～60 d 低频分量与 U850 hPa 纬向风场格点值作回归分析,样本区间取 1981—2010 年各年自南海夏季风爆发日前 15 d 至爆发后 134 d。发现当各区域降水分别与 U850 hPa 纬向风场同步或相隔 20 d 时,两者的关系最为显著。图 12.8 为上述两种情况下回归系数的空间分布。如图 12.8a,c,e 所示,当 U850 hPa 纬向风场与降水同步时,显著区域从东南亚向北穿越南海延伸至 35°N 左右,呈经向"－＋－"模态,而相应的典型低频降水区域(图 12.3)和主要持续性强降水发生区(图 12.1)恰好介于两个符号相反的显著区域之间。当 U850 hPa 纬向风场与降水相差 20 d 时,统计显著区域(图 12.8b,d,f)与前者类似,但是符号相反。

另外,我们又分别计算了上述三个区域平均逐日降水量在南海夏季风爆发前 150 d 和南海夏季风爆发后 150 d 的功率谱比值。结果显示(图 12.9),30～60 d 模态在南海夏季风爆发后较爆发前更加显著。说明:(1)中国南方降水的季节内振荡特征可能直接与南海夏季风的爆发有关;(2)从热带穿越南海,延伸至 35°N 的显著性区域暗示我们,南海夏季风期间直接控制中国南方降水的副热带大尺度环流通过季节内振荡的方式与热带大气系统相联系。这一点与 Lu 等(2014)最近的研究结果吻合,他们指出,1998 年夏季中国东部副热带大气 30～60 d 振荡受到来自南海和西北太平洋热带大气季节内振荡的影响。

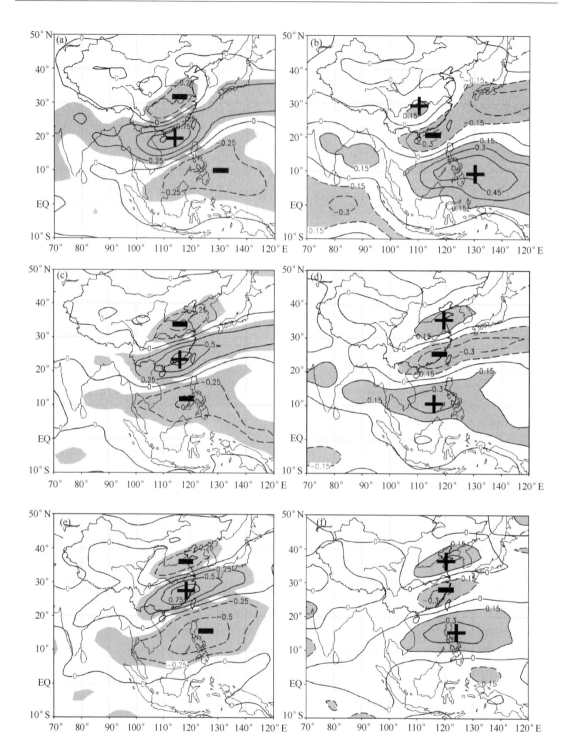

图 12.8　以 850 hPa 纬向风场距平格点值作为因变量，分别以 RI1*(a,b)，RI2*(c,d)和

RI3*(e,f)作为自变量进行回归分析后所得回归系数，其中(a,c,e)中 RI 与 850 hPa 纬

向风场同步，(b,d,f)中 RI 滞后 850 hPa 纬向风场 20 d。通过显著性检验的格点用灰色标注。

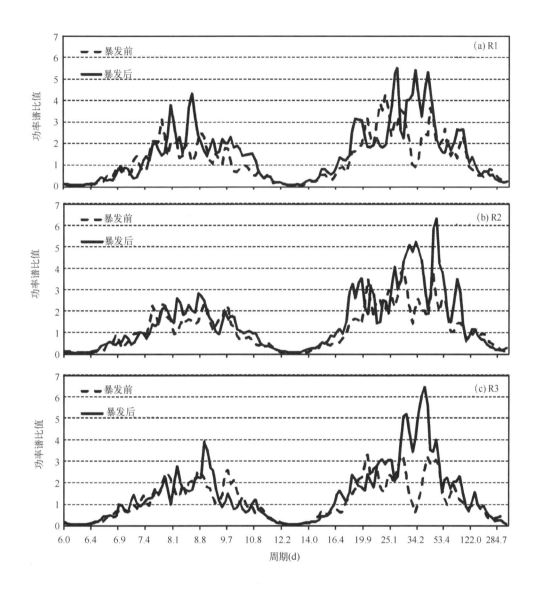

图 12.9　RI1(a),RI2 (b)和 RI3 (c)在南海夏季风爆发前 150 d(虚线)
和爆发后 150 d(实线)的功率谱比值。

## 12.2.2　南海夏季风 30～60 d 季节内振荡时空分布特征

为了搞清楚南海夏季风季节内振荡的环流实质,我们首先以 110°—120°E 平均的 850 hPa
纬向风作为表征南海夏季风变化的指数,然后对该指数在赤道至 35°N 范围内做 EOF 分解,样
本时间长度为 1981—2010 年每年南海夏季风爆发日前 15 d 至南海夏季风爆发后 134 d,共有
30×150＝4500 d。然后再利用小波分析方法找到符合 30～60 d 振荡周期的主模态。计算结
果显示,前三个通过显著性检验的 EOF 模态总共解释了总方差的 80%,分别为 36%,28%,
16%,对这三个 EOF 模态的主成分(PC,principal component)作 Morlet 小波分析,以确定代

表 30～60 d 低频振荡的模态。如图 12.10 所示,图中 a,c,e 为对应周期和时间的小波功率谱,
通过 0.05 显著性检验的谱值由粗实线包围,表示所对应周期显著;而图 12.10b,d,f 中实线代
表总体小波功率谱值,虚线代表对应周期上 0.05 显著性水平的临界值,在虚线右侧的谱值通
过 95% 信度检验。可以看出,PC1 的显著周期出现在 30～80 d 和 180 d 左右两个带上,分别
代表季节内振荡和冬夏转换,PC2 的显著周期只出现在 30～60 d 范围,PC3 的显著周期包括 8
d、和 10～20 d 及部分季节内振荡信号,且相对较弱。因此,前两个主成分代表了南海夏季风
季节内振荡的主要模态。

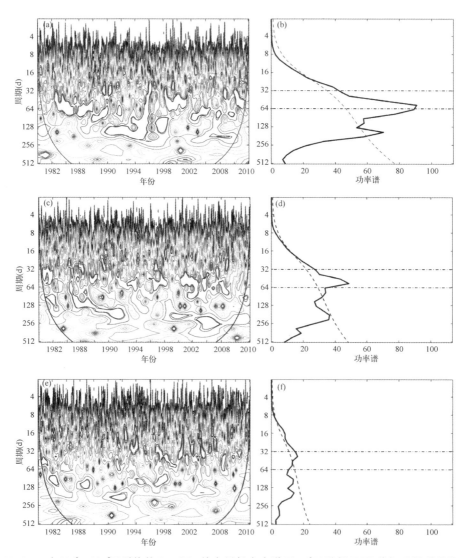

图 12.10　对 110°—120°E 平均的 850 hPa 纬向风场在赤道至 35°N 进行 EOF 分解后得到的前三个
　　　　主成分的 Morlet 小波分析结果。(a,c,e)中等值线为对应时间和周期的小波功率谱,粗实线所
　　　　包围的区域超过了 0.05 的红噪音显著性水平,粗的长弧线外侧区域表示边界效应影响显著
　　　　的区域。(b,d,f)中的粗实线为总体小波功率谱,虚弧线代表 0.05 的显著性水平

图 12.11 给出了前两个主成分的空间结构。EOF1 中,低层西风控制南海大部地区,而低层东风控制长江以南大陆地区(22°—29°N),这种环流特征恰好与图 12.8c—f 中的显著区域相对应,反应了 850 hPa 纬向风与江南地区和长江流域的 30~60 d 低频降水分量的显著关系。计算发现,PC1 与同时期江南和江淮地区 30~60 d 低频降水的相关系数分别为 −0.27 和 −0.24,都通过了 99% 的信度检验。而 EOF2 主要反应了 850 hPa 纬向风在南海北部和长江中下游区域(30°N 附近)相反的环流特征,恰好与图 12.8 中华南(图 12.8a、b)和江淮(图 12.8e、f)30~60 d 低频降水有关的显著性区域对应。PC2 与华南和江淮地区 30~60 d 低频降水的相关系数分别为 −0.36 和 0.2,也都通过了 99% 的信度检验。

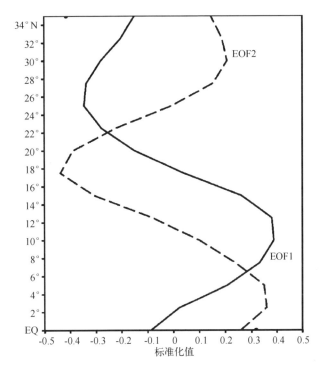

图 12.11　对 110°—120°E 平均的 850 hPa 纬向风场在赤道至 35°N
进行 EOF 分解后得到的前量个主成分的空间结构

### 12.2.3　基于南海夏季风季节内振荡主模态的合成分析

上述分析表明,PC1 和 PC2 代表了南海夏季风 30~60 d 季节内振荡的主模态,而他们的空间结构分别反映了南海夏季风 30~60 d 季节内振荡调制中国南方不同区域降水季节内变化的环流形势,其中,EOF1 可能主要控制江南和长江中下游地区夏季降水的季节内振荡,而EOF2 主要控制华南和江淮地区降水季节内变化。我们希望利用合成分析方法来呈现上述模态在季节内变化过程中的实际环流形势,进而分析造成降水 30~60 d 季节内振荡的原因。为此,我们首先利用经过 30~60 d 带通滤波的前两个主成分,PC1* 和 PC2* ,来划分各年南海夏季风 30~60 d 低频振荡的位相。以 1991 年第一主成分 PC1* 为例(图 12.12),由于其振荡特征与正弦函数类似,位相的划分十分简单明了。以南海夏季风爆发为时间起始点(day0),当时间系数的振幅超过一个正标准差时,定义出现一次显著低频振荡事件,之后每个事件被划分为

9个位相,其中第五位相代表峰值位相,而第一和第九位相分别代表该峰值位相前和后出现的谷值位相;位相3和7为0值交叉点,即正负转换位相;2、4、6、8位相则分别代表1、3、5、7、9之间的过渡期。经统计,PC1*和PC2*分别得到72次和53次显著低频振荡事件,平均每年两次左右。

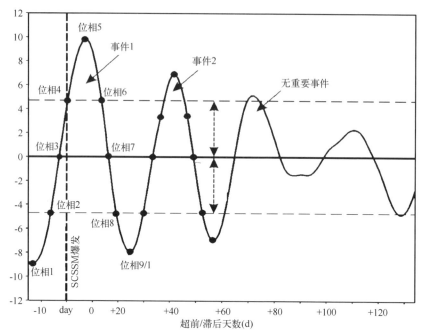

图 12.12　以 1991 年 PC1* 为例,示意合成分析的季节内振荡位相划分情况

图 12.13 为 EOF 第一主成分 1~9 位相的合成结果,合成要素包括 U850 hPa 纬向风场,OLR 和 H500 hPa 位势高度。可以看到,从位相 7(图 12.13a)到位相 8(图 12.13b),OLR 负异常在中印度洋发展并沿赤道向东传播,说明低频对流系统在此处发展并东传,而 OLR 正异常在海洋性大陆地区发展北抬,并且,伴随着东风异常的出现,这种抑制对流系统的北传恰好配合了由 500 hPa 位势高度场正异常所代表的西太平洋副热带高压的加强和西扩。这种情况下,低层反气旋性环流(图 12.13b、c 中以"AC"标识)显著地建立起来,并持续(7~9 位相)向东北方向传播;第 9 位相(图 12.13c)时,西太平洋副热带高压正异常在南海中部达到峰值,低层反气旋性环流北侧的西南风异常控制中国长江以南地区,将充足的水汽输送至该区域,有利于江南降水的产生,如图 12.14a 所示,此时江南地区出现降水正异常的峰值,因此,我们将该位相定义为有利于江南降水的"湿位相"。

当 OLR 正异常于第 9 位相在南海达到峰值时,OLR 负异常也已经越过马来半岛和东印度群岛传播至南海南侧,此前 OLR 的第一个负异常中心和伴随出现的气旋性环流(图 12.13c 和 d 中以"C1"标识)出现在赤道东印度洋,并持续(1~3 位相)向西北方向传播、减弱,体现了 Rossby 波的传播特征(Jiang et al.,2004)。从第二位相开始,西太平洋副热带高压逐渐减弱、东退,伴随着 OLR 负异常的持续东传并在西太平洋暖池区显著加强;第三位相时,明显的西风异常出现在加里曼丹岛两侧海域,并伴随 OLR 负异常开始北传,此时 200 hPa 高空纬向风与低层恰好相反(图略)。这种热带大气低频振荡系统在西太平洋暖池区重新加强并北传的现象与 Wang 和 Xie(1997)文中图 4 描述的一致,即说明了最显著的湿 Rossby 波经向传播是建

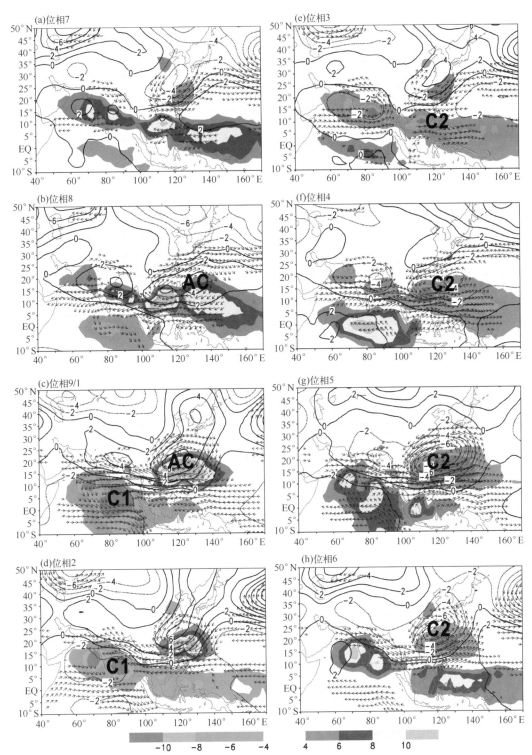

图 12.13　按照 PC1* 划分的南海夏季风季节内振荡位相进行合成分析的结果　包括 U850 hPa 纬向风场（矢量；单位：m/s），OLR（填色；单位：W/m²）和 H500 hPa 位势高度（等值线；单位：dagpm）图（a—h）分别代表 PC1* 位相的 1～8。图中 U850 hPa 纬向风场中未通过 0.05 显著性检验（t 检验）的格点值设置为缺省

立在和受制于南海夏季风系统(东风垂直切变)的出现。从位相 3 到位相 4，"C1"减弱消失，而新的低层气旋性环流系统(图 12.13e－h 中以"C2"标识)在南海北部建立起来，其中心对流和其北侧偏东气流在第五位相达到峰值，抑制了江南地区的对流活动和降水(图 12.14b)，因此，将该位相定义为不利于江南降水的"干位相"。其后，新的热带大气低频系统在赤道印度洋开始生成并北传，至第 6 位相，随着 OLR 负异常继续向东北方向传播，"C2"减弱消失，OLR 正异常加强北上，使得低层东风异常在此出现在南海，西太平洋副热带高压西伸，建立起新的低层反气旋性环流系统，再次形成有利于江南地区降水的"湿位相"。

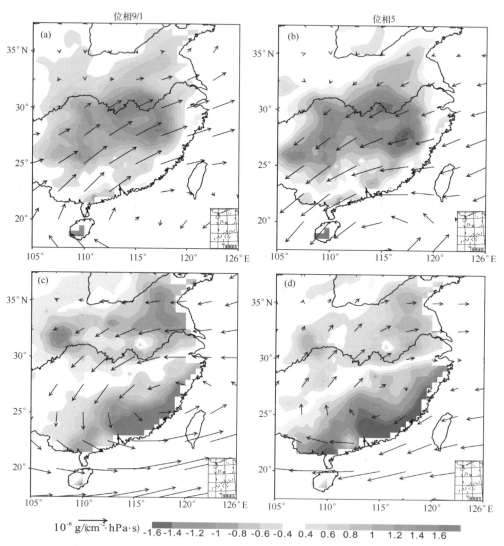

图 12.14　格点降水值(填色；单位：mm)和水汽通量(矢量；单位：$10^{-6}$ g/(cm$^{-2}$ · hPa · s))的合成分析结果(a,b)为按 PC1* 划分的位相 9/1 和位相 5，(c,d)为按 PC2* 划分的位相 9/1 和位相 5

从以上 PC1* 划分的位相循环过程来看，热带大气季节内振荡(以 OLR 负异常为例)在赤道中印度洋附近生成并沿 5°N 东传，东风异常在低层对流中心前部加强，西风异常则出现在其后部。OLR 负异常中心在中东印度洋加强，并分裂为两个部分：其一向北传播至孟加拉湾，在第九位相达到峰值后继续西传并减弱;其二向东传播越过马来半岛和东印度群岛进入海洋性大陆地区。这种传播特征与 Madden-Julian Oscillation(MJO)(Hendon and Salby,1994; Sperber,2003)非常类似。我们引入 Wheeler 和 Hendon(2004)定义的 MJO 指数 RMM1 和 RMM2(the real-time multivariate MJO series 1 and 2),分别计算他们与 PC1* 的相关系数,结果显示,PC1* 与 RMM2 的 33 a 平均同期相关系数为 0.5,而与提前其 10 d 的 RMM1 的相关系数为 0.4,都通过的了 99% 的信度检验。这就提醒我们,MJO 的东传在南海夏季风季节内振荡中可能扮演了重要的角色。同时,上述通过 PC1* 合成得到的循环过程也凸显了副热带系统的作用,尤其体现在西太平洋副热带高压及其相关环流系统在南海地区的东西振荡,直接导致了江南地区干湿位相的转换。值得注意的是,热带大气低频振荡在南海和西太平洋的北传与该东西振荡过程是耦合的,即 OLR 正异常北传导致的低层东风异常与副热带高压的加强西伸相配合,而 OLR 负异常北传导致的低层西风异常与副热带高压的减弱东退相配合。

　　类似的循环过程同样在依 PC2* 划分位相后的合成结果中出现。如图 12.15 所示,热带

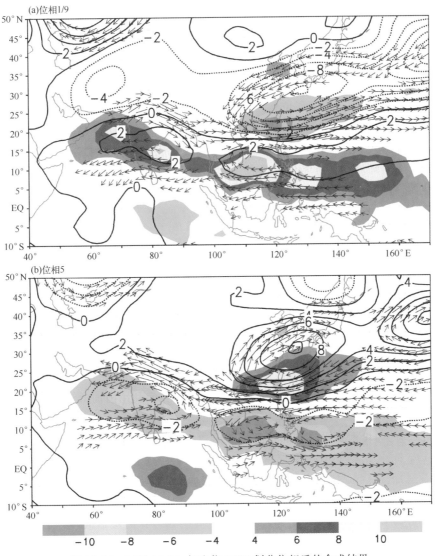

图 12.15　同图 12.13,但为依 PC2* 划分位相后的合成结果

大气季节内振荡从印度洋向东传播至西太平洋地区,并北传与南海夏季风系统相互作用,形成副热带高压系统的东西振荡形势。PC2*与MJO指数RMM1的同期相关系数为0.35,通过了99%的信度检验,同样说明MJO在PC2*模态下的重要作用。但是,我们也看到相关环流系统与PC1*模态的不同之处:热带大气低频振荡从印度洋向西太平洋传播的路径较PC1*模态偏北约五个纬度,同时,西太平洋副热带高压异常及其相关环流系统东西振荡的经向位置在峰值位相较PC1*偏北了五个纬度。这就导致副高压减弱东退时,即PC2*的第9/1位相(图12.15a),长江至黄河以南地区受偏东气流控制,低层对流活跃区覆盖南海北部、台湾海峡以及华南大部分区域,来自孟加拉湾的水汽沿低层西风异常输送至华南地区,形成了不利于江淮降水而有利于华南降水的环流形势(图12.14c),故将此位相定义为华南低频降水的"湿位相",同时也是江淮低频降水的"干位相"。反之,当循环至第五位相(图12.15b)时,副高加强西伸,其北侧西南风异常控制江淮地区,而抑制对流区控制华南大部分地区,形成了江淮低频降水的"湿位相"和华南低频降水的"干位相"(图12.14d)。由于PC1和PC2都具有显著的30~60 d季节内振荡周期,因此,上述干湿位相的转换是导致中国南方降水季节内振荡的主要原因。

### 12.2.4　南海夏季风季节内振荡与区域持续性强降水的关系

我们统计了1981—2010年南海夏季风后134 d内,发生在对应区域湿位相的区域持续性强降水事件。其中,与华南30~60 d低频降水正异常对应的湿位相为PC2*的第9/1位相,与江南30~60 d低频降水对应的湿位相为PC1*的第9/1位相,与江淮30~60 d低频降水对应的湿位相为PC2*的第五位相。从表12.4可以看出,三个子区域超过70%的区域持续性强降水事件都发生在对应的湿位相内,这提示我们给出两个假设:(1)由南海夏季风季节内振荡提供的稳定而持续的环流条件可能是中国南方区域持续性强降水产生的重要因素;(2)江南地区区域持续性强降水受南海夏季风EOF分解第一模态调制,而华南和江淮地区区域持续性强降水受南海夏季风EOF分解第二模态调制。

**表12.4　1981—2010年南海夏季风爆发后分别在三个区域发生的区域持续性强降水事件总数,发生在对应"湿位相"的数量,以及"湿位相"的总数**

|  | 华南 | 江南 | 江淮 |
|---|---|---|---|
| RPHR事件的总数 | 32 | 30 | 23 |
| 出现在湿位相的RPHR事件 | 23 | 23 | 17 |
| 湿位相的总数 | 53 | 72 | 53 |

为了证明前面两个假设的合理性,并搞清楚南海夏季风季节内振荡模态中影响区域持续性强降水的主要环流机制,以及三个区域之间的差异。我们利用前面的合成结果,分析了PC1和PC2中湿位相的经向—垂直结构。图12.16a−c为PC1第9/1位相的合成结果,从图12.16a中可以看到,由西太平洋副热带压西伸导致的位势高度场正异常在10°N到25°N范围内从1000 hPa向上扩展至400 hPa,并与图12.16b中的整层下沉气流相对应;此时,从图12.16b中看到,低层(400 hPa以下)经向风从南海向北吹向大陆,高层(300 hPa以上)经向风从大陆吹响海洋,强烈的上升支控制25°N到30°N范围内的整层大气,在副高右侧形成一个逆时针经向环流圈。该环流圈下沉支配合强烈的低层辐合和高层辐散(图12.16c),使得水汽向大陆输送,在25°—30°N范围的中低层出现正比湿中心。这充分说明PC1模态下的环流形

势为江南地区提供了充足的水汽和上升运动,同时,由于低频系统的持续性,提供了非常有利于大范围持续性降水过程出现的条件,而在 PC1 的第五位相,西太平洋副热带高压东退,上述环流形势出现反转(图略),该区域大尺度的降水将被抑制。

进一步分析与江淮和华南降水有关的环流形势。如图 12.16d—f 所示,在 PC2* 的第 5 位相,位势高度场正异常中心向北移动到 20°—25°N 范围,其北侧下沉支控制 30°—35°N 范围的整层大气,并伴随斜压涡度和散度的出现。这种结构导致比湿正异常中心出现在 30°—35°N 范围的中低层,提供了有利于江淮地区大范围持续性降水的条件。而在 PC2* 的第 9/1 位相,如图 12.16g—i 所示,上述结构反转,上升支和比湿正中心出现在 20°—25°N 范围,提供了华南地区出现大范围持续性降水的有利条件。

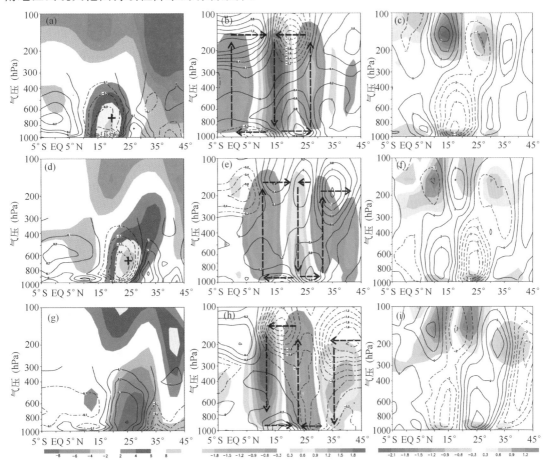

图 12.16　三个子区域湿位相中沿 110°—120°E 平均的经向垂直结构

(a,b,c)为 PC1* 的位相 9/1,(d,e,f)为 PC2* 的位相 5,(g,h,i)为 PC2* 的位相 9/1。

图(a,d,g)所绘为相对湿度(等值线;单位:g·kg$^{-1}$·10$^{-3}$)和位势高度(填色;单位:dagpm);

(b,e,h)所绘为经向风(等值线;单位:m/s)和垂直速度(填色;单位:hPa/s);

(c,f,i)所绘为水平涡度(等值线;单位:s$^{-1}$·10$^{-6}$)和水平散度(填色;单位:s$^{-1}$·10$^{-6}$)。

图中所有纵坐标轴为等压面(单位:hPa)

前面的分析中我们强调 MJO 在南海夏季风季节内振荡的作用,从图 12.16 中我们也关注到除了西太平洋副热带高压东西振荡区北侧的经向环流圈外,其南侧也存在显著的经圈环流,并且其位于海洋上升(图 12.16e)或下沉(图 12.16h)运动甚至强于陆地上的上升和下沉气流。图 12.16b,e 中南侧的上升支分别对应东传至东印度群岛(图 12.13c)和南海南部(图 12.15b)的 OLR 负异常,而图 12.16h 中南侧的下沉支恰好位于东传至南海南部的OLR 正异常(图 12.15a)上空。这进一步说明了 MJO 在南海夏季风爆发后,在南海和西太平洋地区的北传在形成南海夏季风季节内振荡模态中的重要作用,同时 OLR 正负异常中心的这种依次推进方式表明南海夏季风系统中副热带高压的东西振荡与热带大气季节内振荡的北传可能是一种周期 40 d 左右的相互反馈和循环过程。为此,我们绘制了 PC1* 模态下合成环流场的位相一经度结构,如图 12.17 所示,图中等值线为 1000～500 hPa 平均位势高度场异常,代表中低层大气状态,填色值分别为 OLR 异常(图 12.17a)和表面温度异常(图 12.17b),分别代表低层对流活动和热力状况(由于 21°N 以南基本是海洋,表面温度亦代表了海表温度变化)。如果以 9°N 为界将图中区域分为南北两个部分的话,可以看出,偏南区域中 OLR 正(负)异常中心则恰好对应前一次已经传播至偏北区域的 OLR 负(正)异常中心,这样的南北偶极子配置必然有助于加强热带与副热带的相互作用;而偏北的区域中OLR 异常与副热带高压的振荡是同步的,即 OLR 正异常对应副热带高压加强西伸,OLR负异常对应副热带高压减弱东退,同时该区域 OLR 异常中心的强度明显强于 9°N 以北的OLR 异常,说明该区域环流系统对对流活动的变化幅度有加强的作用;与此同时,在北侧区域表面温度的变化恰好介于副热带高压振荡峰谷值之间,即相差四分之一个位相,南侧虽然也出现类似的情况,但相对北侧来说不明显,说明局地的海-气相互作用可能在加强南海夏季风季节内振荡中起到了作用。

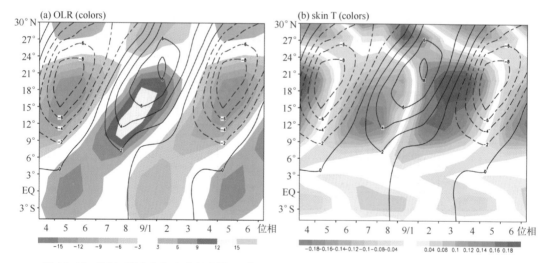

图 12.17　PC1* 所有位相合成场中沿 110°—120°E 平均的位相(横坐标)—纬度(纵坐标)结构
a,b 中等值线均为 1000～500 hPa 平均位势高度场异常(虚线表示负异常,实线表示正异常;
单位:dagpm),a 中填色为 OLR(单位:W/m),b 中填色为表面温度(单位:℃)

## 12.2.5　可能的影响机制

丁一汇(1993)认为,造成 1991 年 6—7 月江淮大范围持续性暴雨的原因是欧亚大陆中高纬度出现持久的阻塞形势,同时西太平洋副热带高压持久地稳定在 20°—22°N,而这种稳定的大气环流形势的形成,一方面是由于大气外部的某种强迫(如下垫面的强迫);另一方面是由于大气内部的动力学原因。已有的研究成果来看,夏季大气季节内振荡的北传可能由大气内部动力过程(例如,Jiang et al.,2004;Demott et al.,2013)和局地海-气相互作用造成(例如,Wu,2010;Roxy and Tanimoto,2011)。关于大气内部动力过程主要包括两个方面:一是垂直风切变机制,与其相关的主要过程是由自由大气斜压模和正压模在平均气流东风切变下耦合导致的正压涡度的产生,这种正压涡度进一步引起对流中心北侧边界层内湿对流活动的加强,并导致对流向被传播;二是水汽-对流反馈机制,主要是指有北半球夏季风区正的平均相对湿度经向梯度引起的正水汽平流导致的对流活动北传。关于局地海-气相互作用机制可以解释为:对流中心北侧东风降低了低层平均风速,引起海表潜热通量降低,并有可能使该区域的海温升高,进而引起边界层的湿对流运动;这种现象导致对流中心北侧的大气变得不稳定,诱发对流向北移动。Roxy 和 Tanimoto(2011)基于高分辨率的卫星和观测资料的研究结果显示 30~60 d 低频信号的经向传播主要出现在南海地区,并从海表温度与低层大气、云、辐射相互作用的角度解释了造成这种准周期性变化的物理机制。Wu(2010)认为,南海夏季风爆发前低频波列的纬向传播是由包括风蒸发反馈和云辐射反馈在内的海-气相互作用引起的,进而使得菲律宾海和南海区域的低层大气稳定度降低,经向温度梯度反转,南海夏季风爆发。Jiang 等(2004)对比了包括海-气相互作用在内的多种机制在北半球夏季季节内振荡(BSISO,boreal summer intraseasonal oscillation)北传中的作用,发现 BSISO 是北半球夏季风区平均流场中的一个不稳定模态,其波长为 2500 km 左右。平均气流中的东风切变在 5°N 以北是造成 BSISO 北传的主要机制,而水汽反馈和海-气相互作用在赤道附近的贡献明显。同时,两种机制实际上都依赖于环流背景场的季节变化,这也是热带大气季节内振荡主要出现在南亚和西太平洋夏季风区的原因(Wang and Xie,1997)。

　　下面我们分别从局地海-气相互作用和大气内部动力机制两个方面来讨论南海夏季风季节内振荡的物理机制。首先,它们都是建立在南海夏季风爆发后纬向风垂直切变的气候态由西风转为东风的基础上的。因此,我们计算了 1981—2010 年 30 a 平均的南海夏季风爆发前后各 90 d 200 hPa 纬向风与 850 hPa 纬向风的差值以及表面经向风值。如图 12.18 所示,南海夏季风爆发后,表面经向风转为偏南风,纬向风垂直切变由西风切变转为东风切变,即低层平均为偏西风,高层平均为偏东风。

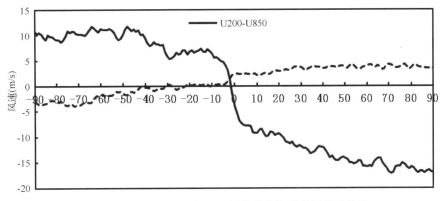

图 12.18　1981—2010 年 30 a 平均的南海夏季风爆发前后
各 90 d 200 hPa 纬向风与 850 hPa 纬向风的差值(实线,单位:m/s)
以及表面经向风值(虚线,单位:m/s)。横坐标 0 值点表示南海夏季风爆发日,刻度单位 d

我们以 PC1 为例,利用合成分析方法,从风蒸发反馈和云辐射反馈两个方面来解释南海夏季风季节内振荡中的海-气相互作用,并将整个相互作用过程分为以下四个连续的阶段来描述:

(1)如图 12.19 所示,以表面温度异常为参照,当 OLR 正异常中心(图 12.19f,约 10 W/m)于第 9/1 位相北传至 15°N 附近时,位势高度场正异常(图 12.19a,$\Delta\theta_e$ 约 7 dagpm)控制南海中北部地区,对流受到抑制,第二位相时,的最大负异常(图 12.19e)充分体现了此时大气的稳定性,天空晴朗少云,向下短波辐射正异常(图 12.19b,约 8 W/m²)有助于加热海面;同时,副热带高压南侧的低层东风异常与平均西风相反,是低层风速减弱,海表蒸发冷却减弱,表现为表面潜热通量正异常(图 12.19d,约 10 W/m²,大气向海洋传输为正);两个位相后(位相 3)表面温度正异常达到峰值(约 0.15℃)。

(2)而在海表温度异常在达到正峰值的同时,海洋开始加热低层大气,表现为负潜热通量异常(图 12.19d,约 14 W/m²),这使得大气稳定度逐渐降低,$\Delta\theta_e$ 在第四位相由负异常转为正异常(图 12.19e),增加的对流活动促进了 OLR 负异常向北传播和副热带高压的减弱东退。

(3)至第五位相时,位势高度场和 OLR 负异常中心控制南海中北部地区,活跃的对流运动和低层西风异常(图 12.19c)的出现,一方面降低了向下短波辐射(图 12.19b),另一方面加强了海表蒸发,使得海表冷却加强(图 12.19d),导致表面温度负异常的出现。

(4)至第七位相,表面温度负异常达到峰值(约 -0.15℃),冷却的海面进一步从低层大气吸收热量,使得表面潜热通量在位相 8 达到最大正异常(图 12.19d),导致大气稳定度升高,抑制对流活动,促进 OLR 正异常的北传和副热带高压的加强西伸。

我们还注意到,海表温度的振荡主要出现在 9°N 以北,同时表面纬向风异常和表面潜热通量异常都没有明显的北传特征,这说明上述反馈过程主要出现在热带以外区域。

为了描述大气内部动力机制,我们选取 PC1* 合成场一至四位相中 OLR 负异常中心所在位置作为中心点,分别构建其经向—垂直剖面,然后将四个经向—垂直剖面合成,用以分析低层对流中心附近的经向—垂直结构。图 12.20 为从图 12.13 中选取的一至四位相 OLR 负异常中心位置示意图,图 12.21 中横坐标 0 点即表示合成后的低层对流中心位置,右侧为北,左侧为南,格距 2.5°。从图 12.21a 可以看出,边界层辐合中心向北偏移 2.5°左右,而与之配合的垂直速度轴(图 12.21b)也呈现自下到上向南倾斜的形态,即垂直运动的中心在中高层(400~200 hPa)与低层对流中心重合,而在低层向北偏移 2.5°左右。另外,相对湿度(图 12.21d)和位势高度场也呈现显著的自下到上向南倾斜的形态,这种水汽不对称结构在 MJO 的东传中的作用已经被许多研究揭示(Li,2014)。总体上看,上述结构与 Jiang 等(2004)描述的北半球夏季风季节内振荡北传的结构完全相符,他们指出边界层辐合和相对湿度的向北偏移是由于低层对流中心前部边界层上正压涡度异常(图 12.21c)导致的 Ekman 抽吸造成的,而其机制可以解释为平均东风垂直切变背景下,正压和斜压模态耦合导致的经向不对称,说明在本文定义的南海夏季风季节内振荡过程中,大气内部的动力过程可能是造成低层对流中心北传(热带大气季节内振荡)的重要原因之一。

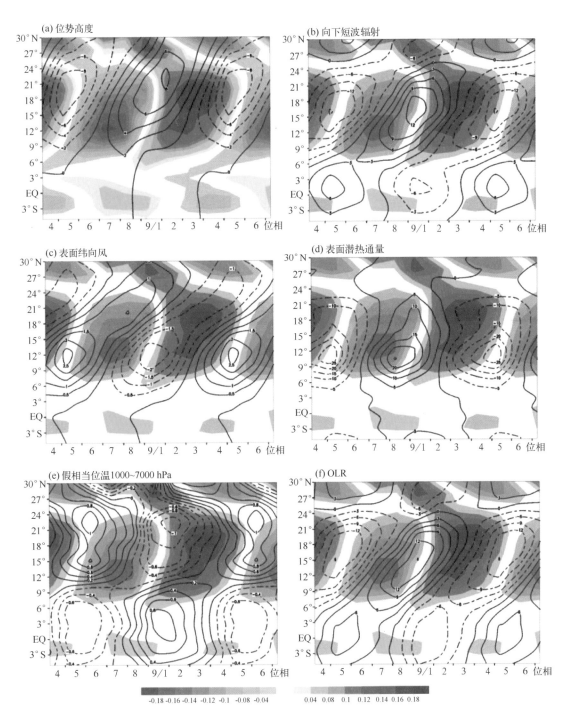

图 12.19　同图 12.17，但所绘要素不同。所有子图中填色值均为表面温度(单位:℃)，
各子图中等值线分别为所有(a) 1000～500 hPa 平均位势高度场异常(单位:dagpm);
(b)向下短波辐射(单位:W/m²);(c) 表面纬向风(单位:m/s);
(d) 表面潜热通量(单位:W/m²);(e)$\Delta\theta_{se}$(单位:K);(f) OLR(单位:W/m²)

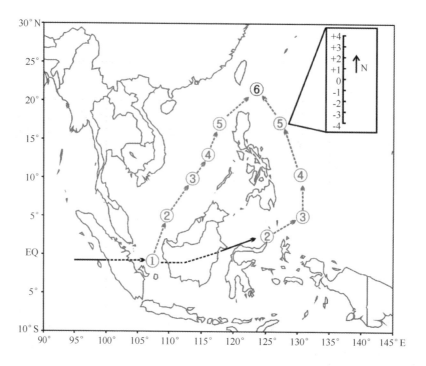

图 12.20 从图 12.13 中选取的 1~4 位相 OLR 负异常中心位置示意图

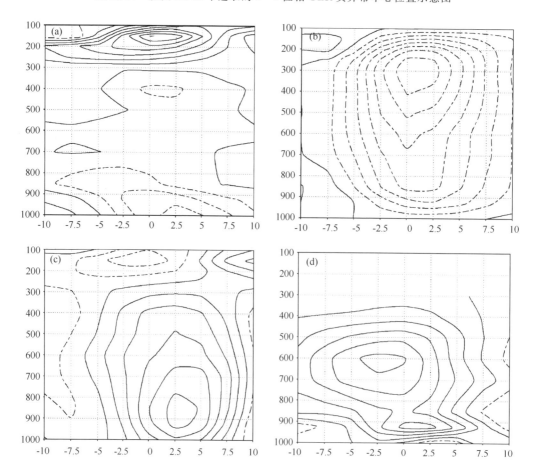

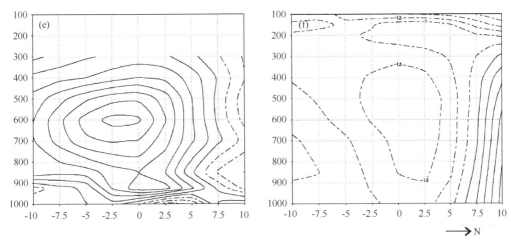

图 12.21　以 PC1 * 中 1—4 位相低层对流中心为中点(图中横坐标 0 点)合成的经向—垂直结构
(a)水平散度(单位:$2 \times 10^{-6}$ $s^{-1}$);(b)垂直速度(单位:0.002 hPa/s);(c)水平涡度(单位:$5 \times 10^{-6}$ $s^{-1}$);
(d)比湿(单位:$5 \times 10^{-5}$ kg/kg);(e) $\theta_{se}$(单位:0.1 K),(f)位势高度异常(单位:0.5 dagpm)。
横坐标刻度单位 2.5°,负值表示中心点以南,正值表示中心点以北

## 12.3　南海夏季风季节内振荡背景下中高纬度大气低频振荡的影响

中国南方的降水既受到低纬度系统的影响,也受到高纬度系统的制约(周秀骥等,2003;赵平和周自江,2005),且大部分持续性暴雨的发生离不开冷空气条件,而中高纬度低频系统的作用恰好体现在持续的冷空气条件和稳定的环流形势上。陆尔和丁一汇(1996)分析了 1991 年江淮特大暴雨期间的东亚大气低频活动,发现低纬地区低频波将暖湿空气以低频形式输送到江淮以南,并与北侧的低频冷空气在江淮地区相互作用,从而导致特大暴雨。同时,中高纬度低频涡旋对阻塞的形成、维持和衰减过程有重要作用(朱乾根和何金海,1995)。因此,本节分别讨论了在南海夏季风季节内振荡背景下,中高纬度系统季节内振荡对于区域持续性强降水的作用和东亚中高纬度系统季节内振荡的特征。

### 12.3.1　南海夏季风季节内振荡背景下中高纬度大气低频振荡在区域持续性强降水中的作用

虽然前面的分析表明,南海夏季风季节内振荡是区域持续性强降水发生的必要条件,但是从表 12.4 可以看出,其并非充分条件,因为只有 30%~40% 的湿位相发生了区域持续性强降水,因此,必然还有其他因素在调制区域持续性强降水的发生。在图 12.8 的关键区分析中,我们已经注意到,在降水区的北侧始终存在一块显著区域,而在图 12.16a 中,江南地区以北中高层强烈的位势高度场负异常进一步说明中高纬度系统可能是在南海夏季风季节内振荡背景下,影响区域持续性强降水的又一重要条件,而冷空气条件也是在前面的分析中没有涉及的。为此,我们将湿位相分为包括区域持续性强降水和不包括区域持续性强降水两类,重新进行合成分析,以确定中高纬度系统在其中的作用。如图 12.22 所示,左列分别为三个子区域不出现区域持续性强降水的湿位相合成结果,右列分别为三个子区域

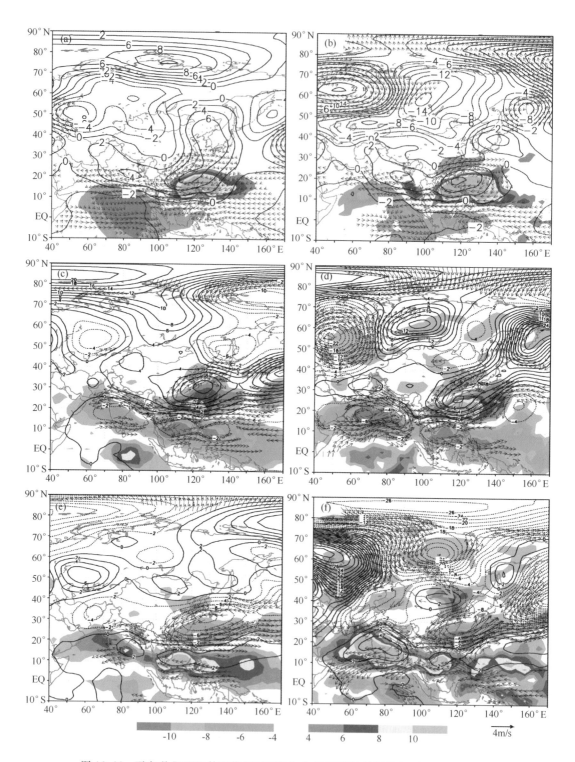

图 12.22　不出现 RPHR 的湿位相(左列)和出现 RPHR 的湿位相(右列)合成分析
(a,b)为 PC1 * 第 9/1 位相;(c,d) PC2 * 第五位相;(e,f) PC2 * 第 9/1 位相。变量同图 12.13

出现区域持续性强降水的湿位相合成结果。首先,从局地特征来看,出现持续性强降水时,降水区的 OLR 负异常明显强于不出现持续性强降水的情况,说明其对流条件的差异很大;其次,从整体环流形势来看,两者中低纬度形势基本一致,但出现持续性强降水时中高纬度系统明显活跃,经向环流异常强大。在出现江南持续性强降水的湿位相中(图 12.22b),贝加尔湖附近的异常低压中心和乌拉尔山附近的异常高压中心以及相关反气旋性环流共同形成了类似阻塞的形势(Rex,1950),而阻塞形势恰好是与大气低频变化相关的主要现象之一(Blackmon,1976,1977;高守亭等,1998;李崇银,1991)。亚欧夏季的阻塞形势通常发生在 40°—75°N 范围内的三个典型区域,并以此可分为三种类型(汤懋苍,1957;李峰和丁一汇,2004):乌拉尔山阻高(40°—75°E)、贝加尔湖阻高(80°—110°E)和鄂霍次克海阻高(130°—150°E)。传统阻塞高压的定义通常需要考虑原始 500 hPa 位势高度场强度,范围,移动速度和维持时间等因素,目前还没有专门针对低频流场阻塞形势的定义,因此后面我们在使用"阻塞形势"和"阻塞高压"这两个词时都加上了双引号,表示并非严格定义。这种"阻塞形势"同样出现在另外两个区域发生持续性强降水期间,但是类型有所不同。在出现江淮持续性强降水的湿位相中(图 12.22d),乌拉尔山地区为负位势高度场异常中心,而贝加尔湖阻高和鄂霍次克海"阻塞高压"异常强大,以往的研究也指出(丁一汇,1993;张庆云和陶诗言,1998)这种形势确实是有利于江淮持续性暴雨的发生;而在出现华南持续性强降水的湿位相中(图 12.22f),位于乌拉尔山"阻塞高压"和西伯利亚"低压"之间的低层西北气流(蓝色箭头线标注)在中国东北地区受 40°N 附近两个小高压的挤压,转向西南将冷空气输送至华南降水区,这种中纬度西高东低的东亚深槽型也已被证明是造成华南型持续性暴雨的主要天气形势之一(王永光和廖荃荪,1997;鲍名,2007)。

　　以上是直接从合成结果分析中高纬度系统与三个子区域持续性强降水的关系,但是这种关系是否显著无法判断,因此,我们逐一对比了区域持续性强降水发生期间低频 500 hPa 位势高度场与上述合成结果的相似程度,并计算了其空间相关系数(40°—75°N,40°—150°E)。将图 12.22b,d,f 所代表的中高纬度环流形势分别称为 I 型、II 型和 III 型,则他们分别对应江南、江淮和华南地区出现在湿位相的持续性强降水过程,利用主观判断(利用等值线图)和空间相关系数(超过 0.01 显著性水平),我们对实际的区域持续性强降水过程中高纬度环流形势进行了分类。如表 12.5 所示,虽然三种"阻塞高压"型在各自对应的湿位相区域持续性强降水事件中出现的概率都较高,但是除江淮地区(70%)以外,都仅占 50% 左右。同时,我们还发现某些持续性强降水过程并没有明显的北方冷空气条件,如 1990 年 8 月 20—23 日和 2007 年 8 月 19 日—21 日的华南型持续性强降水(图 12.2a,b),是由南海至菲律宾以东洋面生成北上的热带低压(包括台风)登陆华南后,受北部高压系统阻挡,移动缓慢所造成的(图 12.23c,d)。

表 12.5　三个子区域发生在湿位相内的 RPHR 事件所对应的中高纬度环流形势统计

| | I 型 | II 型 | III 型 | 其他 | 合计 |
|---|---|---|---|---|---|
| 江南 | 12 | 5 | 5 | 1 | 23 |
| 江淮 | 4 | 11 | 1 | 1 | 17 |
| 华南 | 4 | 7 | 10 | 2 | 23 |

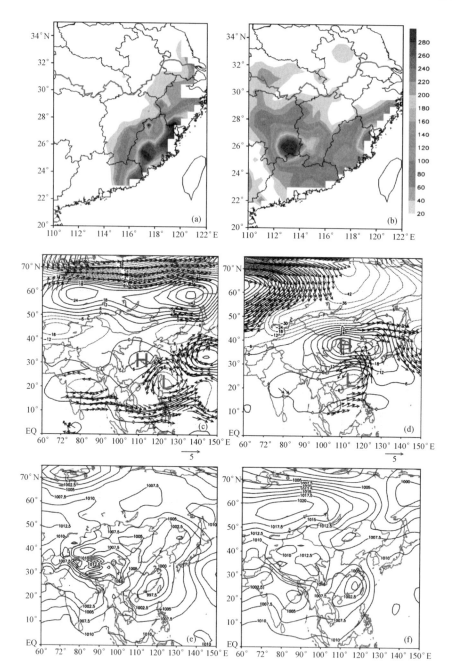

图 12.23　1990 年 8 月 20—23 日（左列）和 2007 年 8 月 19 日—21 日（右列）的华南型持续性强降水
发生期间实际降水量(a,b;单位:mm/d);500 hPa 位势高度场距平 (c,d;单位:dagpm)
和海平面气压场距平(e,f;单位：hPa)的平均状况

　　上述分析结果表明,当南海夏季风季节内振荡湿位相控制南方某个子区域时,适合中
高纬度系统所提供的冷空气条件是产生区域持续性强降水的重要条件,其中,在江淮区域
持续性强降水中占优势的是"贝加尔湖阻高型",在江南区域持续性强降水中占优势的是
"乌拉尔山阻高型",而在华南区域持续性强降水中占优势的是 40°N 附近西高东低的东亚

深槽型(切断低压)。但是,降水与优势"阻塞高压型"的对应关系并没有他与南海夏季风季节内振荡湿位相的对应关系显著。

## 12.3.2　夏半年欧亚中高纬度大气季节内振荡特征

12.3.1 的分析虽然表明,由于中高纬度大气季节振荡的机制和结构与低纬度大气是有区别的,在以南海夏季风季节内振荡划分位相的基础上,难以确定中高纬度大气季节内振荡型与不同区域季节内降水的明显对应关系;但是另一方面也暗示我们中高纬度大气季节内振荡的强盛与区域持续性强降水的发生是有密切关系的。因此,我们需要进一步单独研究中高纬度大气季节内振荡在区域持续性强降水中所扮演的角色。

首先需要找到东亚中高纬度大气季节内振荡的主要模态。将研究区域定义在 $30°$—$170°E$,$50°$—$70°N$ 的欧亚中高纬度地区,也是我国大型降水天气过程的主要影响系统阻塞高压的主要发生区域。另外,由于我们无法确认与东亚中高纬度大气季节内振荡有关的环流由何时开始,何时结束,只能取整个夏半年为时间区间,而不是以南海夏季风爆发时间为标准,因此样本时间长度为(273 d×30 a=5490 d)。先对 500 hPa 位势高度场距平取 $50°$—$70°N$ 的经向平均,然后再对该平均值在 $30°$—$170°E$ 范围内作 EOF 分解。分解结果的前五个通过显著性检验的主模态,对总方差的解释超过 $90\%$,且方差贡献率分别为 $27.3\%$,$21.7\%$,$20.5\%$,$13.1\%$ 和 $7.8\%$。分别对这五个主模态进行 Morlet 小波分析,以确定它们的频率特征。如图 12.24 所示,前三个主模态(图 12.24a—f)均含有显著的 $30\sim60$ d 低频振荡分量,而第四模态(图 12.24g—h)和第五模态(图略)主要反映的是 30 d 以下的准双周振荡和 $7\sim10$ d 尺度变化的过程,且强度较弱。因此,可以认为 $30°$—$170°E$,$50°$—$70°N$ 范围内 H500' EOF 分解的前三个主模态代表了欧亚中高纬度地区大气季节内振荡。

图 12.25 为前三个主模态的空间结构,明显可以看出,三种 EOF 空间结构与经典的夏季阻塞高压型(朱乾根等,2000)非常类似。EOF1 代表了"乌拉尔山阻高型"或称"欧亚阻高型",即在乌拉尔山附近(偏西,$40°$—$60°E$)为高压异常,其东部欧亚上空为低压异常;EOF2 为"双阻型",即在乌拉尔山附近(偏东,$50°$—$70°E$)和鄂霍次克海附近($140°$—$150°E$)为高压异常,中间贝加尔湖附近($100°$—$110°E$)为低压异常,如果位相反向,则类似于"单阻型"或"贝加尔湖阻高型";EOF3 则类似于"鄂霍次克海阻高型"。

这三种类型的阻塞高压都是影响我国大范围强降水的典型行星尺度系统,但是直接计算出的三个主成分与南方三个子区域 $30\sim60$ d 低频降水的相关系数并不显著,这与上一节的结论相吻合,即中高纬度大气季节内振荡型与中国南方夏季降水季节内振荡过程并不是直接对应的,其原因可能包括两个方面:一是因为冷空气入侵南方时还需要中纬度($30°\sim40°N$)系统的配合,包括副热带高低空急流、南亚高压等,而研究指出(李崇银等,1990),该区域是北半球 $30\sim60$ d 大气季节内振荡最不显著的区域;二是,天气学分析发现,上述三种阻塞高压型并不与某个区域的强降水过程唯一对应,即冷空气进入南方的中高纬度形势不确定,例如,典型梅雨的环流特征在中层同时包括了"双阻型"和"单阻型",又如,影响华南前汛期暴雨的中高纬度形势可以是"两脊一槽型(乌拉尔山东部脊,贝加尔湖地槽和亚洲东岸高压脊)",也可以是"两槽一脊型(与两脊一槽型相反)",也就是说,图 12.25 中 EOF2 的正负位相都有可能为华南暴雨提供冷空气条件。但是作为造成区域持续性强降水的有利条件,其季节内振荡的强度可能是南海夏季风季节内振荡背景下,预测区域持续性强降水时需要考虑的重要因素。

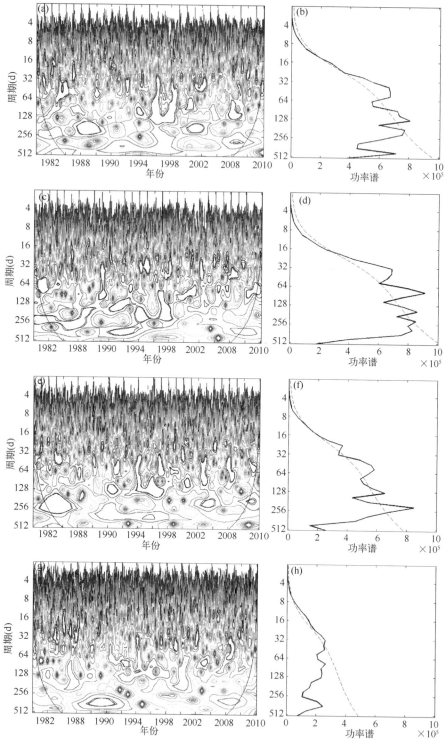

图 12.24　同图 12.10,但为对 30°—170°E 范围内 50°—70°N 平均的
500 hPa 位势高度场异常在 1981—2010 年夏半年的值作
EOF 分解后,前四个主模态的 Morlet 小波分析结果

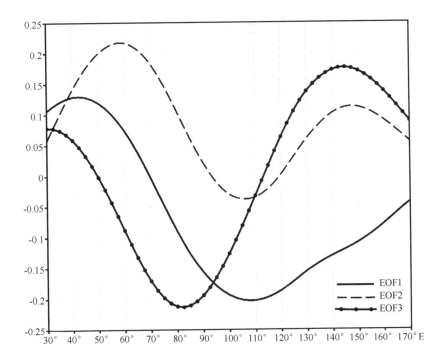

图 12.25　对 30°—170°E 范围内 50°—70°N 平均的 500 hPa 位势
高度场异常在 1981—2010 年夏半年的值作 EOF 分解后，前三个主模态的空间结构

## 12.4　基于关键环流系统季节内振荡的江淮夏季降水延伸预报试验

　　近年来，观测手段、数值模拟和资料同化技术的快速发展使得数值天气预报已经能够比较准确地把握未来 10 d 以内的天气形势，但是，随着经济的发展和城市化进程的急速，在全球气候变化背景下，极端天气事件的所造成的危害日益引起国家和社会的关注，延长对极端天气的预报时效，是当前人们对天气预报业务提出的迫切要求。但由于前兆信号监测条件和科学基础的制约，10～30 d 延伸期天气过程物理机制中还有许多问题没有解决，延伸数值预报模式的对于传统预报量预报结果的可靠性还无法令人满意（杨秋明，2008）。因此，延伸期预报（10～30 d）的方法和机理成为国内外研究的热点问题。

　　延伸期天气过程既有初始场的影响，又受到外强迫的制约，单纯地采用天气或者气候数值模式来完成延伸预报还存在很大困难。开展动力、统计相结合的预报方法研究很有意义。一些研究结果表明（Waliser et al.，1999；Lo and Hendon，2000；Hendon et al.，2000），基于季节内振荡的降水潜在可预报性时效为 15 d，环流场可达 30 d。因此，近年来围绕大气季节内振荡特征，开展了一系列延伸期统计预报方法的研究（Jones et al.，2000；信飞等，2008；孙国武等，2008），并且在实际预报中取得了一定的效果，但目前还缺少可以用于业务的延伸期客观预报方法。

　　通过前面的分析我们发现，夏季江淮地区降水具有显著的季节内振荡特征，并且这种振荡周期调制了区域持续性强降水过程的出现,而降水季节内振荡特征同时受到中低纬度夏季风系统和中高纬度系统的控制。在东亚地区,阻塞高压、副热带高压、南亚高压和越赤道低空急流等系统异常的稳定和维持,对于持续性降水过程有重要影响(陈于湘,1980;陈菊英等,2006;杨秋明,2009)。前期我们曾对美国国家环境预测中心气候预报系统(NCEP/CFS,NCEP Climate Forecast System)对东亚大气环流场的预报技巧进行了评估(陈官军等,2010),发现该模式准双周(10~20 d)和30~60 d季节内振荡分量的延伸期的预报技巧高于对整体环流的预报技巧,尤其是对持续性强降水产生直接影响的关键系统演变趋势的预报技巧具有较强的参考价值。因此,我们进一步利用关键环流系统的低频振荡特征与降水的关系,结合NCEP/CFS 提供的数值预报产品,进行了夏季江淮持续性降水的延伸预报试验(陈官军和魏凤英,2012)。研究结果显示,该方法可为中国南方地区持续性降水过程的延伸期预报提供有利的参考,本节将对该方法进行详细介绍。

## 12.4.1 关键环流系统指数的选取

副热带高压、阻塞高压、青藏高压和西南季风气流等大尺度天气系统的低频振荡过程及低频波列的传播与直接影响江淮地区降水过程的低频环流系统演变有密切联系。同时,如果希望采用数值预报的产品来结合统计规律建立延伸期预报模型,则需要同时兼顾数值模式的预报精度和统计模型的显著性。NCEP/CFS 对于夏季东亚地区大尺度环流系统的低频变化过程的延伸期预报有很强的利用价值(陈官军等,2010),因此,结合前人的研究(陶诗言等,2001),将与江淮地区低频降水过程相关的大尺度天气系统客观、定量化,就能够为江淮地区延伸期降水客观预报提供合适的预报因子。

传统的数值模式产品释用中,预报因子的处理方法通常是将数值预报产品的格点预报值直接内插到站点上作为站点的预报因子,再与站点的预报对象建立预报方程,而位势高度场、风场等常规要素场往往可以反映大气运动中天气系统的变化情况,但必须以"形势场"的形式出现时才能体现天气系统和环流背景的特征。持续性强降水总是与特定的天气系统异常相联系,如将模式预报值直接插值到预报站点上,则无法体现天气系统和环流背景的特征。我们尝试将影响持续性降水的东亚大尺度关键环流系统指数作为预报因子引入预报模型,改善 MOS 法或 PPM 法等传统释用方法在天气和动力学意义上的缺陷。定义 10 个环流指数如下:

(1)西太平洋副热带高压强度指数(Western Pacific Subtropical High Intensity,简称 SubHI):10°N 以北,110°—150°E 范围,大于 5880 gpm 的编码之和(5880=1,5890=2,5900=3,…);

(2)西太平洋副热带高压脊线位置(Western Pacific Subtropical High Ridge,简称 SubHR):110°—150°E 范围内,以赤道位势高度值为基准,求北半球各个纬度与它的偏差,偏差最大值的连线即为副高脊线;

(3)西太平洋副热带高压西伸脊点(Western End of the Western Pacific Subtropical High Ridge,简称 SubHW):90°—179°E 范围内 5880 gpm 等值线最西位置所在的经度;

(4)鄂霍次克海阻塞高压指数(Okhotsk Block High,简称 Okhotsk BH):60°—70°N,125°—150°E 范围内 500 hPa 位势高度场的范围平均值;

(5)贝加尔湖阻塞高压指数(Baikal Lake Block High,简称 BKL BH):45°—55°N,80°—110°E 范围内 500 hPa 位势高度场的范围平均值;

(6)乌拉山阻塞高压指数(Ural Block High,简称 Ural BH):55°—65°N,40°—70°E 范围

内 500 hPa 位势高度场的范围平均值；

(7)极涡强度指数(Polar Vortex,简称 PLV)：60°—150°E 范围内逐日 500 hPa 位势高度的最低值；

(8)索马里越赤道急流指数(Somali Jet,简称 SMJ)：15°S—10°N,37.5°—62.5°E 纬度范围 850 hPa 经向风平均风速；

(9)南亚高压东伸指数(Eastern End of the South Asia High,简称 SAHE)：200 hPa 高度场上 10°N 以北 12500 gpm 等值线最东端点所在位置的经度；

(10)南亚高压风场脊线位置(South Asia High Ridge,简称 SAHR,)：30°—160°E 范围内 200 hPa 水平风场上纬向风为零($u=0$)的连线。

利用 NCEP 再分析资料,对 1981—2010 年 4—9 月份消除季节变化的 10 个环流指数逐日值做功率谱分析。表 12.6 所示为各周期对应谱比值的多年平均。显而易见,最主要的显著周期在 20~50 d 范围内,即上述将作为预报因子的环流指数与江淮地区降水同样具有显著的季节内振荡特征。

表 12.6　1981—2010 年平均的 4—9 月份逐日环流指数功率谱比值分布

| 周期(d) | Okhotsk BH | BKL BH | Ural BH | PLV | SubHI | SubHR | SubHW | SMJ | SAHE | SAHR |
|---|---|---|---|---|---|---|---|---|---|---|
| 90 | 0.51 | 0.56 | 0.6 | 0.53 | 0.55 | 0.5 | 0.46 | 0.51 | 0.65 | 0.53 |
| 45 | 1.21 | 1.14 | 1.18 | 1.06 | 1.2 | 1.14 | 1.05 | 1.12 | 1.19 | 1.27 |
| 30 | 2.01 | 1.8 | 1.81 | 1.69 | 1.8 | 2 | 1.88 | 1.8 | 1.7 | 2.05 |
| 25 | 1.91 | 1.89 | 1.9 | 2 | 1.8 | 1.96 | 1.86 | 1.81 | 1.64 | 2 |
| 19.5 | 1.36 | 1.49 | 1.41 | 1.7 | 1.58 | 1.44 | 1.35 | 1.43 | 1.19 | 1.7 |
| 16 | 0.77 | 0.74 | 0.7 | 0.86 | 0.8 | 0.79 | 0.85 | 0.71 | 0.71 | 0.82 |
| 13 | 0.5 | 0.39 | 0.41 | 0.48 | 0.42 | 0.41 | 0.56 | 0.37 | 0.41 | 0.46 |
| 11.5 | 0.54 | 0.54 | 0.48 | 0.66 | 0.61 | 0.56 | 0.63 | 0.59 | 0.48 | 0.5 |
| 10 | 0.97 | 0.98 | 0.86 | 1.11 | 1.1 | 0.87 | 1.01 | 1.02 | 0.92 | 1.1 |
| 9 | 1.17 | 1.21 | 0.97 | 1.1 | 1.19 | 1.09 | 1.16 | 1.2 | 1.09 | 1.02 |
| 8.18 | 1 | 0.94 | 0.82 | 0.88 | 1.01 | 0.92 | 0.93 | 1.09 | 0.95 | 0.93 |
| 7.5 | 0.54 | 0.55 | 0.5 | 0.51 | 0.54 | 0.49 | 0.51 | 0.56 | 0.49 | 0.56 |
| 6.92 | 0.4 | 0.35 | 0.37 | 0.34 | 0.34 | 0.3 | 0.34 | 0.31 | 0.34 | 0.39 |
| 5.303 | 0.55 | 0.51 | 0.47 | 0.47 | 0.48 | 0.45 | 0.48 | 0.53 | 0.48 | 0.48 |
| 6 | 1.01 | 0.83 | 0.88 | 0.87 | 0.79 | 0.86 | 0.88 | 1.00 | 0.85 |  |
| 5.62 | 0.94 | 0.87 | 0.85 | 1.02 | 1.04 | 0.94 | 1.05 | 0.98 | 1.12 | 0.97 |
| 5.29 | 0.79 | 0.74 | 0.69 | 0.88 | 0.88 | 0.79 | 0.94 | 0.87 | 0.9 | 0.85 |
| 5 | 0.5 | 0.49 | 0.42 | 0.52 | 0.51 | 0.47 | 0.58 | 0.5 | 0.48 | 0.47 |

注：下划线表示该指数对应周期的振荡特征超过 0.05 的显著性水平。

为了进一步明确我们所选取的预报因子能够在多大程度上反应江淮地区低频降水的强度和变化,我们挑选了 12 次江淮区域持续性强降水过程,分别为:1981 年 6 月 26 日—30 日、1982 年 6 月 19 日—6 月 21 日,1983 年 6 月 27 日—7 月 8 日,1984 年 6 月 8 日—14 日,1991 年 6 月 30 日—7 月 10 日、1995 年 6 月 20 日—25 日、1996 年 6 月 30 日—7 月 3 日和 7 月 13 日—17 日、1999 年 6 月 22 日—7 月 1 日、2002 年 7 月 21 日—25 日、2003 年 6 月 24 日—28 日和 7 月 5 日—10 日。利用上述环流指数的 20～50 d 低频分量对这些个例所在年份 6—8 月 20～50 d 降水低频分量做回归分析。然后,利用上述环流指数的 20～50 d 低频分量对前面选取的 12 个降水个例所在年份 6—8 月 20～50 d 降水低频分量做回归分析。结果如表 12.7 所示,回归方程的复相关系数全部通过 0.01 显著性水平,10 a 平均绝对误差 0.94 mm,同时,从 10 个个例年的 6—8 月逐日降水时间序列的拟合曲线(图略)来看,通过综合 10 个低频环流因子的低频变化特征,能够较好地把握江淮地区 6—8 月出现的持续性强降水过程。

表 12.7　江淮地区出现持续性低频降水过程个例年 6—8 月 20～50 d 低频
降水分量与环流指数的回归分析结果

| 年份 | 平均绝对误差 EMR/mm | 回归方程复相关系数 RV |
| --- | --- | --- |
| 1981 | 0.85 | 0.72 |
| 1982 | 1.34 | 0.79 |
| 1983 | 0.63 | 0.91 |
| 1984 | 0.56 | 0.91 |
| 1991 | 1.62 | 0.91 |
| 1995 | 0.77 | 0.83 |
| 1996 | 0.69 | 0.91 |
| 1999 | 1.47 | 0.73 |
| 2002 | 0.75 | 0.94 |
| 2003 | 0.76 | 0.81 |
| 平均 | 0.94 | 0.85 |

## 12.4.2　预报试验方案

预报因子:将能够反映大尺度环流背景和江淮持续性强降水低频特征的 10 个东亚环流关键系统指数作为预报因子引入预报模型。预报量:模型的直接输出预报量是江淮地区逐日降水的 20～50 d 低频分量,然后按照一定的统计特征来确定持续性强降水过程的发生时段。

预报试验方案:鉴于所选个例中江淮地区的持续性降水过程多发生在 6 月中下旬至 8 月上旬,因此将 6 月 10 日—8 月 8 日(共 60 d)作为预报区间,取预报期之前 4 月 11 日—6 月 9 日(共 61 d)作为建模区间。预报区间的预报因子取自 NCEP/CFS 以 6 月 9—13 日五个初始场各自 1～60 d 预报值的平均,采用多元线性回归方法进行江淮地区夏季降水延伸期预报试验,之后依据一定的客观标准利用得到的预报区间低频降水时间序列,预测未来 10～50 d 内的主要持续性强降水出现的时间段。具体预报流程如图 12.26 所示。

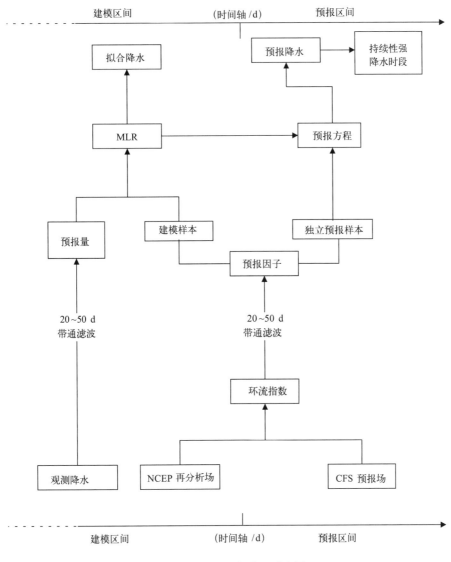

图 12.26　预报流程示意图

## 12.4.3　试验结果分析

　　首先检查上述试验对江淮地区 20~50 d 低频降水量变化趋势的预报效果。表 12.8 第二列所示为预报时间 11~60 d(6 月 20 日—8 月 6 日)的低频降水预报结果与观测降水低频分量的相关系数,加下划线表示相关超过临界值为 0.27 的 95% 信度检验。总体而言,有六个个例对于 10~60 d 低频降水变化趋势的预报效果较好,特别是 1982、1991 和 1996 年,相关系数都超过了 0.01 显著性水平,说明采用的方法对江淮地区延伸期低频降水趋势有一定的预报效果。但是也有年份预报效果很不理想,如 1995 年和 2002 年,低频降水变化趋势与观测情况几乎相反。

上述试验主要针对持续性降水过程的延伸期预报,因此,更加重要的是了解由预报量所确定的持续性降水过程出现的时间段与实际情况的相符程度。这里,首先根据前面分析的江淮地区夏季降水低频振荡特征,给定判断持续性降水过程的客观标准。第一,针对江淮地区原始逐日降水量,我们定义出现连续三天日降水量大于 10 mm,或者日降水量大于 10 mm 超过 3 d但间断不大于 1 d 的情况下,记为一次持续性降水过程;第二,对于预报试验得到的降水低频分量,取连续 3 d 以上降水量大于(10×当年 20~50 d 低频降水方差贡献率)的时间段作为一次持续性降水过程。当预报的持续性降水时段包括或者与实际持续性降水时段至少有 3 d 重合部分时,则判断为一次正确预报,其余为漏报或空报。表 12.8 第三到五列为实际持续性降水时段与预报的降水时段的对比。按照上述定义,10 个个例年中总共出现 33 次持续性降水过程,预报正确 24 次,其中时效超过 10 d 的正确预报 21 次,占总的实际过程的 63% 左右,另漏报 7 次,空报两次。

表 12.8　对持续性降水过程的预报试验结果检验

| | 相关系数 | 实际持续性降水时段 | 预报持续性降水时段 | 预报结果 |
|---|---|---|---|---|
| 1981 年 | 0.27 | 6 月 27 日—7 月 1 日 | | 漏报 |
| | | 7 月 9—12 日 | 7 月 6—12 日 | 正确 |
| 1982 年 | 0.66 | 6 月 11—14 日 | 6 月 12—25 日 | 正确 |
| | | 6 月 19—22 日 | | |
| | | 7 月 17—20 日 | 7 月 12—26 日 | 正确 |
| | | 7 月 23—25 日 | | |
| | | 8 月 8—10 日 | | 漏报 |
| 1983 年 | −0.03 | 6 月 12—15 日 | 6 月 12—24 日 | 正确 |
| | | 6 月 19—21 日 | | |
| | | 6 月 25—7 月 1 日 | | 漏报 |
| | | 7 月 4—8 日 | | |
| | | 7 月 22—24 日 | 7 月 18—23 日 | 正确 |
| 1984 年 | 0.28 | 6 月 12—15 日 | 6 月 10—18 日 | 正确 |
| | | 6 月 27—29 日 | | 漏报 |
| | | | 7 月 20—28 日 | 空报 |
| 1991 年 | 0.83 | 6 月 11—16 日 | 6 月 10—17 日 | 正确 |
| | | 6 月 30—7 月 12 日 | 7 月 1—14 日 | 正确 |
| | | 8 月 3—8 日 | 8 月 4—8 日 | 正确 |
| 1995 年 | −0.24 | 6 月 20—25 日 | 6 月 19—22 日 | 正确 |
| | | 7 月 6—8 日 | | 漏报 |
| | | | 7 月 17—22 日 | 空报 |
| 1996 年 | 0.51 | 6 月 19—21 日 | 6 月 18—25 日 | 正确 |
| | | 6 月 23—7 月 5 日 | | 漏报 |
| | | 7 月 9—11 日 | 7 月 8—17 日 | 正确 |
| | | 7 月 14—21 日 | | |

（续表）

| | 相关系数 | 实际持续性降水时段 | 预报持续性降水时段 | 预报结果 |
|---|---|---|---|---|
| 1999 年 | 0.18 | 6 月 16—18 日 | 6 月 16—28 日 | 正确 |
| | | 6 月 22—7 月 1 日 | | |
| | | 7 月 7—12 日 | 7 月 7—18 日 | 正确 |
| | | 7 月 15—17 日 | | |
| 2002 年 | −0.34 | 6 月 19—21 日 | 6 月 18—28 日 | 正确 |
| | | 6 月 25—28 日 | | |
| | | 6 月 21—26 日 | | 漏报 |
| | | | 7 月 28—8 月 8 日 | 空报 |
| 2003 年 | 0.35 | 6 月 23—29 日 | 6 月 25—7 月 2 日 | 正确 |
| | | 7 月 5—11 日 | | 漏报 |
| | | 7 月 17—21 日 | 7 月 10—22 日 | 正确 |

## 12.5　基于南海夏季风季节内振荡指数的降水季节内振荡延伸预报试验

12.4 节的试验结果表明,大气季节内振荡是提高降水延伸预报技巧的重要途径,但是,使用带通滤波来提取低频分量的方法在实时预报业务当中将受到限制。而从前面的分析我们发现,南海夏季风 EOF 分解的前两个主模态代表了其 $30\sim60$ d 季节内振荡特性,并且正是造成中国南方夏季降水出现显著 $30\sim60$ d 周期性变化的主要原因,也为区域持续性强降水的产生提供了必要的环流条件。如果将预报的 U850 hPa 纬向风场投影到南海夏季风 EOF 分解前两个主成分空间结构上,就可以得到前两个主模态在未来一段时间的预报值,并用于中国南方地区夏季持续性强降水过程的监测,因此我们将前两个主成分命名为南海夏季风季节内振荡指数 RSO1 和 RSO2(Real-time SCSSM Oscillation index 1 and 2),对应的主成分空间结构称为南海夏季风季节内振荡空间模态。本节尝试利用美国国家环境预测中心第二代气候预报系统(NCEP Climate Forecast System Version 2,NCEP/CFSv2)提供的 1982—2009 年逐日回算预报场(Reforecast Data)计算 RSO1$^f$ 和 RSO2$^f$,并用于中国南方地区持续性强降水的预报试验。

### 12.5.1　NCEP/CFSv2 模式对南海夏季风季节内振荡模拟效果评估

在进行预报试验之前,我们首先要通过模式回报数据来检验模式是否能模拟出类似前面观测分析中南海夏季风季节内振荡的特征,这同时也是在验证前面分析得出的南海夏季风季节内振荡机制是否是合理的物理过程。

利用 1982—2009 年每年南海夏季风爆发日起报的 850 hPa 纬向风 $1\sim135$ 天预报产品,经过订正后,取其 110°—120°E 的经向平均值做与第四章中相同的 EOF 分解。计算结果显示,前三个通过显著性检验的主模态方差贡献达 77%,分别为 34%,30% 和 13%。对前三个主成分做 Morlet 小波分析,以确定其振荡周期。如图 12.27 所示,图中所绘变量与图 12.10 一致,即 a,c,e 为小波变换谱系数,通过 95% 信度检验的谱值由粗实线包围,表示所对应周期显著;而 b,d,f 中实线代表全局小波谱值,虚线代表对应周期上 0.05 显著性水平的临界值,在虚线右侧的谱值通过 95% 信度检验。可以看出,PC1 的显著周期为 30～80 d,PC2 的显著周期只出现在 15～70 d 范围,而 PC3 仅包括天气尺度(5～7 d)信号。因此,NCEP/CFSv2 的模式计算结果与观测分析结果一致,前两个主成分代表的南海夏季风季节内振荡模态。从前两个主模态的空间分布型(图 12.28)来看,也与观测结果基本一致,但是振幅偏弱。

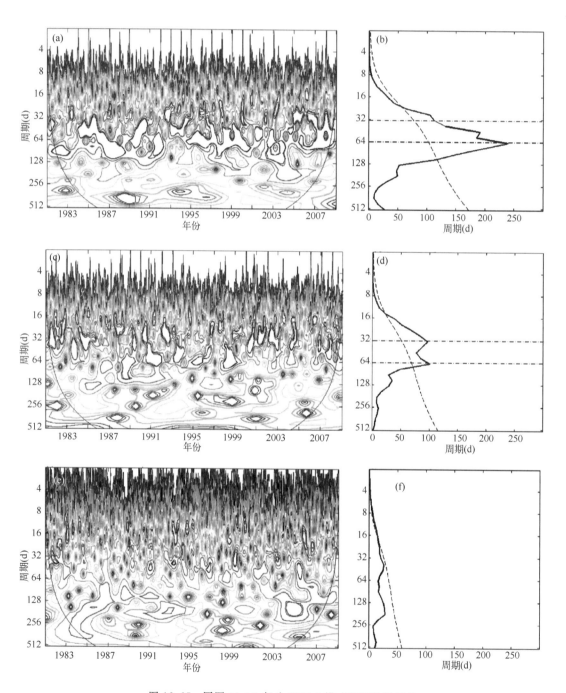

图 12.27　同图 12.10,但为 CFSv2 模式预报数据结果

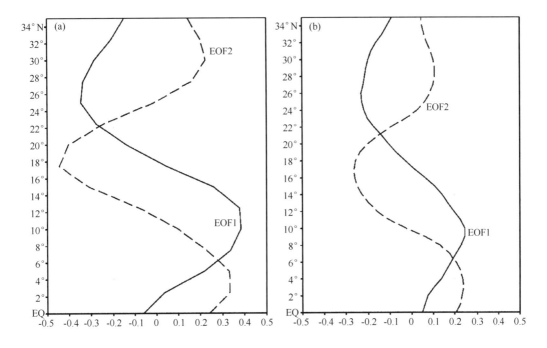

图 12.28　(a)同图 12.11,(b)是利用 NCEP/CFSv2 回算数据的计算所得结果

计算上述模式 EOF 分解结果与观测 EOF 分解结果的前两个主模态的 28 a 平均相关系数,分别为 0.28 和 0.17,从逐年的情况来看(表 12.9),PC1 有 11 a 通过 0.05 显著性水平,PC2 有 13 a 通过 0.05 显著性水平。如果将模式预报的 850 hPa 纬向风在 110°—120°E 的经向平均值投影到观测值 EOF 分解的前两个主模态空间结构上来计算预报的 PC1 和 PC2,其与观测的相关性有所提高,28 a 平均相关系数 0.36 和 0.27,如表 12.10 所示,PC1 有 15 a 通过 0.05 显著性水平,PC2 也有 15 a 通过 0.05 显著性水平。

表 12.9　模式输出数据、观测数据 110°—120°E 平均的 U850 hPa 纬向风在 0°—35°N 范围 EOF
分解所得南海夏季风季节内振荡前两个主成分的相关系数

| 年份 | PC1 | PC2 | 年份 | PC1 | PC2 |
|---|---|---|---|---|---|
| 1982 | 0.84 | 0.66 | 1996 | 0.81 | 0.71 |
| 1983 | 0.96 | −0.19 | 1997 | 0.82 | −0.35 |
| 1984 | 0.73 | 0.61 | 1998 | 0.16 | 0.08 |
| 1985 | 0.2 | 0.31 | 1999 | 0.08 | −0.15 |
| 1986 | 0.03 | −0.28 | 2000 | −0.87 | 0.31 |
| 1987 | 0.49 | −0.06 | 2001 | 0.16 | 0.24 |
| 1988 | 0.09 | −0.3 | 2002 | 0.61 | 0.16 |
| 1989 | 0.19 | −0.41 | 2003 | 0.46 | 0.86 |
| 1990 | 0.1 | 0.33 | 2004 | 0.64 | 0.72 |
| 1991 | −0.09 | 0.01 | 2005 | 0.01 | 0.53 |

续表

| 年份 | PC1 | PC2 | 年份 | PC1 | PC2 |
|------|------|-------|------|------|-------|
| 1992 | 0.05 | 0.74 | 2006 | 0.59 | −0.03 |
| 1993 | 0.16 | −0.38 | 2007 | 0.22 | 0.53 |
| 1994 | 0.26 | 0.19 | 2008 | −0.04 | 0.67 |
| 1995 | 0.15 | −0.3 | 2009 | 0.12 | −0.18 |

**表 12.10** 将模式输出数据投影的观测数据计算所得南海夏季风季节内振荡 EOF 空间模态上得到的主成分值与实际观测值的相关系数

| 年份 | PC1 | PC2 | 年份 | PC1 | PC2 |
|------|-------|-------|------|-------|-------|
| 1982 | 0.89 | 0.95 | 1996 | 0.76 | 0.82 |
| 1983 | 0.97 | 0.96 | 1997 | 0.87 | 0.57 |
| 1984 | 0.77 | 0.82 | 1998 | −0.09 | 0.42 |
| 1985 | 0.28 | 0.56 | 1999 | 0.25 | −0.09 |
| 1986 | 0.31 | −0.28 | 2000 | 0.86 | 0.17 |
| 1987 | 0.67 | −0.2 | 2001 | 0.08 | 0.24 |
| 1988 | 0.12 | −0.16 | 2002 | 0.68 | 0.98 |
| 1989 | 0.11 | −0.28 | 2003 | 0.67 | 0.98 |
| 1990 | 0.12 | 0.14 | 2004 | 0.73 | 0.77 |
| 1991 | −0.04 | 0.1 | 2005 | −0.01 | 0.43 |
| 1992 | −0.05 | 0.69 | 2006 | 0.47 | −0.21 |
| 1993 | 0.15 | −0.42 | 2007 | 0.11 | 0.72 |
| 1994 | 0.14 | 0.07 | 2008 | −0.2 | −0.03 |
| 1995 | 0.15 | −0.73 | 2009 | 0.28 | −0.55 |

以上分析首先从主振荡模态和演变趋势上证明了 NCEP/CFSv2 对南海夏季风季节内振荡是有一定预报能力的,且将预报值投影到观测的主成分空间结构上来计算主成分预报值,也就是南海夏季风季节内振荡指数的预报值(RSO$^f$)的方法是可行的。那么,模式中所体现出来的振荡环流实质是否与 12.4 节中合成分析的结果一致,也就是模式模拟的南海夏季风季节内振荡过程是否也主要反映为西太平洋副热带高压的东西振荡和 MJO 的北传过程? 回答这个问题的同时,也是在验证本文所分析的南海夏季风季节内振荡机制的正确性。我们的方法是选取 NCEP/CFSv2 模式直接预报降水效果较好的年份,再从这些年份中挑选出现区域持续性强降水过程的个例年,分析该年南海夏季风爆发后,模式预报的 500 hPa 位势高度场、850 hPa 风场和 OLR 场 30～60 d 低频分量的演变过程与区域持续性强降水的关系。表 12.11 为 NCEP/CFSv2 模式南海夏季风爆发日预报的 1～90 d 降水指数(未经带通滤波)与对应时间观测降水指数的相关系数,结合区域持续性降水的发生时间,所选取个例包括:1991 年 6 月 8

日—9 月 5 日,其中 6 月 12—16 日和 6 月 30 日—7 月 12 日江淮地区发生持续性强降水过程,
NCEP/CFSv2 模式预报 1～90 d 的江淮降水指数与观测相关系数 0.29;2002 年 5 月 14 日—8
月 12 日,其中 6 月 14—18 日和 6 月 28 日—7 月 2 日江南地区,6 月 30 日—7 月 3 日华南地区
发生持续性强降水过程,NCEP/CFSv2 模式预报 1～90 d 的江南和华南降水指数与观测相关
系数分别为 0.47 和 0.28;2005 年 5 月 9 日—8 月 7 日,其中 6 月 19—24 日华南地区发生持续
性强降水过程,NCEP/CFSv2 模式预报 1～90 d 的华南降水指数与观测相关系数 0.39;2000
年 5 月 12 日—8 月 10 日,其中 6 月 8—12 日,6 月 18—21 日和 6 月 24—28 日分别在江南、华
南和江淮地区发生持续性强降水过程,NCEP/CFSv2 模式预报 1～90 d 的降水指数与观测相
关系数分别为 0.28,0.42 和 0.13。

**表 12.11　NCEP/CFSv2 模式南海夏季风爆发日预报的 1～90 d 降水指数(未经带通滤波)**
**与对应时间观测降水指数的相关系数,带下划线的年份表示选为检验个例的年份**

| 年份 | 华南 | 江南 | 江淮 | 年份 | 华南 | 江南 | 江淮 |
|---|---|---|---|---|---|---|---|
| 1982 | −0.08 | 0.14 | 0.13 | 1996 | 0.08 | 0.08 | 0.06 |
| 1983 | 0.16 | 0.02 | −0.16 | 1997 | 0.02 | 0.08 | −0.01 |
| 1984 | 0.23 | 0.02 | 0.06 | 1998 | −0.08 | −0.05 | −0.01 |
| 1985 | 0.03 | 0.03 | −0.07 | 1999 | 0.01 | 0.03 | 0.34 |
| 1986 | 0.17 | 0.15 | −0.08 | 2000 | 0.42 | 0.28 | 0.13 |
| 1987 | 0.14 | 0.19 | 0.1 | 2001 | 0.25 | 0.43 | −0.15 |
| 1988 | 0.03 | 0.26 | 0.05 | 2002 | 0.28 | 0.47 | 0.09 |
| 1989 | −0.29 | 0.16 | −0.25 | 2003 | 0.18 | 0.3 | −0.1 |
| 1990 | 0 | −0.11 | −0.16 | 2004 | 0.11 | 0.04 | 0.02 |
| 1991 | 0.12 | 0.11 | 0.29 | 2005 | 0.39 | 0.24 | −0.01 |
| 1992 | 0.07 | 0.3 | −0.11 | 2006 | 0.01 | 0.03 | 0.02 |
| 1993 | 0.25 | 0.06 | 0.04 | 2007 | 0.1 | 0.18 | 0.04 |
| 1994 | 0.23 | 0.11 | 0.08 | 2008 | 0.03 | 0.21 | 0.2 |
| 1995 | −0.05 | 0.4 | 0.23 | 2009 | 0.43 | 0.15 | 0.13 |

首先以 2000 年 5 月 12 日—8 月 10 日为例,如图 12.29 所示,从 NCEP/CFSv2 模式 5 月
12 日(南海夏季风爆发日)预报的三个区域持续性强降水过程空间分布上来看,对于持续性强
降水的主要发生区域有一定的预报能力,但是降水强度普遍偏弱。而从低频降水指数来看(图
12.30)模式较好地把握了 30～60 d 低频降水变化趋势,并且前三次区域持续性强降水的发生
时段都基本出现在低频降水的峰值区间内,这也是选取该年作为检验个例的主要原因。其中,
6 月 8—12 日江南和 6 月 18—21 日华南持续性强降水期间,预报低频降水指数的波峰比较平
滑或不明显。

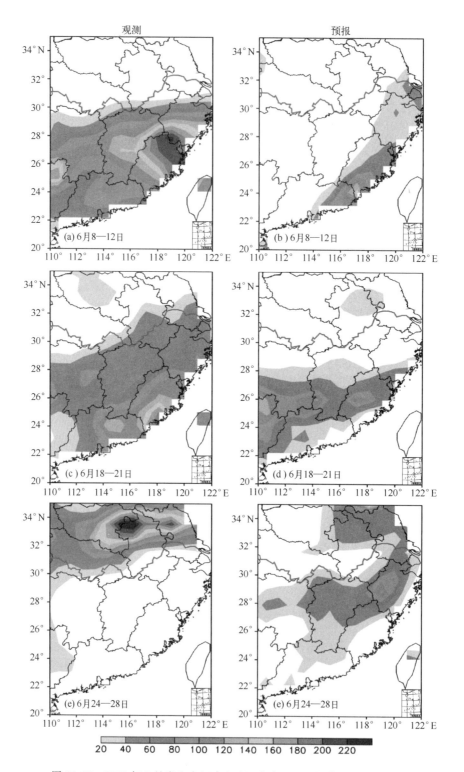

图 12.29　2000 年 6 月发生在江南(a,b),华南(c,d),江淮(e,f)地区的
三次持续性强降水过程降水量(单位:mm/d)空间分布。左侧为观测结果,右侧为模式预报结果

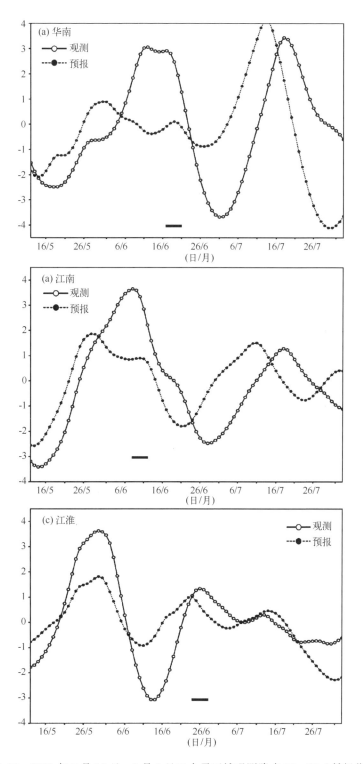

图 12.30　2000 年 5 月 12 日—8 月 3 日三个子区域观测降水 30～60 d 低频分量
和 NCEP/CFSv2 模式 5 月 12 日起报的降水 30～60 d 低频分量。图中
短横线表示出现在低频降水峰值区间的持续性强降水事件

　　下面分析上述时段500 hPa位势高度场、850 hPa纬向风场和OLR 30~60 d低频分量的演变过程与区域持续性强降水的关系,如图12.31所示,从整体上看,NCEP/CFSv2模式对南海及中国南方地区低频环流系统的预报效果非常好,异常中心的空间位置和传播特征与观测基本一致,其中,OLR异常和850 hPa纬向风异常都表现出了明显的北传特征。5月12日南海夏季风爆发时,OLR负异常中心控制南海,其北侧为东风异常,南侧西风异常,500 hPa位势高度场负异常中心控制华南地区,对应图12.30a中华南地区5月下旬出现的一个低频降水波峰,但是观测中并未出现,随着赤道地区的OLR正异常和850 hPa西风异常的北传,至6月1日左右OLR正异常中心传至10°N以北,500 hPa位势高度场正异常控制15°N以北地区,20°—30°N为西风异常中心,其北侧江淮地区对流活动活跃(图中以序号①标注),对应江淮地区低频降水的第一次波峰(图12.30c);6月1—11日,OLR正异常中心在南海持续,而受北方系统南压影响,对流活跃区随之南移,引起江南地区持续性强降水过程(图中以序号②标注),但是对比观测和预报结果发现,预报场中500 hPa位势高度场正异常和850 hPa东、西风异常至北向南移动的趋势不明显,这可能是导致预报的6月8—12日持续性降水过程强度和范围都比观测小较多的原因(图12.29b和图12.30b);6月12—22日,OLR正异常减弱北传,500 hPa位势高度场正异常减弱南移至20°N以南地区,10°N附近出现850 hPa东风异常中心,OLR负异常自赤道开始向北传播,华南地区为850 hPa西风异常控制,北侧500 hPa位势高度场负异常加强,代表了冷空气的南下,导致6月18—21日的华南持续性强降水过程(图中以序号③标注),预报结果与观测基本一致,但是位置偏北;6月21日—7月16日,OLR负异常自10°N附近传播至20°N附近,推动北侧OLR正异常和500 hPa位势高度场正异常北移,导致6月24—28日江淮持续性强降水过程(图中以序号④标注)和7月中旬华南低频降水峰值(图中以序号⑤标注),由于预报的OLR负异常北传速度快于观测,所以图12.30a中预报低频降水峰值提前观测5 d左右。

　　再看2002年6—7月的情况,这里我们着重考察导致降水预报结果出现误差的原因。首先,从图12.32中实际降水量的空间分布可以看出,对于6月14—18日的江南持续性强降水过程(图12.32a,b),模式预报值在位置上略偏北,在降水强度上偏弱;而从季节内降水指数(图12.33b)的情况来看,波峰较观测滞后,振幅亦偏弱。对于6月27—30日发生在江南的持续性强降水过程(图12.32c,d),雨带和中心位置都把握的比较好,但是强度同样偏弱。对于7月初的华南持续性强降水过程(图12.32e,f),预报的雨带位置仍然在江南地区,而华南降水很少,与观测差异较大,从降水季节内变化趋势来看(图12.33a),观测中两次持续性强降水过程之间有中断,而预报中只出现了一次波峰。

　　如图12.34所示,在观测中OLR正异常从6月1日开始显著北传,先后造成了华南(①)、江南(②)和江淮(③)地区季节内降水第一个峰值,在6月16—26日这段时间内,OLR正异常北传缓慢,中心停滞在15°—20°N范围内,配合20°—25°N附近500 hPa位势高度场正异常的加强,25°N以北对流活动明显,其中6月14—18日江南地区出现持续性强降水过程(图12.32a),而华南地区因受500 hPa位势高度场正异常中心控制(④),降水季节内变化上体现出一次小的波谷(图12.33a)。之后,随着OLR正异常的继续北传,在500 hPa位势高度场正异常减弱过程中,6月27—6月30日江南地区出现第二次持续性强降水过程(⑤);随后OLR负异常从热带地区北传,并在15°—20°N范围加强、停滞,7月1日开始,500 hPa位势高度场负异常中心取代正异常中心,造成华南季节内降水的第二次波峰(⑥),同时导致6月30日—7

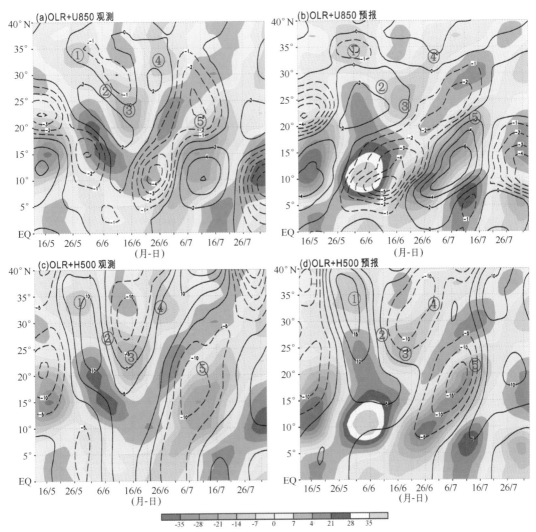

图 12.31　2000 年 5 月 12 日—8 月 3 日 30—60 低频 OLR(填色,单位:W/m²),

850 hPa 纬向风(a,b 中等值线,单位:m/s),500 hPa 位势高度场(c,d 中等值线,单位:dagpm)

在 110°—120°E 平均值的时间—纬度剖面图。(a,c)为观测结果,(b,d)为 NCEP/CFSv2 模式预报结果

月 2 日的华南持续性强降水过程(图 12.32c)。预报场中 OLR 虽然表现出了明显的北传特征,但是强度和速度与观测存在差异,6 月 11 日前传播的速度和强度基本与观测相同,但是预报的 OLR 正异常向直到 6 月 21—26 日之间才在 20°N 附近增强并停滞,导致副热带高压正异常中心在 7 月 1 日左右才出现在 20°—25°N 之间,造成预报的江南和江淮地区季节内降水的第一次波峰强度偏弱,时间略有滞后,6 月 14—18 日江南地区的降水也偏弱(图 12.32b)。同时,由于预报中 500 hPa 位势高度场正异常中心出现的时间偏晚,位置偏北,负 OLR 异常中心直到 7 月 12 日左右才传播至 20°N 附近并加强,导致华南降水季节内变化没有出现观测中第一次小波谷和第二次波峰,而是直接下降到负位相,但是维持了江南地区降水发生的条件。因此,在预报的格点降水场中,对于 6 月 27—6 月 30 日江南地区的降水(图 12.32d)把握得比 6 月 30—7 月 3 日的华南降水好(图 12.32f)。

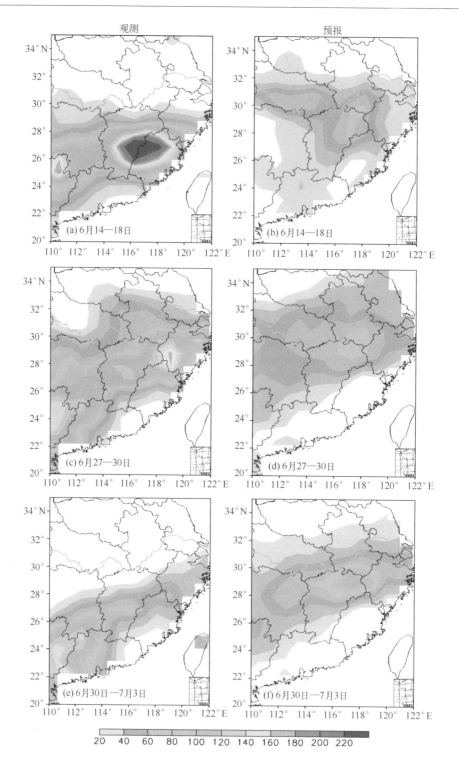

图 12.32　2002 年 6 月 14—18 日(a,b)和 6 月 27—30 日发生在江南(c,d)，
6 月 30 日—7 月 3 日发生在华南(e,f)地区的持续性强降水过程降水量
(单位:mm/d)空间分布。左侧为观测结果,右侧为模式预报结果

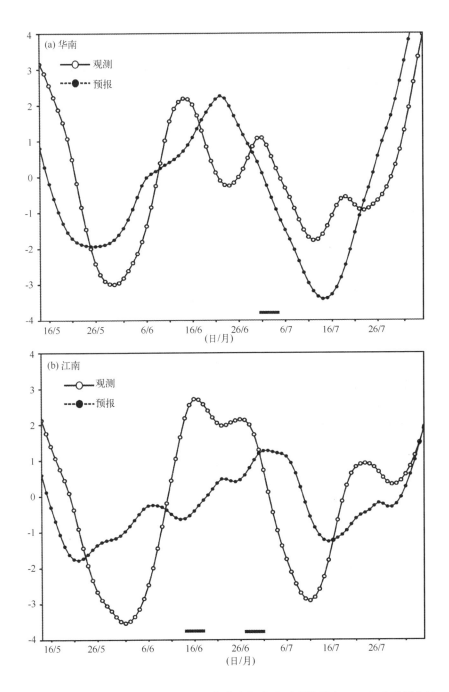

图 12.33　2002 年 5 月 14 日—8 月 5 日华南和江南地区观测降水 30～60 d 低频分量
和 NCEP/CFSv2 模式 5 月 14 日起报的降水 30～60 d 低频分量。图中短横线
表示出现在低频降水峰值区间的持续性强降水事件

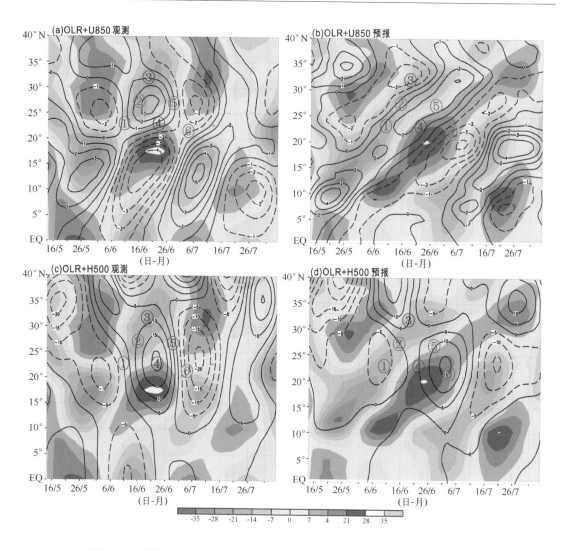

图 12.34　同图 12.31,但为 2002 年 5 月 14 日至 8 月 5 日的观测和预报结果

　　上述分析结果表明,在模式直接预报的降水技巧较高的情况下,模式所反映的南海夏季风系统低频变化与降水的关系与前面合成分析结果基本一致,既热带大气季节内振荡的北传和副热带高压的振荡及位相变化是造成中国南方降水季节内振荡的主要原因,同时也是造成区域持续性强降水的有利条件,而且,模式对于该振荡过程的预报效果直接影响到降水的预报效果。另外,造成预报结果与观测差异的原因可能是模式对于季节内振荡系统北传的速度、强度变化,以及停滞位置的模拟误差导致的。对于另外几个个例的分析同样支持了上述结果。

## 12.5.2　预报试验方案

　　预报因子包括南海夏季风季节内振荡指数 RSO1 和 RSO2,以及南方三个子区域降水指数(华南 RI1,江南 RI2,江淮 RI3)。初始日为南海夏季风爆发日,预报时长为 90 d。采用的样本为除预报年之外的所有年份,并用逐步回归作为预测方程,进行 1982—2009 年的南海夏季风爆发日至爆发后 90 d 降水量 30～60 d 低频分量预报试验,其中降水量 30～60 d 低频分量为预报方程直接输出预报量。例如,若对 1998 年 6 月 4 日(南海夏季风爆发后第 15 d)江南地区降水 30~60 d 低频分量进行预报试验,则选取除 1998 年外各年南海夏季风爆发日 15 d 后的 RSO1,RSO2 和 RI2 作为备选的预报因子(根据设计试验方案不同,因子的个数不同),建模样本为 1982—1997 年和 1999—2009 年对应日期的预报因子和预报量,因此样本长度 27;若对该日华南地区降水 30~60 d 低频分量进行预报试验,则将备选预报因子中的 RI2 替换为 RI1。通过逐步多元回归方法得到预报方程后,将 1998 年 5 月 21 日(南海夏季风爆发日)预报的 6 月 4 日的 RSO1,RSO2 和 RI2 代入预报方程,计算出该日 30~60 d 低频降水的预报值。在获取一段时间长度的低频降水预报值后,就能够根据峰谷值位相来判断可能发生区域持续性强降水的湿位相。

首先需要确定在建模阶段所使用的预报因子。在建模阶段备选的预报因子包括:

(1)观测值计算得到的南海夏季风季节内振荡指数 RSO1 和 RSO2;

(2)由 NCEP/CFSv2 逐日回算预报场中的 U850'$^f$ 投影到南海夏季风季节内振荡空间模态上得到的南海夏季风季节内振荡指数 RSO1$^f$ 和 RSO2$^f$;

(3)由 NCEP/CFSv2 逐日回报中的格点降水预报值制作成的南方三个子区域降水指数 RI1$^f$,RI2$^f$,RI3$^f$;

(4)将 RI1$^f$,RI2$^f$,RI3$^f$ 进行 30~60 d 带通滤波,得到其低频分量 RI1$^{f*}$,RI2$^{f*}$,RI3$^{f*}$。

通过多元线性回归方法来选取拟合效果好的预报因子组合。即用上述四组因子,进行组合,分别对 1982—2009 年各年南海夏季风爆发日至爆发后 90 d 三个子区域的 30~60 d 低频降水分量进行拟合。图 12.35 为拟合值与原始值的 28 a 平均相关系数,其中图 12.35a 中的 RSO 指数为观测历史值计算所得,图 12.35b 则为 NCEP/CFSv2 预报的 RSO 指数。可以看出:(1)RSO1＋RSO2 的组合方式好于只用单个 RSO 指数;(2)加入模式预报降水指数能够改进拟合效果(RSO1＋RSO2＋RI$^f$),起到了消除模式系统误差的作用,并且如果模式预报降水指数经过 30~60 d 带通滤波的话(RSO1＋RSO2＋RI$^{f*}$),改进效果更加明显,但是由于带通滤波会因边际效应损失末尾数据,更会将超过数值模式逐日预报可预报性的误差代入到滤波后的数据中,因此,在实际应用中如果没有足够长且相对可靠的预报则无法使用 RI$^{f*}$;(3)使用观测值计算的 RSO 指数较使用预报的 RSO 指数拟合效果略好,但是考虑到实际预报时,代入预报方程的 RSO 指数是模式预报值,因此使用预报的 RSO 指数进行建模可能能够消除系统误差。

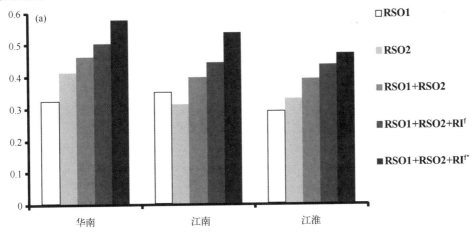

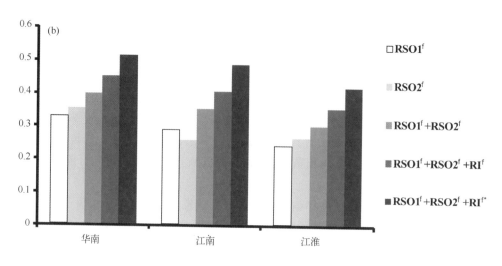

图 12.35　利用四组因子的不同组合,分别对 1982—2009 年各年南海夏季风爆发日至
爆发后 90 d 三个子区域的 30～60 d 低频降水分量进行拟合后,拟合值与观测值的相关系数。

　　根据上述分析结果,我们根据预报因子的不同制定了以下两套预报试验方案:
　　方案 1:建模预报因子为 RSO1+RSO2+RI$^f$ 组合;
　　方案 2:建模预报因子为 RSO1$^f$+RSO2$^f$+RI$^f$ 组合。

## 12.5.3　试验结果分析

　　为了检验预报效果,我们计算了 1982—2009 年自南海夏季风爆发日到爆发后 90 d 三个子区域逐日降水观测值与 NCEP/CFSv2 预报值(以下简称“模式值”)以及两种预报方案预报值(以下简称“试验值”)的相关系数。图 12.36 所示为 28 a 平均状况,图 12.37 所示为逐年的情况。可以看出,利用 RSO 指数结合模式直接预报降水的统计预报方法对中国南方三个子区域 30～60 d 低频降水的延伸预报是有改进效果的。主要体现在:

　　(1)平均状况下,“试验值”与观测低频降水的相关系数高于直接对“模式值”进行带通滤波的效果,同时能够减少数据的损失;

　　(2)三个区域的试验结果中,对华南和江南地区季节内降水的预报效果相当,而对江淮地区季节内降水的预报效果与前两者有一定差距。分析其原因可能有两点:一是由于江淮地区更多地受到中高纬度系统的影响,但试验中还没有加入反映中高纬度大气低频变化的因子;二是由于江淮地区的季节内降水可能同时受到 RSO1 和 RSO2 的影响,因为 12.2.2 节中的已经指出,江淮地区的季节内降水指数与 PC2 和 PC1 的相关性都通过的显著性检验。这使得对江淮地区降水的预报更加复杂和难以把握,也就是说只有当模式对 RSO1 和 RSO2 两个指数的预报效果都较好时,才能预报好江淮地区降水的季节内变化趋势。

　　(3)从逐年情况来看(图 12.37),虽然对“模式值”进行带通滤波后,在许多年份与观测降水的相关系数提高了,但是由于引入了超过数值模式逐日预报可预报性的误差,也出现了许多负相关的情况,如华南地区的 1992,1997 和 1998 年,江南地区的 1984,1993,1997 和 1999 年,江淮地区这种情况就更为频繁,有 11 a 出现小于 −0.1 的负相关系数,这就会直接导致出现与

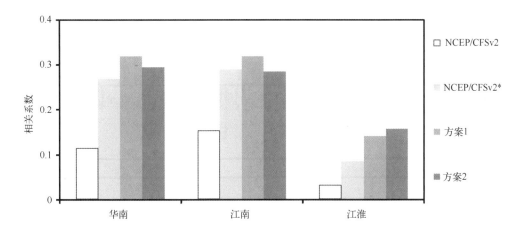

图 12.36　1982—2009 年自南海夏季风爆发日到爆发后 90 d 三个子区域逐日降水
观测值与 NCEP/CFSv2 预报值以及两种预报方案预报值的相关系数(28 a 平均值)。其中
NCEP/CFSv2 是指逐日降水的实际观测值与 NCEP/CFSv2 直接预报降水的相关系数；
NCEP/CFSv2* 是指观测降水 30～60 d 低频分量与经过 30～60 d 带通滤波后的
NCEP/CFSv2 预报值的相关系数；方案 1 和方案 2 分别是指观测降水 30～60 d
低频分量与预报方案 1、2 输出结果的相关系数

实际情况相反的预报结果，而"试验值"在提高相关性的同时，也因为不采用带通滤波方法和引入反应季节内振荡的 RSO 因子，有效地减少了预报降水演变趋势与实际降水相反的情况出现，这一点在均方根误差分析中也得到体现，如图 12.38 所示，"试验值"28 a 平均的均方根误差是小于"模式值"值的。

　　(4)对比方案 1 和方案 2，平均状况下，方案 1 的"试验值"与观测值的相关性略高于方案 2，但从各年的情况来看，由于方案 2 起到了消除模式系统误差的作用，出现负相关系数的情况略少于方案 1，均方根误差也小于方案 1。

　　如图 12.39 所示，分别以 NCEP/CFSv2 模式直接预报降水效果较好的 2000 年华南降水和 NCEP/CFSv2 模式直接预报效果较差(负相关)的 1998 年江淮降水为例，分析试验结果在实际预报当中可能起到的作用。图 12.39a 中，预报试验的结果(红色圈实线)与观测降水 30～60 d 低频分量(黑色点实线)的相关性(0.59)虽然没有模式直接预报结果经过带通滤波后(绿色实线)与观测降水 30～60 d 低频分量的相关性高(0.62)，但是，基本修正了低频降水位相的误差，使得在实际预报中能够更加准确的把握大范围持续性降水过程的出现。图 12.39b 中，预报试验的方法基本上修正模式直接预报与观测低频降水的位相差异，使得持续性强降水时段落在预报结果的峰值位相区间内。另外，由于实验中所有的变量都没有经过带通滤波，因此包含了更多原始降水量的信息(蓝色实线)。

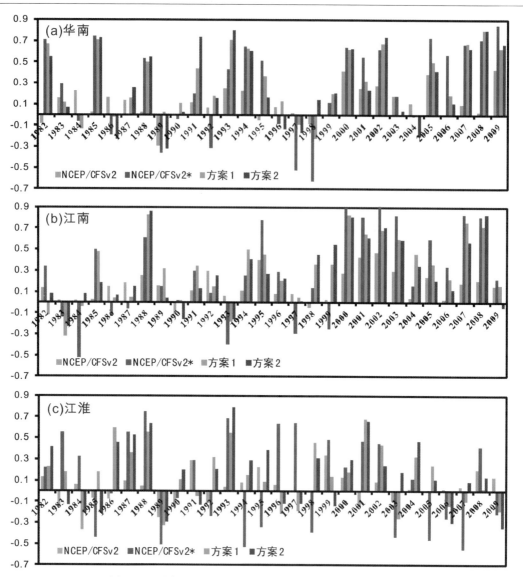

图 12.37　同图 12.36,但为 1982—2009 年各年的相关系数

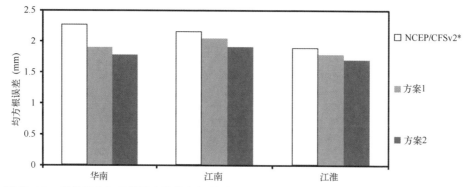

图 12.38　预报降水与观测降水的均方根误差。NCEP/CFSv2 * 表示 NCEP/CFSv2 模式直接
预报的降水指数经 30～60 d 带通滤波后与实际降水 30～60 d 低频分量的均方根误差,方案 1、方案 2
分别表示利用方案 1 和 2 得到预报降水与实际降水 30～60 d 低频分量的均方根误差,单位:mm

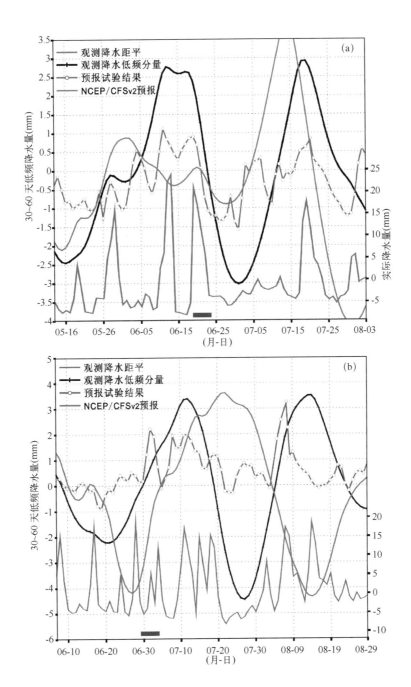

图 12.39　2000 年 5 月 12 日—8 月 3 日华南地区(a)和 1998 年 5 月 22 日至 8 月 29 日江淮
地区(b),观测降水距平(蓝色实线),观测降水低频分量(黑色点实线),预报试验降水
结果(红色圈实线),NCEP/CFSv2 模式直接预报降水量 30~60 d 低频
分量(绿色实线)。横坐标上方紫色短线标注持续性强降水时间段

## 参考文献

鲍名,黄荣辉.2006.近40年我国暴雨的年代际变化特征.大气科学,**30**:1057-1067.

鲍名.2007.近50年我国持续性暴雨的统计分析及其大尺度环流背景.大气科学,**31**(5):779-792.

陈官军,魏凤英,巩远发.2010.NCEP/CFS模式对东亚夏季延伸预报的检验评估.应用气象学报,**21**(6):659-669.

陈官军,魏凤英.2012.基于低频振荡特征的夏季江淮持续性降水延伸预报方法.大气科学,**36**(3):633-644.

陈菊英,冷春香,程华琼.2006.江淮流域强暴雨过程对阻高和副高逐日变化的响应关系.地球物理学进展,**21**(3):1012-1020.

陈于湘.1980.夏季西太平洋越赤道气流的谱分析.大气科学,**4**(4):363-368.

丁一汇.1993.1991年江淮流域持续性特大暴雨研究.北京:气象出版社.

丁一汇.2004.高等天气学.北京:气象出版社,p423.

高守亭,朱文妹,董敏.1998.大气低频变异中的波流相互作用(阻塞形势).气象学报,**56**(6):665-680

何金海.1988.亚洲季风纬圈剖面内准40天周期振荡的环流结构及其演变.热带气象学报,**4**:116-125.

黄嘉佑,符长锋.1993.黄河中下游地区夏季逐候降水量的低频振荡特征.大气科学,**17**(3):379-383.

梁建茵,吴尚森,游积平.1999.南海夏季风的建立及强度.热带气象学报,**15**(2):97-105.

李峰,丁一汇.2004.近30年夏季亚欧大陆中高纬度阻塞高压的统计特征.气象学报,**62**(3):348-354.

李崇银,武培立,张勤.1990.北半球大气环流30~60天振荡的一些特征.中国科学,**7**:764.

李崇银.1991.大气低频振荡.北京:气象出版社,1-2.

李崇银.1992.华北地区汛期降水的一个分析研究.气象学报,**50**(1):41-49.

李崇银.2000.气候动力学引论.北京:气象出版社,p449.

李桂龙,李崇银.1999.江淮流域夏季旱涝与不同时间尺度大气扰动的关系.大气科学,**23**(1):39-50.

陆尔,丁一汇.1996.1991年江淮特大暴雨与东亚大气低频振荡.气象学报,**54**(6):730-736.

毛江玉,吴国雄.2005.1991年江淮梅雨与副热带高压的低频振荡.气象学报,**63**(5):762-770.

钱维宏.2012.天气尺度瞬变扰动的物理分解原理.地球物理学报,**55**(5):1439-1448.

孙丹,琚建华,吕俊梅.2008.2003年东亚季风季节内振荡对我国东部地区降水的影响.热带气象学报,**24**(6):641-648.

孙国武等.2008.低频天气图预报方法.高原气象,**27**(增刊):65-68.

陶诗言等.1980.中国之暴雨.北京:科学出版社,225pp.

陶诗言,徐淑英.1962.夏季江淮流域持久性旱涝现象的环流特征.气象学报,**32**:1-10.

陶诗言,倪允琪,赵思雄,等.2001.1998年夏季中国暴雨形成的机理与预报研究.北京:气象出版社,255pp.

汤懋苍.1957.东亚东部的阻塞形势极其对天气气候的影响.气象学报,**28**(4):282-293.

王永光和廖荃荪.1997.7月份降水分布型的预报方法.气象,**23**(3):50-53.

信飞,孙国武,陈伯民.2008.回归统计模型在延伸期预报中的应用.高原气象,**27**(增刊):69-74.

夏芸,管兆勇,王黎娟.2008.2003年江淮流域强降水过程与30~70 d天低频振荡的联系.南京气象学院学报,**31**(1):33.

徐国强,藏建升,周伟灿.2001.1998年京津冀夏季风的低频振荡与降水的特征.应用气象学报,**12**(3):297-306.

杨秋明.2008.10~30天延伸期天气预报及发展趋势.中国新技术新产品,**7**:96-97.

杨秋明.2009.全球环流20~30 d振荡与长江下游强降水.中国科学D辑:地球科学,**39**(11):1515-1529.

朱乾根,林锦瑞,寿绍文,等.2000.天气学原理和方法.北京,气象出版社 p344.

朱乾根,何金海.1995.中高纬度低频环流系统与东亚季风低频变化及其异常(基金成果介绍).地球科学进展,**10**(3):304-305.

周秀骥,薛纪善,陶祖钰等. 2003. '98'华南暴雨科学试验研究. 北京:气象出版社,

张庆云,陶诗言,彭京备. 2008. 我国灾害性天气气候事件成因机理的研究进展. 大气科学,**32**(4):815-825.

张秀丽,郭品文,何金海. 2002. 1991 年夏季长江中下游降水和风场的低频振荡特征分析. 南京气象学院学报, **25**(3):388-394.

赵平,周自江. 2005. 东亚副热带夏季风指数及其与降水的关系. 气象学报,**63**(6):933-941.

赵振国. 1999. 中国夏季旱涝及环境场. 北京:气象出版社,297pp.

Blackmon M L. 1976. A climatological spectral study of the 500 hPa geopotential height of the Northern Hemisphere. *J. Atmos. Sci.*, **33**:1607-1623.

Blackmon M L, Wallace J M., Lau N C., *et al*. 1977. An observational study of the Northern Hemisphere wintertime circulation. *J. Atmos. Sci.*, **34**:1040-1053.

Chen Guanjun, Wei Fengying, Zhou Xiuji. 2014. Intraseasonal Oscillation of the South China Sea Summer Monsoon and its Influence on the Regionally Persistent Heavy Rain over Southern China. *J. Meteor. Res.* **28**(2):213-229.

Chen Yang and Zhai Panmao. 2013. Persistent extreme precipitation events in China during 1951—2010. *Clim. Res.*, **57**:143-155.

Demott C. A., C. Stan, and D. A. Randall. 2013. Northward propagation mechanisms of the boreal summer intraseasonal oscillation in the ERA-Interim and SP−CCSM. *J. Climate*,**26**,1973-1992.

Hendon H. H., B Liebmann. 1990. The intraseasonal (30−50 day) oscillation of the Australian summer monsoon. *J. Atmos. Sci.*,**47**(24):2909-2924.

Hendon H. H., and M. L. Salby. 1994. The life cycle of the Madden-Julian oscillation. *J. Atmos. Sci.*, **51**: 2225-2237.

Hendon H H., Liebmann B and Newman M,*et al*. 2000. Medium-range forecast errors associated with active episodes of the Madden-Julian Oscillation. *Mon. Wea. Rev.*, **128**:69-86.

Hong Wei and Ren Xuejuan. 2013. Persistent heavy rainfall over South China during May-August: Subseasonal anomalies of circulation and sea surface temperature. *Acta Meteor. Sinica*,**27**(6):769-787.

Jiang Xianan, Li Tim, and Wang Bin. 2004. Structures and mechanisms of the northward propagating boreal summer intraseasonal oscillation. *J. Climate*,**17**:1022-1039.

Jones C, Waliser D E, Schemm J K E *et al*. 2000. Prediction skill of the Madden and Julian Oscillation in dynamical extended range forecasts. *Climate Dyn.*, **16**:273-289.

Krishnamurti T N, Gadgil S. 1985. On the structure of the 30 to 50 day mode over the globe during FGGE. *Tellus*,**37**A:336-360.

Li Tim. 2014. Receut advance in undevstanding the dyunamics of the Madden-Julian Oscillation. *J. Meteor. Res.*, **28**(1):1-33.

Lo F, H. H. Hendon. 2000. Empirical prediction of the Madden-ulian oscillation. *Mon. Wea. Rev.*, **128**: 2528-2543.

Lu Riyu,*et al*. 2014. The 30−60-day intraseasonal oscillations over the subtropical western North Pacific during the summer of 1998. *Adv. Atmos. Sci.*,**31**(1):1-7.

Madden R A, Julian P R. 1971. Detection of a 40~50 day oscillation in the zonal wind in the tropical Pacific. *J. Atrmos. Sci.*,**28**:702-708.

Mao J Y, and Chan J C L. 2005. Intraseasonal variability of the South China Sea summer monsoon. *J. Climate*, **18**:2388-2402.

Rex,D. 1950. Blocking action in the middle troposphere and its effect upon regional climate Ⅱ:the climatology of blocking action. *Tellus*,**2**:275-301.

Roxy M and Tanimoto Y. 2011. Influence of SST on the ISV of the SCS summer monsoon. *Clim. Dyn.* , **39**: 1209-1218.

Sperber K R. 2003. Propagation and the vertical structure of the Madden-Julian oscillation. *Mon. Wea. Rev.* , **131** (12):3018-3037.

Tang Yanbing,*et al*. 2006. On the climatology of persistent heavy rainfall events in China. *Adv. Atmos. Sci.* , **23**:678-692.

Waliser D E,*et al*. 1999. The influence of coupled sea surface temperature on the Madden-Julian oscillation:A model perturbation experiment. *J. Atmos. Sci.* ,**56**:322-333.

Wang B, and Rui H. 1990. Synoptic climatology of transient tropical intraseasonal convection anomalies: 1975—1985. *Meteor. Atmos. Phys.* ,**44**:43-61.

Wang B,Xie X. 1997. A model for the boreal summer intraseasonal oscillations. *J. Atmos. Sci.* ,**54**:72-86.

Wheeler M,Hendon H H. 2004. An all-season real-time multivariate MJO index:Development of an index for monitoring and prediction. *Mon. Wea. Rev.* ,**132**:1917-1932.

Wu Rengguang. 2010. Subseasonal variability during the South China Sea summer monsoon onset. *Clim. Dyn.* , **34**:629-642.

Xavier P K,Goswami B N. 2007. An analog method for real-time forecasting of summer monsoon subseasonal variability. *Mon.Wea.Rev.* ,**135**(12):4149-4160.

Yasunari T. 1979. Cloudiness fluctuations associated with the Northern Hemisphere summer monsoon. *J. Meteor. Soc. Japan*,**57**:227-242.

Yansnari. 1980. A quasi-stationary appearance of 30 − 40 day period in the fluctuations during the summer monsoon,over India,*J. Meteor. Soc. Japan.* **58**:225-229.

Yang Hui,LI Chongyin. 2003. The Relation between Atmospheric Intraseasonal Oscillation and Summer Severe Flood and Drought in the Changjiang-Huaihe River Basin. *Adv. Atmos. Sci.* ,**20**(4):540-553.